概率论与数理统计

电子科技大学成都学院文理学院　编

科学出版社

北　京

内 容 简 介

本书共八章,内容包括随机事件与概率、随机变量及其分布、多维随机变量及其分布、大数定律及中心极限定理、数理统计、参数估计、假设检验、回归分析.本书加入了一些数学模型实例,希望帮助读者了解概率论与数理统计的一些应用场景.全书每章章后都配有大量习题,书后附有部分习题参考答案.

本书可作为高等院校理工类和经管类各专业概率论与数理统计课程的教材.

图书在版编目(CIP)数据

概率论与数理统计 / 电子科技大学成都学院文理学院编. —北京:科学出版社,2022.8

ISBN 978-7-03-072857-9

Ⅰ. ①概… Ⅱ. ①电… Ⅲ. ①概率论－高等学校－教材②数理统计－高等学校－教材 Ⅳ. ①O21

中国版本图书馆 CIP 数据核字(2022)第 142662 号

责任编辑:王胡权 李 萍 / 责任校对:杨聪敏
责任印制:霍 兵 / 封面设计:陈 敬

科 学 出 版 社 出版
北京东黄城根北街 16 号
邮政编码:100717
http://www.sciencep.com

石家庄继文印刷有限公司印刷
科学出版社发行 各地新华书店经销
*
2022 年 8 月第 一 版 开本:720×1000 B5
2024 年 7 月第三次印刷 印张:14 1/2
字数:292 000

定价:43.00 元

(如有印装质量问题,我社负责调换)

前　　言

概率论研究的对象是偶然事件的数量关系，数理统计是以随机现象观测所取得的资料为出发点、以概率论为基础研究随机现象的一门学科. 在这个数据无处不在的时代，概率论与数理统计更是焕发了勃勃生机，在自然科学、社会科学、经济科学和管理科学等领域都有广泛的应用. 本书以应用型科技人才培养为导向，以理工类和经管类专业需要为宗旨，以丰富的背景、巧妙的思维和有趣的案例为依托，使学生在浓厚的兴趣中学习和掌握概率论与数理统计的基本概念、基本方法和基本理论.

本书内容共八章，前四章为概率论部分，后四章为数理统计部分. 本书主要介绍随机事件与概率、随机变量及其分布、多维随机变量及其分布、大数定律及中心极限定理、数理统计、参数估计、假设检验和回归分析等.

本书的编写具有如下特点：

(1)在保证基础知识体系完整的前提下，力求通俗易懂，不涉及复杂的理论性证明过程；考虑应用型科技人才的培养目标和学生的接受能力，教材的章节安排遵循循序渐进、由浅入深的教学规律进行设置.

(2)对重要的概念和公式的引入，尽量从概率统计发展的脉络出发，或从简单易懂的有趣案例引入，提高学生的学习能动性.

(3)部分章节设置了相关数学建模案例，使教材内容丰富、生动有趣，开拓学生视野，帮助学生提高分析问题和解决问题的能力.

(4)按章配备难度适中的习题并附有部分习题参考答案，习题的选择兼顾实际应用性与趣味性，帮助学生更好地理解和掌握各个知识点.

本书由电子科技大学成都学院文理学院的以下老师编写：康淑菊、陈爱敏、陈良莉、粟业平、伍冬梅、王皓晔、帅鲲，最后由康淑菊老师负责全书的统稿工作.

本书编写过程中，我们参阅了大量的教材和文献资料，在此向相关作者表示感谢. 同时感谢科学出版社在本书出版中给予的帮助和支持.

由于编者水平有限，书中难免有疏漏和不当之处，恳请同行、专家和读者批评指正.

编　者

2022 年 5 月于成都

目　　录

第 1 章　随机事件与概率

1.1　随机现象与随机试验

1.1.1　随机现象

在自然界和人类社会生活中，存在各种各样的现象. 有一些是在一定条件下必然会发生的现象. 例如，标准大气压下，水加热到 100℃时必然会沸腾，在 0℃时必然会结冰；同性的电荷必然互相排斥，异性的电荷必然互相吸引，这些现象称为**确定性现象**.

另一些是事前不能预测其结果的现象. 例如，抛一枚均匀硬币，可能出现正面向上，也可能出现反面向上；某厂生产的同一类灯泡的寿命会有所差异；用同一门炮向同一目标射击，各次弹着点不尽相同，在一次射击之前无法预测弹着点的确切位置，等等. 这些现象称为**随机现象**.

随机现象的结果事前不能预测，但在相同条件下，大量重复试验和观测时，会发现它们呈现某种规律性. 并且在试验和观测之前知道所有可能发生的结果，只是在每次试验之前并不知道这些结果中哪一个会发生. 例如，抛一枚均匀硬币，抛掷前是知道所有可能出现的结果，即正面向上或反面向上，但具体每次是哪一个结果出现并不清楚. 大量重复试验后会发现出现正面和出现反面的次数大约是 1:1. 随着试验次数的增加，随机现象的这种规律性称为随机现象的**统计规律性**. 概率论与数理统计正是研究随机现象及其统计规律性的一门数学学科.

1.1.2　随机试验

在概率论中，为叙述方便，对随机现象进行的观察或科学实验统称为试验. 用字母 E 表示.

例 1.1.1　观察下列几个试验.

$E1$：投掷一枚质地均匀的骰子，观察出现的点数(即朝上那一面的点数).

$E2$：在一批产品中，任取一件，检测它是正品，还是次品.

$E3$：投掷一枚质地均匀的硬币两次，观察它出现正面和反面的次数.

$E4$：记录某网站一天的点击量.

$E5$：从一批灯泡中，任取一只，测试其寿命.

以上试验的结果都是可以观测的，并且具有下列三个共同特点．

(1)试验可以在相同的条件下重复进行，即**可重复性**．

(2)试验的结果不唯一，但在试验前就知道所有可能出现的结果，即结果的**明确性**．

(3)在一次试验中，某种结果出现与否是不确定的，在试验之前不能准确地预测该次试验将会出现哪一种结果，即结果的**随机性**．

所有具有以上三个特点的试验称为**随机试验**，简称为**试验**．

1.2　随机事件的基本概念

1.2.1　样本空间

在随机试验中，人们感兴趣的是试验的结果，将试验 E 的每一种可能结果称为**样本点**，记为 e. 所有样本点组成的集合称为试验 E 的**样本空间**，记为 Ω 或 S.

例如，在抛掷一枚质地均匀的硬币的试验中，有两个可能结果，即出现正面或出现反面，分别用"正面"和"反面"表示，因此这个随机试验有两个样本点，样本空间 $\Omega = \{正面，反面\}$.

例 1.2.1　写出以下随机试验的样本空间．

$E1$：投掷一枚质地均匀的骰子，出现的点数可能是 1，2，3，4，5，6 中的任何一种，因此样本空间记为：$\Omega = \{1, 2, 3, 4, 5, 6\}$.

$E2$：在一批产品中，任取一件，其结果可能是正品，也可能是次品，因此样本空间记为：$\Omega = \{正品，次品\}$.

$E3$：投掷一枚质地均匀的硬币两次，它可能出现的结果为：两次都为正面；第一次出现正面且第二次出现反面；第一次出现反面且第二次出现正面；两次都为反面．因此样本空间记为

$$\Omega = \{(正面，正面)，(正面，反面)，(反面，正面)，(反面，反面)\},$$

以上三个样本空间中的样本点为有限个．

$E4$：记录某城市 120 急救电话台一昼夜接到的呼唤次数，样本空间 $\Omega = \{0, 1, 2, \cdots\}$.

这个样本空间有无穷多个样本点，但这些样本点可以与整数集一一对应，称其样本点数为可列无穷多个．

$E5$：从一批灯泡中，任取一只，灯泡的寿命 t 为非负实数，样本空间记为：$\Omega = \{t \mid t \geqslant 0\}$.

这个样本空间包含无穷多个样本点，它们充满一个区间，称其样本点数是不可列的.

1.2.2　随机事件

在随机试验中，所有可能发生的结果称为**随机事件**，简称为**事件**，常用大写字母 $A,B,C,\cdots$ 表示. 若 A 表示投掷一枚质地均匀的硬币出现正面这一事件，则记 $A=$ {正面}，单个样本点组成的集合 $\{e\}$ 称为**基本事件**，多个样本点组成的集合 $\{e_1,e_2,\cdots,e_n\}$ 称为**复合事件**.

随机事件是样本空间的子集. 其中，在每次试验中，一定出现的事件称为**必然事件**，记为 Ω；一定不可能出现的事件称为**不可能事件**，记为 $\varnothing$. 如测量某地区 6 岁男童身高的试验，{身高小于 0} 是不可能事件，{身高大于 0} 是必然事件.

例 1.2.2　投掷一枚质地均匀的骰子，若记事件 $A=$ {出现的点数为偶数}，$B=$ {出现的点数小于 5}，$C=$ {出现的点数为小于 5 的奇数}，$D=$ {出现的点数大于 6}，则 A,B,C,D 都是随机事件，也可表示为：$A=\{2,4,6\}$，$B=\{1,2,3,4\}$，$C=\{1,3\}$，D 为不可能事件，即 $D=\varnothing$. 记事件 $A_n=$ {出现 n 点}，$n=1,2,3,4,5,6$. 显然，A_1,$A_2,\cdots,A_6$ 都是基本事件，A，B，C 是复合事件.

1.2.3　事件的关系及运算

在一个样本空间中可以定义多个随机事件，事件与事件之间往往有一定的关系. 事件是样本点的集合，因此事件间的关系与运算可以按照集合与集合之间的关系与运算来处理.

下面假设试验 E 的样本空间为 Ω；$A,B,C,A_1,A_2,\cdots,A_n$ 均是 E 的事件.

1.　事件的包含关系

如果事件 A 发生必然导致事件 B 的发生，则称**事件 B 包含事件 A，事件 A 是事件 B 的子事件**，记为 $A\subset B$.

如例 1.2.2 中 $\{1,3\}\subset\{1,2,3,4\}$，即事件 $C\subset B$，所以 C 是 B 的子事件，事件 B 包含事件 C.

如果事件 A 包含事件 B，同时事件 B 也包含事件 A，即 $B\subset A$ 且 $A\subset B$，则称**事件 A 与事件 B 相等**，记为 $A=B$.

对任一事件 A，总有 $\varnothing\subset A\subset\Omega$.

2.　和事件

事件 A 与事件 B 中至少有一个发生的事件，称为事件 A 与事件 B 的**和事件**，记作 $A\cup B$，即

$$A \cup B = \{A \text{ 发生或 } B \text{ 发生}\} = \{A, B \text{ 中至少有一个发生}\}.$$

事件 A, B 的和事件是由 A 与 B 的样本点合并而成的事件.

例如，某种产品的合格与否是由该产品的长度与直径是否合格所决定的，A 表示"长度不合格"，B 表示"直径不合格"，则"产品不合格"可表示为 $A \cup B$.

类似地，n 个事件的和事件为 $A_1 \cup A_2 \cup \cdots \cup A_n$，或记作 $\bigcup\limits_{k=1}^{n} A_k$.

可列个事件 $A_1, A_2, \cdots$ 的和事件，记为 $\bigcup\limits_{k=1}^{\infty} A_k$.

3. 积事件

事件 A 与事件 B 同时发生的事件，称为事件 A 与事件 B 的**积事件**，记作 $A \cap B$ 或 AB，即

$$A \cap B = \{A \text{ 发生且 } B \text{ 发生}\} = \{A, B \text{ 同时发生}\}.$$

事件 A, B 的积事件是由 A 与 B 的公共样本点所构成的事件.

例如，考察某同学期末考试的成绩情况. $A = \{\text{英语及格}\}$，$B = \{\text{高数及格}\}$. $AB = \{\text{英语及格，高数及格}\}$，它表示英语、高数两门课都及格.

类似地，n 个事件的积事件为 $A_1 A_2 \cdots A_n$，或记为 $\bigcap\limits_{k=1}^{n} A_k$.

可列个事件的积事件 $A_1 A_2 \cdots$，记为 $\bigcap\limits_{i=1}^{\infty} A_i$.

4. 差事件

事件 A 发生而事件 B 不发生的事件，称为事件 A 关于事件 B 的**差事件**，记作 $A - B$，表示 A 发生而 B 不发生，即 $A - B = A\bar{B}$.

事件 A 关于 B 的差事件是由属于 A 且不属于 B 的样本点所构成的事件.

例如，考察电视机的使用寿命 t（单位：小时）.

$$A = \{t \mid t > 3000\}, \quad B = \{t \mid t \geqslant 10000\}, \quad A - B = \{t \mid 3000 < t < 10000\},$$

它表示电视机的使用寿命在 3000～10000 小时内.

5. 互不相容事件

如果事件 A 与事件 B 不能同时发生，即 $AB = \varnothing$，则称事件 A 与事件 B **互不相容**，或称事件 A 与事件 B **互斥**.

例如，抛掷一枚骰子，"出现 1 点"与"出现偶数点"是互不相容的两个事件.

注　同一随机试验的基本事件是两两互不相容的.

6. 对立事件

试验中"A 不发生"这一事件称为 A 的**对立事件**或 A 的**逆事件**，记为 $\bar{A}$.

一次试验中，A 发生则 $\bar{A}$ 必不发生，而 $\bar{A}$ 发生则 A 必不发生，因此 A 与 $\bar{A}$ 满足关系

$$A \cup \bar{A} = \Omega, \quad A\bar{A} = \varnothing.$$

例如，抛骰子试验中"骰子出现 1 点"与"骰子不出现 1 点"是一对对立事件.

事件间的关系与运算可用维恩(Venn)图(图 1.1)直观地加以表示. 图中方框表示样本空间 Ω，圆 A 和圆 B 分别表示事件 A 和事件 B.

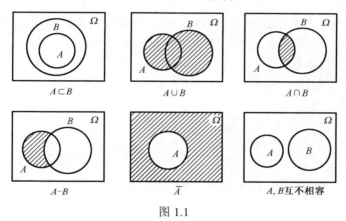

图 1.1

事件的运算满足如下运算律：

(1) 交换律

$$A \cap B = B \cap A, \quad A \cup B = B \cup A;$$

(2) 结合律

$$(A \cup B) \cup C = A \cup (B \cup C),$$
$$(A \cap B) \cap C = A \cap (B \cap C);$$

(3) 分配律

$$(A \cup B) \cap C = (A \cap C) \cup (B \cap C),$$
$$(A \cap B) \cup C = (A \cup C) \cap (B \cup C);$$

(4) 对偶律(德摩根定理)

$$\overline{A \cup B} = \bar{A} \cap \bar{B},$$

$$\overline{A \bigcap B} = \overline{A} \cup \overline{B},$$

对偶律还可以推广到多个事件的情况. 一般地, 对 n 个事件 $A_1, A_2, \cdots, A_n$ 有

$$\overline{A_1 \cup A_2 \cup \cdots \cup A_n} = \overline{A}_1 \bigcap \overline{A}_2 \bigcap \cdots \bigcap \overline{A}_n,$$

$$\overline{A_1 \bigcap A_2 \bigcap \cdots \bigcap A_n} = \overline{A}_1 \cup \overline{A}_2 \cup \cdots \cup \overline{A}_n.$$

对偶律表明, "至少有一个事件发生" 的对立事件是 "所有事件都不发生", "所有事件都发生" 的对立事件是 "至少有一个事件不发生".

(5) 吸收律

若 $A \subset B$, 则 $A \cup B = B$, $AB = A$.

例 1.2.3　对某产品的质量进行抽样检验, 产品分为正品和次品两种, 进行三次抽样, 每次抽取一件产品, 记事件 $A_n =$ "第 n 次取到正品", $n = 1, 2, 3$. 试用事件运算的关系表示下列事件:

(1) 前两次都取到正品, 第三次未取到正品;

(2) 三次都未取到正品;

(3) 三次中只有一次取到正品;

(4) 三次中至多有一次取到正品;

(5) 三次中至少有一次取到正品.

解　显然, $\overline{A}_n =$ "第 n 次未取到正品".

(1) $A_1 A_2 \overline{A}_3$;

(2) $\overline{A}_1 \overline{A}_2 \overline{A}_3$ 或 $\overline{A_1 \cup A_2 \cup A_3}$;

(3) $A_1 \overline{A}_2 \overline{A}_3 \cup \overline{A}_1 A_2 \overline{A}_3 \cup \overline{A}_1 \overline{A}_2 A_3$;

(4) $\overline{A}_1 \overline{A}_2 \overline{A}_3 \cup A_1 \overline{A}_2 \overline{A}_3 \cup \overline{A}_1 A_2 \overline{A}_3 \cup \overline{A}_1 \overline{A}_2 A_3$ 或 $\overline{A_1 A_2} \cup \overline{A_2 A_3} \cup \overline{A_1 A_3}$;

$$(5) \ A_1 \cup A_2 \cup A_3.$$

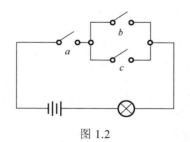

图 1.2

例 1.2.4　如图 1.2 所示的电路中, 设事件 A, B, C 分别表示开关 a, b, c 闭合, 用 A, B, C 表示事件 "指示灯亮" 及事件 "指示灯不亮".

解　设事件 D 表示 "指示灯亮", 事件 $\overline{D}$ 表示 "指示灯不亮", 则

$$D = A(B \cup C), \quad \overline{D} = \overline{A(B \cup C)} = \overline{A} \cup (\overline{BC}).$$

事件的关系及运算与集合的关系及运算是一致的, 但在概率论中有特定的语言表示. 事件关系与集合关系比较见表 1.1.

表 1.1 事件关系与集合关系常用符号

记号	概率论	集合论
Ω	样本空间、必然事件	全集
$\varnothing$	不可能事件	空集
e	样本点	点(元素)
A	随机事件	Ω 的子集
$A \subset B$	A 发生导致 B 发生	A 为 B 的子集
$A = B$	两事件相等	两集合相等
$A \cup B$	两事件 A, B 至少发生一个	两集合 A, B 的并集
AB	两事件 A, B 同时发生	两集合 A, B 的交集
$A - B$	事件 A 发生而 B 不发生	集合 A, B 的差集
$\overline{A}$	事件 A 的对立事件	A 对 Ω 的补集
$AB = \varnothing$	两事件 A, B 互不相容	两集合 A, B 不相交

1.3 概率及其性质

1.3.1 概率

随机事件在一次试验中可能发生也可能不发生,人们不能事前预知,但发生的可能性大小是客观存在的. 我们常常希望找到事件在一次试验中发生的可能性大小具体是多少. 这个客观存在的量就是事件 A 的概率,记为 $P(A)$. 在 N 次重复试验中,若概率 $P(A)$ 较大,则事件 A 发生的频率也较大;反之,若事件 A 在 N 次重复试验中出现的频率较大,则意味着事件 A 的概率 $P(A)$ 也较大. 概率与频率有许多相似的性质,我们首先来看看频率的定义.

1.3.2 频率

定义 1.1 设在相同的条件下,重复进行了 n 次试验,若随机事件 A 在这 n 次试验中发生了 m 次,则比值

$$f_n(A) = \frac{m}{n} \tag{1.1}$$

称为事件 A 在 n 次试验中发生的**频率**.

事件 A 发生的频率 $f_n(A)$ 描述了事件 A 发生的频繁程度. 显然,$f_n(A)$ 越大,事件 A 发生越频繁,即 A 发生的可能性越大,反过来也一样. 因此,频率 $f_n(A)$ 反映了事件 A 发生的可能性大小.

由频率的定义知,频率 $f_n(A)$ 有下述基本性质:

(1) $0 \leqslant f_n(A) \leqslant 1$;

(2) $f_n(\Omega) = 1$, $f_n(\varnothing) = 0$;

(3) 若 $A_i A_j = \varnothing, i \neq j, i, j = 1, \cdots, k$, 则

$$f_n(A_1 \bigcup A_2 \bigcup \cdots \bigcup A_k) = f_n(A_1) + f_n(A_2) + \cdots + f_n(A_k).$$

例如, 投掷一枚均匀硬币, 可能出现正面, 也可能出现反面, 大量试验中出现正面的频率接近于 50%. 为了验证这一事实, 历史上有不少数学家分别做过这样的试验 "大量重复投掷一枚质地均匀的硬币, 观察它出现正面或反面的次数", 表 1.2 为他们试验结果的部分记录.

表 1.2　抛硬币试验记录

试验者	掷硬币次数	出现正面次数	频率
德摩根	2048	1061	0.5181
蒲丰	4040	2048	0.5069
皮尔逊	12000	6019	0.5016
皮尔逊	24000	12012	0.5005

试验表明, 在相同条件下, 随着试验次数的增加, 频率的波动性越来越小, 当 n 足够大时, 事件 A 发生的频率 $f_n(A)$ 总是在某一常数附近波动, 并随着波动幅度的减小最终稳定下来, 这种性质称为**频率的稳定性**, 这个稳定值即为事件 A 的概率.

1.3.3　古典概率

下面先讨论一类最简单的随机试验, 它满足下列两个条件:

(1) 有限性: 仅有有限个基本事件;

(2) 等可能性: 试验中每个基本事件发生的可能性相同.

这类随机试验的数学模型称为**古典概型**. 例如, 掷一枚质地均匀骰子的试验属于古典概型试验. 对一批产品进行检查, 观察正品的个数, 此试验不是古典概型试验, 因为每个基本事件发生的可能性大小不相等; 检测一批灯泡的寿命, 此试验不是古典概型试验, 因为有无穷多个基本事件.

定义 1.2　设试验 E 为古典概型试验, $A_i(i = 1, 2, \cdots, n)$ 是全体基本事件, 则

$$P(A) = \frac{m}{n} = \frac{A包含的基本事件数}{基本事件总数}. \tag{1.2}$$

根据定义 1.2, 对古典概率的计算可以转化为对样本点的计数问题, 解决该问题通常可以借助排列与组合公式以及加法原理和乘法原理.

(1)**加法原理**　设完成一件事有 k 种方式, 其中第一种方式有 n_1 种方法, 第二种

方式有 n_2 种方法，$\cdots$，第 k 种方式有 n_k 种方法，无论通过哪种方法都可以完成这件事，则完成这件事的方法总数为 $n_1 + n_2 + \cdots + n_k$.

(2) **乘法原理**　设完成一件事有 k 个步骤，其中第一个步骤有 n_1 种方法，第二个步骤有 n_2 种方法，$\cdots$，第 k 个步骤有 n_k 种方法，完成该件事必须完成每一步骤才算完成，则完成这件事的方法总数为 $n_1 \times n_2 \times \cdots \times n_k$.

(3) **排列公式**　从 n 个不同元素中任取 $k(1 \leqslant k \leqslant n)$ 个元素的不同排列总数为

$$A_n^k = n(n-1)\cdots(n-k+1) = \frac{n!}{(n-k)!}.$$

(4) **组合公式**　从 n 个不同元素中任取 $k(1 \leqslant k \leqslant n)$ 个元素的不同组合总数为

$$C_n^k = \binom{n}{k} = \frac{n(n-1)\cdots(n-k+1)}{k!} = \frac{n!}{(n-k)!k!}.$$

例 1.3.1　将一枚硬币抛掷三次. (1) 设事件 A_1 为"恰有一次出现正面"，求 $P(A_1)$；(2) 设事件 A_2 为"至少有一次出现正面"，求 $P(A_2)$.

解　(1) 试验的样本空间为 $S = \{HHH, HHT, HTH, THH, HTT, THT, TTH, TTT\}$，其中 H 表示正面，T 表示反面，则 $A_1 = \{HTT, THT, TTH\}$. S 中包含有限个元素，且由对称性知每个基本事件发生的可能性相同，故由 (1.2) 式，得 $P(A_1) = \dfrac{3}{8}$.

(2) 由于 $\bar{A}_2 = \{TTT\}$，于是

$$P(A_2) = 1 - P(\bar{A}_2) = 1 - \frac{1}{8} = \frac{7}{8}.$$

当样本空间的元素较多时，一般不再将 S 中的元素一一列出，而只需分别求出 S 中和 A 中包含的元素的个数 (即基本事件的个数)，再利用 (1.2) 式求出.

例 1.3.2 (产品的随机抽样问题)　一箱中有 6 个灯泡，其中 2 个次品、4 个正品，(1) 有放回地从中任取两次，每次取一个；(2) 无放回地从中任取两次，每次取一个，求取到一个正品一个次品的概率.

解　设 $A = \{$取到一个正品一个次品$\}$.

(1) 有放回抽取，基本事件总数为 $6 \times 6 = 36$，事件 A 包含的基本事件数为 $2 \times 4 \times A_2^1 = 16$，所以 $P(A) = \dfrac{16}{36} = \dfrac{4}{9}$；

(2) 无放回抽取，基本事件总数为 $6 \times 5 = 30$，事件 A 包含的基本事件数为 $2 \times 4 \times A_2^1 = 16$，所以 $P(A) = \dfrac{16}{30} = \dfrac{8}{15}$.

1.3.4　概率的公理化定义与性质

古典概率仅对古典概型试验给出概率定义，局限于有限个基本事件，以及基本事件的等可能性，不能广泛应用. 这里采用数学抽象化的方法给出概率的公理化定义.

定义 1.3　设随机试验 E 的样本空间为 Ω，对于 E 的每一事件 A，都对应一个实数 $P(A)$，若集合函数 P 满足下列条件：

(1) 非负性：对任一事件 A，$0 \leqslant P(A) \leqslant 1$；

(2) 规范性：$P(\Omega) = 1$；

(3) 可列可加性：对任意可列个互不相容事件 $A_1, A_2, \cdots$，有

$$P\left(\bigcup_{i=1}^{\infty} A_i\right) = \sum_{i=1}^{\infty} P(A_i),\tag{1.3}$$

则称 $P(A)$ 为事件 A 的概率.

由公理化定义，可以证明概率具有以下基本性质.

性质 1.1　设随机试验 E 的样本空间为 $\Omega, A, B, A_1, A_2, \cdots, A_n$ 都是 E 的事件，则

(1) 不可能事件的概率为零，即 $P(\varnothing) = 0$；

(2) 对事件 A 及其对立事件 $\overline{A}$，有

$$P(A) = 1 - P(\overline{A});\tag{1.4}$$

(3) 单调性：若事件 A，B 满足 $A \subset B$，则

$$P(A) \leqslant P(B),\tag{1.5}$$

$$P(B - A) = P(B) - P(A);\tag{1.6}$$

(4) 有限可加性：若事件 A 与事件 B 互不相容，则

$$P(A \cup B) = P(A) + P(B),\tag{1.7}$$

一般地，若 n 个事件 $A_1, A_2, \cdots, A_n$ 互不相容，则

$$P(A_1 \cup A_2 \cup \cdots \cup A_n) = P(A_1) + P(A_2) + \cdots + P(A_n);\tag{1.8}$$

(5) 概率的加法公式：对任意两个事件 A 与 B，有

$$P(A \cup B) = P(A) + P(B) - P(AB),\tag{1.9}$$

一般地，对任意 n 个事件 $A_1, A_2, \cdots, A_n$，有

$$P\left(\bigcup_{i=1}^{n} A_i\right) = \sum_{i=1}^{n} P(A_i) - \sum_{1 \leqslant i < j \leqslant n} P(A_i A_j) + \sum_{1 \leqslant i < j < k \leqslant n} P(A_i A_j A_k) - \cdots$$
$$+ (-1)^{n-1} P(A_1 A_2 \cdots A_n);\tag{1.10}$$

(6) 概率的减法公式：对任意两个事件 A 与 B，有

$$P(A-B) = P(A) - P(AB) = P(A \cup B) - P(B). \tag{1.11}$$

例 1.3.3　若 $AB = \varnothing$，$P(A) = 0.6$，$P(A \cup B) = 0.8$，求 $P(\bar{B})$ 及 $P(A-B)$.

解　由可加性有

$$P(A \cup B) = P(A) + P(B),$$

得

$$P(B) = P(A \cup B) - P(A) = 0.8 - 0.6 = 0.2,$$

所以

$$P(\bar{B}) = 1 - P(B) = 0.8.$$

由减法公式，得

$$P(A-B) = P(A) - P(AB) = 0.6 - 0 = 0.6.$$

例 1.3.4　设事件 A，B 发生的概率分别为 0.4，0.3，试就下面三种情况分别计算 $P(A\bar{B})$.

(1) A，B 互不相容；(2) $B \subset A$；(3) $P(AB) = 0.12$.

解　(1) 因为 A，B 互不相容，所以 $AB = \varnothing$，则

$$P(A\bar{B}) = P(A) - P(AB) = P(A) - 0 = 0.4;$$

(2) 由于 $B \subset A$，$AB = B$，$P(AB) = P(B)$，故

$$P(A\bar{B}) = P(A) - P(B) = 0.4 - 0.3 = 0.1;$$

(3) 由于 $P(AB) = 0.12$，故

$$P(A\bar{B}) = P(A) - P(AB) = 0.4 - 0.12 = 0.28.$$

例 1.3.5　考察某城市发行的甲、乙两种报纸，订阅甲报的住户数占总住户数的 70%，订阅乙报的住户数占总住户数的 50%，同时订阅两种报纸的住户数占总住户数的 30%. 求下列事件的概率.

(1) $C = \{$只订阅甲报$\}$；

(2) $D = \{$至少订阅一种报纸$\}$；

(3) $E = \{$不订阅任何报纸$\}$；

(4) $F = \{$只订阅一种报纸$\}$.

解　设 $A = \{$订阅甲报$\}$，$B = \{$订阅乙报$\}$，根据题设有

$$P(A) = 0.7, \quad P(B) = 0.5, \quad P(AB) = 0.3.$$

(1) 因为 $C = A\bar{B} = A - AB$，所以

$$P(C) = P(A - AB) = P(A) - P(AB) = 0.4;$$

(2) 因为 $D = A \cup B$，所以

$$P(D) = P(A \cup B) = P(A) + P(B) - P(AB) = 0.7 + 0.5 - 0.3 = 0.9;$$

(3) 因为 $E = \overline{A}\overline{B}$，所以

$$P(E) = P(\overline{A}\overline{B}) = P(\overline{A \cup B}) = 1 - P(A \cup B) = 0.1;$$

(4) 因为 $F = A\overline{B} \cup \overline{A}B$，而 $A\overline{B}$ 与 $\overline{A}B$ 互不相容，所以

$$P(F) = P(A\overline{B} \cup \overline{A}B)$$

$$= P(A\overline{B}) + P(\overline{A}B)$$

$$= P(A) - P(AB) + P(B) - P(AB)$$

$$= 0.7 - 0.3 + 0.5 - 0.3$$

$$= 0.6.$$

1.4　条件概率与乘法公式

1.4.1　条件概率

设 A, B 是试验 E 中的两个事件，前面已经讨论了事件 A 与事件 B 的概率，但在实际问题中往往需要考虑在固定试验条件下,外加某些条件时随机事件发生的概率，比如在人寿保险中，大家关心的是一个人已知活到某个年龄的条件下，在未来的一年中死亡的概率有多大，即在事件 A 已经发生的条件下，事件 B 发生的概率，我们将之记为 $P(B \mid A)$，即条件概率问题. 先看下面的一个例子.

例 1.4.1　将一枚硬币抛掷两次，观察其出现正反面的情况. 设事件 A 为"至少有一次为 H"，事件 B 为"两次掷出同一面". 现在求已知事件 A 已经发生的条件下事件 B 发生的概率.

解　这里样本空间为 $S = \{HH, HT, TH, TT\}$，其中 H 表示出现正面，T 表示出现反面，则 $A = \{HH, HT, TH\}$，$B = \{HH, TT\}$. 易知此为古典概率问题，已知事件 A 已经发生，则 TT 不可能发生，即试验的所有可能结果组成的集合就是 A. 在 A 发生的条件下 B 发生的概率(记为 $P(B \mid A)$)为 $P(B \mid A) = \dfrac{1}{3}$.

在这里，$P(B) = \dfrac{2}{4} \neq P(B \mid A)$. 因为在求 $P(B \mid A)$ 时我们是限制在事件 A 已经发生的条件下考虑事件 B 发生的概率的.

另外易知

$$P(A) = \frac{3}{4}, \quad P(AB) = \frac{1}{4}, \quad P(B \mid A) = \frac{1/4}{3/4} = \frac{1}{3},$$

故有

$$P(B \mid A) = \frac{P(AB)}{P(A)}.$$

一般地，对于古典概型上面算式总是成立的.

定义 1.4　设 A, B 是两个事件，且 $P(A) > 0$，称

$$P(B \mid A) = \frac{P(AB)}{P(A)} \tag{1.12}$$

为在事件 A 发生的条件下，事件 B 发生的条件概率.

类似地，当 $P(B) > 0$ 时，可以定义在事件 B 发生的条件下事件 A 发生的条件概率为

$$P(A \mid B) = \frac{P(AB)}{P(B)}. \tag{1.13}$$

注　条件概率还可以这样计算：$P(B \mid A)$ = 事件 B 在事件 A 中所占比例.

例 1.4.2　某地居民活到 60 岁的概率为 0.8，活到 70 岁的概率为 0.4，问某现年 60 岁的居民活到 70 岁的概率是多少？

解　设 A = {活到 60 岁}，B = {活到 70 岁}，所求的概率为 $P(B \mid A)$. 注意到若一居民活到 70 岁，当然已经活到 60 岁，因而 B 发生则必有 A 发生，即 $B \subset A$，从而 $AB = B$，由条件概率公式可得

$$P(B \mid A) = \frac{P(AB)}{P(A)} = \frac{P(B)}{P(A)} = \frac{0.4}{0.8} = 0.5 .$$

一般情况下，$P(B \mid A)$ 与 $P(B)$ 不相等.

条件概率具有与概率一样的性质.

性质 1.2　设随机试验 E 的样本空间为 Ω，A, B, A_1, A_2, $\cdots$ 都是 E 的事件，若 $P(B) > 0$，则

(1) 非负性：对任一事件 A，$0 \leqslant P(A \mid B) \leqslant 1$；

(2) 规范性：$P(\Omega \mid B) = 1$；

(3) 可列可加性：若事件 A_1, A_2, $\cdots$ 互不相容，则

$$P\left(\bigcup_{i=1}^{\infty} A_i \mid B \right) = \sum_{i=1}^{\infty} P(A_i \mid B) .$$

1.4.2　乘法公式

由条件概率的定义，可直接得到下面的公式.

定理 1.1（乘法公式）　对于两个事件 A, B，如果 $P(A) > 0$，则有

$$P(AB) = P(A)P(B \mid A). \tag{1.14}$$

若 $P(B) > 0$，则有

$$P(AB) = P(B)P(A \mid B). \tag{1.15}$$

式 (1.15) 可推广到多个事件的积事件的情况.

$$P(A_1A_2 \cdots A_n) = P(A_1) \cdot P(A_2 \mid A_1) \cdot P(A_3 \mid A_1A_2) \cdots P(A_n \mid A_1A_2 \cdots A_{n-1}). \tag{1.16}$$

例 1.4.3　10 件产品中有 7 件正品、3 件次品，按不放回抽样，抽取两次，每次抽取一件，求两次都取到次品的概率.

解　设 $A_i = \{$第 i 次取到次品$\}$，$i = 1, 2$. 由乘法公式，有

$$P(A_1A_2) = P(A_1)P(A_2 \mid A_1) = \frac{3}{10} \times \frac{2}{9} = \frac{1}{15}.$$

例 1.4.4　为了防止意外，矿井内同时装有甲、乙两种报警设备，已知设备甲单独使用时有效的概率为 0.92，设备乙单独使用时有效的概率为 0.93，在设备甲失效的条件下，设备乙有效的概率为 0.85，求发生意外时至少有一种报警设备有效的概率.

解　设 $A = \{$设备甲有效$\}$，$B = \{$设备乙有效$\}$，已知

$$P(A) = 0.92, \qquad P(B) = 0.93, \qquad P(B \mid \overline{A}) = 0.85.$$

由乘法公式有

$$\begin{aligned}
P(\overline{A \cup B}) &= P(\overline{A}\,\overline{B}) \\
&= P(\overline{A}) \cdot P(\overline{B} \mid \overline{A}) \\
&= P(\overline{A}) \cdot [1 - P(B \mid \overline{A})] \\
&= 0.08 \cdot (1 - 0.85) = 0.012,
\end{aligned}$$

因此可得 $P(A \cup B) = 1 - P(\overline{A \cup B}) = 0.988$.

例 1.4.5　假设在两人对抗式电子游戏中，若甲先向乙进攻，打中乙的概率是 0.2；若乙未被打中，进行还击打中甲概率为 0.3；若甲亦未被打中，再次进攻，打中乙的概率是 0.4. 分别计算甲、乙被打中的概率.

解　设 $A = \{$乙被打中$\}$，$B = \{$甲被打中$\}$，$A_1 = \{$乙第一次被打中$\}$，$A_2 = \{$乙第二次被打中$\}$，由题意得：A_1, A_2 互不相容，且 $A = A_1 \cup A_2$，依题意，有

$$P(A_1) = 0.2, \quad P(B \mid \overline{A_1}) = 0.3, \quad P(A_2 \mid \overline{A_1}\overline{B}) = 0.4,$$

甲被打中的概率为

$$P(B) = p(\overline{A_1}B) = P(\overline{A_1})P(B \mid \overline{A_1}) = 0.8 \times 0.3 = 0.24,$$

乙被打中的概率为

$$P(A_1) = 0.2,$$

$$P(A_2) = P(\overline{A_1}\overline{B}A_2)$$
$$= P(\overline{A_1})P(\overline{B} \mid \overline{A_1})P(A_2 \mid \overline{A_1}\overline{B})$$
$$= 0.8 \times 0.7 \times 0.4 = 0.224,$$

$$P(A) = P(A_1 \bigcup A_2) = P(A_1) + P(A_2) = 0.2 + 0.224 = 0.424,$$

即甲被打中的概率为 0.24, 乙被打中的概率为 0.424.

例 1.4.6(抓阄问题)　设某班 30 位同学仅有一张球票, 抽签决定谁拥有. 请问每人抽得球票的机会是否均等?

解　设 $A_i = \{$第 i 个人抽得球票$\}$, $i = 1, 2, \cdots, 30$, 则

第一个人抽得球票的概率为

$$P(A_1) = \frac{1}{30}.$$

第二个人抽得球票的概率为

$$P(A_2) = P(\overline{A_1}A_2) = P(\overline{A_1})P(A_2 \mid \overline{A_1}) = \frac{29}{30} \cdot \frac{1}{29} = \frac{1}{30}.$$

类似地, 第 i 个人抽到球票的概率为

$$P(A_i) = P(\overline{A_1}\overline{A_2}\cdots\overline{A_{i-1}}A_i) = P(\overline{A_1})P(\overline{A_2} \mid \overline{A_1})\cdots P(A_i \mid \overline{A_1}\overline{A_2}\cdots\overline{A_{i-1}})$$
$$= \frac{29}{30} \cdot \frac{28}{29} \cdot \cdots \cdot \frac{1}{30-(i-1)} = \frac{1}{30}, \quad i = 2,3,\cdots,30.$$

可见, 每个人抽得球票的概率都是 $\frac{1}{30}$, 即机会均等.

1.5　全概率公式与贝叶斯公式

1.5.1　全概率公式

前面讨论了直接利用概率可加性及乘法公式计算一些简单事件的概率. 但是, 对于有些复杂事件需要把它先分解为一些互不相容的较简单事件的和, 通过分别计算这些较简单事件的概率, 再利用概率的可加性, 来计算这个复杂事件的概率, 看下面的例子.

例 1.5.1　设甲盒中装有编号 1, 2, $\cdots$, 15 的 15 张红色卡片, 乙盒中装有编号 1, 2, $\cdots$, 10 的 10 张白色卡片. 现任意挑选一盒, 并从中任取一张卡片, 求卡片号码是偶数的概率.

解　观察抽出的卡片, 有两类结果, 一类是"抽到红色卡片", 另一类是"抽到

白色卡片"，令 A = "抽到偶数号码卡片"，B_1 = "抽到红色卡片"，B_2 = "抽到白色卡片"，显然有 $B_1 \cup B_2 = \Omega$，$B_1 \cap B_2 = \varnothing$，事件 A 可"分解"为

$$A = \text{"抽到红色偶数卡片"} \cup \text{"抽到白色偶数卡片"} = AB_1 \cup AB_2,$$

利用概率的有限可加性和乘法公式，有

$$\begin{aligned}
P(A) &= P(AB_1) + P(AB_2) \\
&= P(B_1)P(A \mid B_1) + P(B_2)P(A \mid B_2) \\
&= \frac{1}{2} \cdot \frac{7}{15} + \frac{1}{2} \cdot \frac{5}{10} \\
&= \frac{29}{60}.
\end{aligned}$$

在此例中，求 $P(A)$ 的关键一步是将事件 A "分解"成互不相容的两个事件，将该方法推广到一般情形，就得到在概率计算中常用的全概率公式.

定义 1.5　设随机试验 E 的样本空间为 Ω，$B_1, B_2, \cdots, B_n$ 是 E 的一组事件，若

(1) $B_i B_j = \varnothing$，$i \neq j$，$i, j = 1, 2, \cdots, n$；

(2) $B_1 \cup B_2 \cup \cdots \cup B_n = \Omega$，

则称 $B_1, B_2, \cdots, B_n$ 为 Ω 的一个**有限划分**.

定理 1.2（全概率公式）　设随机试验 E 的样本空间为 Ω，$A \subset \Omega$，$B_1, B_2, \cdots, B_n$ 为 Ω 的一个有限划分，且 $P(B_i) > 0$，$i = 1, 2, \cdots, n$，则有

$$P(A) = \sum_{i=1}^{n} P(B_i)P(A \mid B_i). \tag{1.17}$$

全概率公式实际上是借助于样本空间的划分：$B_1, B_2, \cdots, B_n$，将事件 A 分解成互不相容的部分，其基本思想是把一个未知的复杂事件分解为若干个已知的简单事件的和来计算其概率，它的理论和实际意义在于：在较复杂的情况下直接计算 $P(A)$ 不容易，但适当构造划分 B_i，$i = 1, 2, \cdots, n$ 可以简化计算.

例 1.5.2　市场上某种商品由三个厂家同时供给，其供应量为：甲厂家是乙厂家的 2 倍，乙、丙两个厂家相等，且各厂产品的次品率分别为 2%，2%，4%，求市场上该种商品的次品率.

解　设 B_1，B_2，B_3 分别表示取到甲、乙、丙厂家商品，A 表示取到次品，由题意得

$$P(B_1) = 0.5, \quad P(B_2) = P(B_3) = 0.25,$$

$$P(A \mid B_1) = 0.02, \quad P(A \mid B_2) = 0.02, \quad P(A \mid B_3) = 0.04.$$

由全概率公式有

$$P(A) = \sum_{i=1}^{3} P(B_i)P(A \mid B_i)$$

$$= 0.5 \times 0.02 + 0.25 \times 0.02 + 0.25 \times 0.04 = 0.025.$$

例 1.5.3　某信号系统的发射端以 0.7 和 0.3 的概率发出信号"0"和"1"，由于信道有干扰，当发出信号"0"时，接收端以概率 0.8 和 0.2 收到信号"0"和"1"，当发出信号"1"时，接收端以概率 0.9 和 0.1 收到信号"1"和"0"，计算接收到信号"0"的概率.

解　令 $A_0 = \{$发射端发出信号"0"$\}$，$A_1 = \{$发射端发出信号"1"$\}$，$B = \{$接收信号"0"$\}$，显然 A_0, A_1 构成样本空间的一个划分，有全概率公式

$$P(B) = P(A_0)P(B \mid A_0) + P(A_1)P(B \mid A_1)$$

$$= 0.7 \times 0.8 + 0.3 \times 0.1 = 0.59.$$

1.5.2　贝叶斯公式

实际应用中还有另外一类问题. 如例 1.5.2 中，已知取到一件次品，求该产品是甲厂生产的概率. 或者求该产品是哪家工厂生产的可能性最大. 这一类问题在实际中很常见，它是全概率公式的逆问题，需要由贝叶斯(Bayes)公式来解决.

定理 1.3（贝叶斯公式）　设随机试验 E 的样本空间为 Ω，$A \subset \Omega$，$B_1, B_2, \cdots, B_n$ 为 Ω 的一个有限划分，且 $P(A) > 0$，$P(B_i) > 0$，$i = 1, 2, \cdots, n$，则有

$$P(B_i \mid A) = \frac{P(B_i)P(A \mid B_i)}{\sum_{j=1}^{n} P(B_j)P(A \mid B_j)}. \tag{1.18}$$

由条件概率的定义及全概率公式不难证明式(1.18).

该公式于 1763 年由英国数学家贝叶斯给出，在概率论及数理统计中有着许多方面的应用. 从形式推导来看，它是将乘法公式和全概率公式用于条件概率的计算中，它的重要性是在于它的实际意义. 如果将事件 A 看成"结果"，把事件 $B_1, B_2, \cdots, B_n$ 看成导致该结果的"原因"，现在"结果"发生了，是"原因"B_i 导致该结果发生的概率即 $P(B_i \mid A)$，贝叶斯公式告诉我们，此概率与"原因"B_i 发生的可能性大小 $P(B_i)$ 有关.

现有一个"结果"A 发生了，在众多可能"原因"中，究竟是哪一个导致了这一结果？这是一个在日常生活和科学技术开发中常常遇到的问题.

例 1.5.4　在例 1.5.2 中，若从市场上的商品中随机抽取一件，发现是次品，求它是甲厂生产的概率.

解　由贝叶斯公式有

$$P(B_1 \mid A) = \frac{P(B_1)P(A \mid B_1)}{\sum_{i=1}^{3} P(B_i)P(A \mid B_i)}$$

$$= \frac{P(B_1)P(A \mid B_1)}{P(A)}$$

$$= \frac{0.5 \times 0.02}{0.025} = 0.40.$$

例 1.5.5 对以往数据分析进行, 结果表明, 当机器调整得良好时, 产品的合格率为 98%, 而当机器发生某种故障时, 其合格率为 55%, 每天早上机器开动时, 机器调整良好的概率为 95%. 试求已知某日早上第一件产品是合格品时, 机器调整良好的概率是多少?

解 设 A 为事件"产品合格", B 为事件"机器调整良好". 已知 $P(A \mid B) = 0.98$, $P(A \mid \overline{B}) = 0.55$, $P(B) = 0.95$, $P(\overline{B}) = 0.05$, 所需求的概率为 $P(B \mid A)$, 由贝叶斯公式

$$P(B \mid A) = \frac{P(A \mid B)P(B)}{P(A \mid B)P(B) + P(A \mid \overline{B})P(\overline{B})}$$

$$= \frac{0.98 \times 0.95}{0.98 \times 0.95 + 0.55 \times 0.05} \approx 0.97.$$

这就是说, 当生产出第一件产品是合格品时, 此时机器调整良好的概率为 0.97. 这里, 概率 0.95 是由以往的数据分析得到的, 叫做**先验概率**, 而在得到信息(即生产出的第一件产品是合格品)之后再重新加以修正的概率(即 0.97)叫做**后验概率**. 有了后验概率我们就能够对机器的情况有进一步的了解.

例 1.5.6(疾病确诊率问题) 假定用血清甲胎蛋白法诊断肝癌. 已知 $B = \{$此人患有肝癌$\}$, $A = \{$诊断出患有肝癌$\}$, 人群中 $P(B) = 0.0004$, 患有肝癌的检查确诊的概率 $P(A \mid B) = 0.95$, 没有患癌的检查为正常的概率 $P(\overline{A} \mid \overline{B}) = 0.90$. 现在若有一人被此检验方法诊断为患有肝癌, 求此人确实患有肝癌的概率 $P(B \mid A)$.

解 由贝叶斯公式知

$$P(B \mid A) = \frac{P(B)P(A \mid B)}{P(B)P(A \mid B) + P(\overline{B})P(A \mid \overline{B})}$$

$$= \frac{0.0004 \times 0.95}{0.0004 \times 0.95 + 0.9996 \times 0.1} \approx 0.0038.$$

计算结果表明, 虽然检验法相当可靠, 但被诊断为肝癌的人确实患有肝癌的可能性并不大! 故而医生在诊断时, 应采用多种检测手段, 对被检者进行综合诊断, 才能得出较为正确的判断.

1.6 事件的独立性

对于事件 A, B，概率 $P(B)$ 与条件概率 $P(B \mid A)$ 是两个不同的概念. 一般来说，$P(B) \neq P(B \mid A)$，即事件 A 的发生对事件 B 的发生有影响. 若事件 A 的发生对事件 B 的发生没有影响，则有 $P(B \mid A) = P(B)$.

例 1.6.1 设试验 E 为 "抛甲、乙两枚均匀硬币，观察正反面出现的情况". 设事件 A 为 "甲币出现 H"，事件 B 为 "乙币出现 H"，其中 H 表示正面，T 表示反面，E 的样本空间为 $S = \{HH, HT, TH, TT\}$. 由古典概型计算公式得

$$P(A) = \frac{2}{4} = \frac{1}{2}, \quad P(B) = \frac{2}{4} = \frac{1}{2}, \quad P(B \mid A) = \frac{1}{2}, \quad P(AB) = \frac{1}{4}.$$

在这里我们看到 $P(B \mid A) = P(B)$，而 $P(AB) = P(A)P(B)$. 因此，由题意知甲币是否出现正面与乙币是否出现正面是互不影响的.

定义 1.6 如果两个事件 A, B 满足等式

$$P(AB) = P(A)P(B), \tag{1.19}$$

则称事件 A 与 B 是**相互独立**的.

注 (1) 若 $P(A) > 0$，$P(B) > 0$，则事件 A, B 相互独立与事件 A, B 互不相容不能同时成立.

(2) 在实际应用中，往往并不按独立性的定义(公式(1.19))来验证事件 A, B 的独立性，而是从事件的实际意义来判断事件 A, B 是否相互独立. 比如，从有限总体中有放回地抽取两次，事件 $A = \{$第一次抽到正品$\}$ 与事件 $B = \{$第二次抽到正品$\}$ 是相互独立的. 甲乙两人向同一目标进行射击，事件 $A = \{$甲击中目标$\}$ 与事件 $B = \{$乙击中目标$\}$ 是相互独立的. 在实际应用中，大多将公式(1.19)作为已经判定其独立的两个事件所满足的一项性质加以利用.

性质 1.3 若事件 A, B 相互独立，且 $P(B) > 0$，则

$$P(A \mid B) = P(A). \tag{1.20}$$

性质 1.4 若事件 A, B 相互独立，则下列三对事件：$\overline{A}$ 与 B，A 与 $\overline{B}$，$\overline{A}$ 与 $\overline{B}$ 也相互独立.

证明 由 A, B 相互独立，则有

$$P(\overline{A}B) = P(B) - P(AB) = P(B) - P(A)P(B)$$

$$= [1 - P(A)]P(B) = P(\overline{A})P(B).$$

所以 $\overline{A}$ 与 B 相互独立，其他情况类似可证.

例 1.6.2　甲、乙两人进行射击练习. 根据两人的历史成绩知道，甲的命中率为 0.9，乙的命中率为 0.8，现甲、乙两人各独立射击一次，求

(1)甲、乙都命中目标的概率；

(2)甲、乙至少有一个命中目标的概率.

解　设 $A = \{$甲命中$\}$，$B = \{$乙命中$\}$，事件 A 与事件 B 相互独立. 因此

(1)甲、乙都命中目标的概率

$$P(AB) = P(A)P(B) = 0.9 \times 0.8 = 0.72;$$

(2)甲、乙至少有一个命中目标的概率

$$P(A \cup B) = P(A) + P(B) - P(AB)$$
$$= 0.9 + 0.8 - 0.72$$
$$= 0.98.$$

对三个事件的独立性有下面的定义.

定义 1.7　如果三个事件 A, B, C 满足等式

$$\begin{cases} P(AB) = P(A)P(B), \\ P(BC) = P(B)P(C), \\ P(CA) = P(C)P(A), \end{cases} \tag{1.21}$$

则称事件 A, B, C 两两独立.

进一步，若满足

$$P(ABC) = P(A)P(B)P(C), \tag{1.22}$$

则称事件 A, B, C 相互独立.

例 1.6.3　三个元件串联的电路中，每个元件发生断电的概率依次为 0.3，0.4，0.6，各元件是否断电为相互独立事件，求电路断电的概率是多少.

解　设 $A_i = \{$第 i 个元件断电$\}$ $(i = 1, 2, 3)$，$A = \{$电路断电$\}$. 因 A_1, A_2, A_3 相互独立，则

$$P(A) = P(A_1 \bigcup A_2 \bigcup A_3)$$
$$= 1 - P(\overline{A_1 \bigcup A_2 \bigcup A_3})$$
$$= 1 - P(\overline{A_1}\,\overline{A_2}\,\overline{A_3})$$
$$= 1 - P(\overline{A_1})P(\overline{A_2})P(\overline{A_3})$$
$$= 1 - 0.7 \times 0.6 \times 0.4 = 0.832.$$

例 1.6.4　若干人独立地向一移动目标射击，每人击中目标的概率都是 0.6，请问至少需要多少人才能以 0.99 以上的概率击中目标？

解　设至少需要 n 个人，才能以 0.99 以上的概率击中目标. 令 $A = \{$目标被击

中$\}$，$A_i = \{$第 i 人击中目标$\}$，$i = 1, 2, \cdots, n$，则 $A = A_1 \cup A_2 \cup \cdots \cup A_n$，且 $A_1, A_2, \cdots, A_n$ 相互独立. 于是 $\overline{A}_1$，$\overline{A}_2$，$\cdots$，$\overline{A}_n$ 也相互独立.

$$
\begin{aligned}
P(A) &= P(A_1 \cup A_2 \cup \cdots \cup A_n) \\
&= 1 - P(\overline{A_1 \cup A_2 \cup \cdots \cup A_n}) \\
&= 1 - P(\overline{A}_1 \overline{A}_2 \cdots \overline{A}_n) \\
&= 1 - P(\overline{A}_1)P(\overline{A}_2) \cdots P(\overline{A}_n) \\
&= 1 - (1 - 0.6)^n \\
&= 1 - 0.4^n,
\end{aligned}
$$

问题转化成了求最小的 n，使 $1 - 0.4^n > 0.99$. 解此不等式，得

$$
n > \frac{\ln 0.01}{\ln 0.4} \approx 5.026 ,
$$

所以，最小的 n 应为 6，即至少需要 6 人射击，才能以 0.99 以上的概率击中目标.

1.7　随机事件应用实例

实例　患者的选择

（1）某城市对一种严重疾病进行统计，有如下统计数据：在得病的 1000 人中有 200 人幸存，幸存者中有 120 人是经手术后活下来的，其余 80 人是没有经过手术存活的，并且做过手术的患者共 360 名.

现有一名患者对自己是否进行手术犹豫不决，为此对这个问题进行分析，帮助他做出选择. 将上述数据用矩阵表示如下：

$$
\boldsymbol{S} = \begin{matrix} & \text{幸存数} \quad \text{死亡数} \\ \begin{bmatrix} 120 & 240 \\ 80 & 560 \end{bmatrix}, & \begin{matrix} \text{动手术人数} \\ \text{未动手术人数} \end{matrix} \end{matrix}
$$

令 $A = \{$患者幸存下来$\}$，$B = \{$患者动手术$\}$.

由于事件的频率具有稳定性，因此用事件的频率近似替代概率，根据数据矩阵 $\boldsymbol{S}$，有

$$
P(A \mid B) = \frac{120}{360} = \frac{1}{3}, \quad P(\overline{A} \mid B) = \frac{240}{360} = \frac{2}{3},
$$

$$
P(A \mid \overline{B}) = \frac{80}{640} = \frac{1}{8}, \quad P(\overline{A} \mid \overline{B}) = \frac{560}{640} = \frac{7}{8}.
$$

可见患者动过手术的存活率超过不动手术的存活率.

此外，一名患者幸存下来，是动手术让他存活的可能性有多大呢？需要计算条件概率 $P(B\mid A)$，用贝叶斯公式

$$P(B\mid A)=\frac{P(A\mid B)P(B)}{P(A\mid B)P(B)+P(A\mid \overline{B})P(\overline{B})},$$

同理，假定 $P(B)=\dfrac{360}{1000}=\dfrac{9}{25}$，从而

$$P(B\mid A)=\frac{\dfrac{1}{3}\cdot\dfrac{9}{25}}{\dfrac{1}{3}\cdot\dfrac{9}{25}+\dfrac{1}{8}\cdot\dfrac{16}{25}}=\frac{3}{5}>\frac{2}{5}=P(\overline{B}\mid A).$$

若把历史数据作为预测未来的依据，可以得到的结果说明对生存欲望强烈的患者而言，动手术是最佳的选择.

(2) 许多人曾有过这样的经历，进行一次检查，结果呈阳性提示此人患病，但实际上却虚惊一场，这往往是检查的技术水平等原因造成错误诊断. 现有以下数据矩阵

患病人数　无病人数
$$T=\begin{bmatrix}360 & 120\\ 40 & 480\end{bmatrix}.\quad\begin{matrix}\text{诊断为患病的人数}\\ \text{诊断为正常的人数}\end{matrix}$$

现根据以上数据矩阵分析一名被诊断为患病的人确实患病的可能性. 令 $C=\{$此人确实患病$\}$，$D=\{$此人被诊断为患病$\}$.

同理，用事件的频率近似替代概率，有

$$P(D\mid C)=\frac{360}{400}=\frac{9}{10},\quad P(\overline{D}\mid C)=\frac{40}{400}=\frac{1}{10},$$

$$P(D\mid \overline{C})=\frac{120}{600}=\frac{1}{5},\quad P(\overline{D}\mid \overline{C})=\frac{480}{600}=\frac{4}{5}.$$

可见患病的人被确诊的概率很高，而没有患病的人确诊为正常的概率也很高. 一名被诊断为患病的人确实患病的可能性有多大呢？需要计算条件概率 $P(C\mid D)$，用贝叶斯公式

$$P(C\mid D)=\frac{P(D\mid C)P(C)}{P(D\mid C)P(C)+P(D\mid \overline{C})P(\overline{C})},$$

被检查的人群中患病的概率为 $P(C)=\dfrac{400}{1000}=\dfrac{2}{5}$，从而

$$P(C \mid D) = \frac{\dfrac{9}{10} \cdot \dfrac{2}{5}}{\dfrac{9}{10} \cdot \dfrac{2}{5} + \dfrac{1}{5} \cdot \dfrac{3}{5}} = \frac{3}{4} = 0.75.$$

根据以上分析，被诊断为患病的人确实患病的可能性为 0.75，大于人群中患病的概率 $P(C) = 0.4$，但小于患病的人的确诊率 $P(D \mid C) = 0.9$，说明检查有助于判断是否患病，但是准确率并不高，因此建议再重复检查一次，以确定是否患病.

习　题　1

1. 写出下列随机试验的样本空间.

(1) 观察某商场某日开门半小时后场内的顾客数；

(2) 生产某种产品直至得到 10 件正品为止，记录生产产品的总件数；

(3) 记录一个班一次数学考试的平均分数(设以百分制记分)；

(4) 已知某批产品中有一、二、三等品及不合格品，从中任取一件观察其等级；

(5) 从分别标有号码 1, 2, ⋯, 10 的十个球中任意取两个球，记录球的号码.

2. 设 A, B, C 是某一试验的三个事件，用 A, B, C 的运算关系表示下列事件.

(1) A, B, C 都发生；

(2) A, B, C 都不发生；

(3) A 与 B 发生，而 C 不发生；

(4) A 发生，而 B 与 C 不发生；

(5) A, B, C 中至少有一个发生；

(6) A, B, C 中至多有一个发生；

(7) A, B, C 中恰有两个发生；

(8) A, B, C 中至多有两个发生；

(9) A 与 B 都不发生；

(10) A 与 B 不都发生.

3. 甲、乙、丙三人各进行一次试验，事件 A_1, A_2, A_3 分别表示甲、乙、丙试验成功，说明下列事件所表示的试验结果.

(1) $\overline{A_1}$；　　　　　(2) $A_1 \cup A_2$；　　　　　(3) $\overline{A_2 A_3}$；

(4) $\overline{A_2} \cup \overline{A_3}$；　　　(5) $A_1 A_2 A_3$；　　　　(6) $A_1 A_2 \cup A_2 A_3 \cup A_1 A_3$.

4. 设 A, B 为两个事件，指出下列等式中哪些成立，哪些不成立?

(1) $A \cup B = A \overline{B} \cup B$；

(2) $A - B = A \overline{B}$；

(3) $(AB)(A \overline{B}) = \varnothing$；

(4) $(A - B) \cup B = A$.

5. 把 10 本书任意放在书架的一排上，其中有一套 4 卷成套的书，求成套的书放在一起的概率.

6. 10 片药片中有 5 片是安慰剂.

(1) 从中任意抽取 5 片，求其中至少有 2 片是安慰剂的概率；

(2) 从中每次取一片，作不放回抽样，求前 3 次都取到安慰剂的概率.

7. 根据天气预报，明天甲城市下雨的概率为 0.7，乙城市下雨的概率为 0.2，甲、乙两城市同时下雨的概率为 0.1. 求下列事件的概率：

(1) 明天甲城市下雨而乙城市不下雨；

(2) 明天至少有一城市下雨；

(3) 明天甲、乙两城市都不下雨；

(4) 明天至少有一城市不下雨.

8. 若 $P(A) = 0.6$, $P(A \cup B) = 0.8$, $P(AB) = 0.1$，求 $P(\bar{B})$, $P(A - B)$.

9. 设 A，B，C 是三个事件，且 $P(A) = P(B) = P(C) = \frac{1}{4}$, $P(AB) = P(BC) = 0$, $P(AC) = \frac{1}{8}$，求 A，B，C 至少有一个发生的概率.

10. 已知 $P(A) = \frac{1}{2}$，若 A，B 互不相容，求 $P(A\bar{B})$.

11. 设 A，B 是两个事件，$P(A) = P(B) = \frac{1}{3}$, $P(A \mid B) = \frac{1}{6}$，求 $P(\bar{A} \mid \bar{B})$.

12. 设 $P(A) = \frac{1}{4}$, $P(B \mid A) = \frac{1}{3}$, $P(A \mid B) = \frac{1}{2}$，求 $P(A \cup B)$.

13. 10 把钥匙上有 3 把能打开门，今任取 2 把，求能打开门的概率.

14. 病树的主人外出，委托邻居浇水，设已知如果不浇水，树死去的概率为 0.8，若浇水则树死去的概率为 0.15，有 0.9 的把握确定邻居会记得浇水. 求主人回来树还活着的概率.

15. 某保险公司把被保险人分成三类："谨慎的""一般的""冒失的"，他们在被保险人中依次占 20%，50%，30%. 统计资料表明，上述三种人在一年内发生事故的概率分别为 0.05，0.15 和 0.30，现有某被保险人在一年内出事故了，求其是"谨慎的"客户的概率.

16. 已知男性中有 5% 是色盲患者，女性中有 0.25% 是色盲患者，今从男女人数相等的人群中随机地挑选一人，恰好是色盲患者，问此人是男性的概率是多少.

17. 有位朋友从远方来，他乘火车、轮船、汽车、飞机来的概率分别是 0.3，0.2，0.1，0.4. 如果他乘火车、轮船、汽车来的话，迟到的概率分别是 $\frac{1}{4}$，$\frac{1}{3}$，$\frac{1}{12}$，而乘飞机则不会迟到. 求

(1) 他迟到的概率为多少；

(2) 他迟到了，问他是乘火车来的概率是多少.

18. 设事件 A 与 B 相互独立，$P(A) = 0.3$, $P(B) = 0.4$，计算 $P(A \cup B)$, $P(AB)$.

19. 设 $P(A) = 0.4, P(A \cup B) = 0.7,$

(1)若事件 A，B 互不相容，计算 $P(B)$；

(2)若事件 A，B 相互独立，计算 $P(B)$；

(3)若事件 $A \subset B$，计算 $P(B)$．

20．3 人独立地破译一密码，已知他们能破译的概率分别为 $\dfrac{1}{4}$，$\dfrac{1}{3}$，$\dfrac{1}{5}$，求三人中至少有一人能将密码破译的概率．

21．有两种花籽，发芽率分别为 0.8，0.9，从中各取一颗，设各花籽是否发芽相互独立．求

(1)这两颗花籽都能发芽的概率；

(2)至少有一颗能发芽的概率；

(3)恰有一颗能发芽的概率．

22．某工人同时看管三台机器，在一小时内，这三台机器需要看管的概率分别为 0.2，0.3，0.1．假设这三台机器是否需要看管是相互独立的，试求在一小时内

(1)三台机器都不需要看管的概率；

(2)至少有一台机器需要看管的概率；

(3)至多有一台机器需要看管的概率．

23．某产品的生产过程要经过三道相互独立的工序．已知第一道工序的次品率为 3%，第二道工序的次品率为 5%，第三道工序的次品率为 2%，问该种产品的次品率是多少？

第 2 章 随机变量及其分布

在第 1 章中对于随机事件及其概率，只能从静态上研究随机试验的结果，不能从全局上以动态的方法研究随机现象的统计规律. 为了用现代的数学方法研究随机现象，这就需要引入随机变量的概念. 随机变量是概率论中最基本的概念之一，随机变量概念的应用使得随机试验的结果得以数量化，便于应用数学分析、线性代数等工具进行研究，使概率论成为一门真正的数学学科，为概率论的广泛应用提供了理论支持.

2.1 随机变量及其分布函数

2.1.1 随机变量

在介绍随机变量之前，我们先观察一些随机试验.

(1) 独立地抛掷一枚质地均匀的硬币 10 次，观察正面朝上的次数，记正面朝上的次数为 X，则该随机试验的样本空间 $\Omega_1 = \{0,1,2,\cdots,10\}$；

(2) 在一天中，地铁站乘车人数 Y，则该随机试验样本空间为 $\Omega_2 = \{0,1,2,\cdots\}$；

(3) 放射性物质在 7.5s 的时间间隔内到达指定区域的质子数 Z，该随机试验的样本空间 $\Omega_3 = \{0,1,2,\cdots\}$；

(4) 某地区的年降雨量 T，该随机试验的样本空间 $\Omega_4 = \{T \mid T \geq 0\}$.

通过上述例子我们发现，有很多随机试验的结果本身就是用数量表示的，由于样本点出现的随机性，其反映随机现象结果的变量就是随机变量. 但是还有一些随机试验的结果不是数量表示的，例如，抽检一件产品，其质量可能是 "合格"，也可能是 "不合格"，这时可设计随机变量 X 为

样本点	X
合格品	1
不合格品	0

由此可将 X 解释为 "抽检一产品中合格品数". 若此种产品合格品率为 p，则 X 取各种值的概率用如下的方式表示：

X	0	1
P	$1-p$	p

这样，不管随机试验的结果能不能用数量表示，均可以定义一个变量，使每一个样本点 e 均对应随机变量 X 的一个实数值 $X(e)$，这样的变量 $X(e)$ 称为随机变量.

定义 2.1　设随机试验 E，其样本空间 $\Omega=\{e\}$，如果对于每一个 $e\in\Omega$，均有一个实数 $X(e)$ 与之对应，这样的定义在样本空间 Ω 上的单值实值函数 $X=X(e)$，称为随机变量，其值域记为 $R_X=(-\infty,+\infty)$.

注　(1)随机变量常用大写字母 X,Y,Z 等表示，其取值用小写字母 x,y,z 等表示.

(2)随机变量的定义表明：随机变量 X 是样本点 e 的一个函数，这个函数的自变量(样本点)可以是数，也可以不是数，但是因变量一定是数，而且这个函数可以是不同的样本点对应不同的实数，也允许多个样本点对应同一个实数.

例如，连续抽取三件产品，其中合格品的件数 X，当 $X=1$ 时，对应的样本点有 $(1,0,0)$，$(0,1,0)$，$(0,0,1)$，其中"0"表示抽到的是不合格品，"1"表示抽到的是合格品.

与微积分中的变量不同，概率论中的随机变量 X 是一种"随机取值的变量"，对于随机变量，我们不仅要知道其取值情况，还要知道取这些值的概率，这就是分布的概念，有没有分布是区分一般变量与随机变量的主要标志.

例 2.1.1　某地铁站每 6 分钟一班地铁，一位乘客在任意时刻到达车站都是等可能的. 那么他的候车时间 X 是一个随机变量，即 X 是定义在样本空间 $\Omega=\{t\,|\,0\leqslant t\leqslant 6\}$ 上的随机变量，即 $X=X(e_t)=t$，当 $e_t=t\in\Omega$ 时，X 的值域为 $R_X=[0,6]\subset(-\infty,+\infty)$.

一般地，对于任意一个实数集合 L，若 X 的值属于 L，即 $\{X\in L\}$ 表示一个随机事件 $\{e\,|\,X(e)\in L\}$，其概率表示为 $P\{X\in L\}=P\{e\,|\,X(e)\in L\}$. 因此引入随机变量后可以方便地用随机变量描述事件及其概率.

随机变量概念的引入是概率论发展进程的一次飞跃，它可以完整地描述随机试验的全部结果，而不必对每一个事件进行重复讨论. 它还可以借助高等数学等工具来分析随机变量的统计规律性. 为了更好更准确地描述随机变量中事件 $\{X(e)\leqslant x\}$ 的概率，我们引入分布函数的概念.

2.1.2　分布函数

前面讲了随机变量的概念，下面先看几个例子.

例 2.1.2　记 X 表示一天内到达某银行的顾客数，则 X 的可能取值为 $0,1,2,\cdots,n,\cdots$. 这是一个随机变量，事件 $A=$ "至少来 200 名顾客"，则其可以表示成 $A=\{X\geqslant 200\}$.

例 2.1.3　记 T 表示一电子元件的寿命. 则 T 的可能取值充满 $[0,+\infty)$，事件 B

表示使用寿命在 10000 小时到 30000 小时之间，则可以表示成 $B = \{10000 \leqslant T \leqslant 30000\}$.

为了掌握 X 的统计规律性，我们需要掌握 X 取各种值的概率. 由于 $\{X > a\} = \Omega - \{X \leqslant a\}$；$\{b < X \leqslant c\} = \{X \leqslant c\} - \{X \leqslant b\}$. 因此对任意的实数 x 只要知道 $\{X \leqslant x\}$ 的概率就够了，记 $P\{X \leqslant x\} = F(x)$，这就是分布函数的概念.

定义 2.2 设 X 为一随机变量，对任意 $x \in \mathbf{R}$，称函数

$$F(x) = P\{X \leqslant x\} \quad (-\infty < x < +\infty) \tag{2.1}$$

为随机变量 X 的**分布函数**.

注 (1) 分布函数的定义域为 $(-\infty, +\infty)$，值域为 $[0, 1]$.

(2) 分布函数 $F(x)$ 的函数值表示随机变量 X 落在区间 $(-\infty, x]$ 内的概率.

利用分布函数可以求有关事件的概率.

$$P\{a < X \leqslant b\} = P\{X \leqslant b\} - P\{X \leqslant a\} = F(b) - F(a), \tag{2.2}$$

$$P\{X > b\} = 1 - F(b). \tag{2.3}$$

例 2.1.4 抛一枚质地均匀的硬币一次，设 X 表示正面出现的次数，求随机变量 X 的分布函数.

解 $P\{X = 0\} = P\{出现反面\} = \dfrac{1}{2}$，$P\{X = 1\} = P\{出现正面\} = \dfrac{1}{2}$.

当 $x < 0$ 时，$F(x) = P\{X \leqslant x\} = 0$；

当 $0 \leqslant x < 1$ 时，$F(x) = P\{X \leqslant x\} = P\{X = 0\} = \dfrac{1}{2}$；

当 $x \geqslant 1$ 时，$F(x) = P\{X \leqslant x\} = P\{X = 0\} + P\{X = 1\} = \dfrac{1}{2} + \dfrac{1}{2} = 1$.

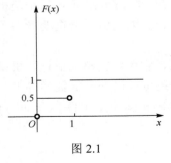

图 2.1

综上所述

$$F(x) = \begin{cases} 0, & x < 0, \\ \dfrac{1}{2}, & 0 \leqslant x < 1, \\ 1, & x \geqslant 1. \end{cases}$$

$F(x)$ 的图形如图 2.1 所示，它是阶梯形的，在 $x = 0$，1 点处发生跳跃.

例 2.1.5 向半径为 r 的圆内随机抛一点，求此点到圆心距离 X 的分布函数 $F(x)$，并求 $P\left\{X > \dfrac{r}{3}\right\}$.

解 事件 $\{X \leqslant x\}$ 表示所抛之点落在半径为 x（$0 \leqslant x \leqslant r$）的圆内，故其概率为

$$F(x) = P\{X \leqslant x\} = \frac{\pi x^2}{\pi r^2} = \left(\frac{x}{r}\right)^2.$$

所以

$$P\left\{X > \frac{r}{3}\right\} = 1 - P\left\{X \leqslant \frac{r}{3}\right\} = 1 - \left(\frac{1}{3}\right)^2 = \frac{8}{9}.$$

分布函数具有以下基本性质.

定理 2.1　设 $F(x)$ 为随机变量 X 的分布函数,则满足以下三条基本性质:

(1) **单调性**　$F(x)$ 是定义在整个实数域 $(-\infty, +\infty)$ 上的单调非减函数,即当 $x_1 < x_2$ 时,有 $F(x_1) \leqslant F(x_2)$.

(2) **有界性**　对于任意实数 x,有 $0 \leqslant F(x) \leqslant 1$, 且

$$F(-\infty) = \lim_{x \to -\infty} F(x) = 0,$$

$$F(+\infty) = \lim_{x \to +\infty} F(x) = 1.$$

(3) **右连续性**　$F(x)$ 是 x 的右连续函数,即对于任意实数 x_0,有

$$F(x_0 + 0) = \lim_{x \to x_0^+} F(x) = F(x_0).$$

证明　(1) 对于任意两点 x_1, x_2,当 $x_1 < x_2$ 时,事件 $\{X \leqslant x_1\} \subset \{X \leqslant x_2\}$,由概率的单调性知 $P\{X \leqslant x_1\} \leqslant P\{X \leqslant x_2\}$,即 $F(x_1) \leqslant F(x_2)$.

(2) $F(x) = P\{X \leqslant x\}$,由概率的性质知 $0 \leqslant F(x) \leqslant 1$. 若变量 $x \to -\infty$,"随机变量 X 在 $(-\infty, x]$ 内取值"趋于不可能事件,其概率为 0,即 $F(-\infty) = 0$;若变量 $x \to +\infty$,"随机变量 X 在 $[x, +\infty)$ 内取值"趋于必然事件,其概率为 1,即 $F(+\infty) = 1$.

(3) 请同学自己证明.

有了随机变量 X 的分布函数,那么关于 X 的各种随机事件的概率都能方便地用分布函数表示. 例如,对于任意实数 a, b,有

$$P\{a < X \leqslant b\} = F(b) - F(a),$$

$$P\{X > a\} = 1 - F(a),$$

$$P\{X = b\} = F(b) - F(b - 0),$$

$$P\{X \geqslant b\} = 1 - F(b - 0),$$

$$P\{a < X < b\} = F(b - 0) - F(a),$$

$$P\{a \leqslant X \leqslant b\} = F(b) - F(a - 0),$$

$$P\{a \leqslant X < b\} = F(b - 0) - F(a - 0).$$

尤其是 $F(x)$ 在点 a 处连续时,有 $F(a - 0) = F(a)$. 这些公式在今后的计算中会经常遇到.

例 2.1.6　已知随机变量 X 的分布函数

$$F(x) = A + B\arctan x, \qquad x \in \mathbf{R}.$$

试求：

(1) 系数 A，B；

(2) X 落在区间 $(-1, 1]$ 上的概率.

解　由定理 2.1 中 $F(x)$ 的性质可得

(1) $\lim\limits_{x \to -\infty} F(x) = A - \dfrac{\pi}{2} B = 0$，$\lim\limits_{x \to +\infty} F(x) = A + \dfrac{\pi}{2} B = 1$，得 $A = \dfrac{1}{2}$，$B = \dfrac{1}{\pi}$.

(2) $P\{-1 < X \leqslant 1\} = F(1) - F(-1) = \left(\dfrac{1}{2} + \dfrac{1}{4}\right) - \left(\dfrac{1}{2} - \dfrac{1}{4}\right) = \dfrac{1}{2}$.

有了随机变量分布函数的概念，可以深入研究随机试验. 随机变量按其取值情况分为两大类：离散型和非离散型. 离散型随机变量的所有可能取值为有限或无穷可列个；非离散型随机变量中主要讨论连续型随机变量，其取值连续地充满一个区间. 如例 2.1.4 中随机变量 X，它的可能取值只有两种情况，它是一个离散型随机变量. 又比如对一目标进行射击，直到击中 3 次为止，总射击次数为 3, 4, 5, $\cdots$，也是一个离散型随机变量. 若以 T 表示某元件的寿命，它的可能取值充满了一个区间，是无法按一定次序一一列举出来的，因而它是一个非离散型的随机变量. 接下来着重讨论离散型随机变量和连续型随机变量及其分布.

2.2　离散型随机变量

2.2.1　离散型随机变量及其分布律

定义 2.3　如果随机变量 X 取有限个值 $x_1, x_2, \cdots, x_n$，或可列无穷多个值 $x_1, x_2, \cdots, x_n, \cdots$，称 X 为**离散型随机变量**.

X："掷一颗骰子所出现的点数"（有限个）.

Y："对一目标进行射击，直到击中 5 次为止，则射击的总次数为 5, 6, 7, 8, $\cdots$"（可列个）.

定义 2.4　设 X 为离散型随机变量，所有可能取值为 $x_i(i = 1, 2, 3, \cdots)$，且 $P\{X = x_i\} = p_i(i = 1, 2, 3, \cdots)$，则称 $P\{X = x_i\} = p_i(i = 1, 2, \cdots)$ 为 X 的**分布律**.

分布律也可表示为下列表格形式.

X	x_1	x_2	$\cdots$	x_n	$\cdots$
P	p_1	p_2	$\cdots$	p_n	$\cdots$

离散型随机变量的分布律满足下列两条基本性质：

(1) $p_i \geqslant 0$，$i = 1, 2, \cdots$；

(2) $\displaystyle\sum_{i=1}^{\infty} p_i = 1$.

离散型随机变量的分布函数为

$$F(x) = P\{X \leqslant x\} = \sum_{x_i \leqslant x} P\{X = x_i\}. \tag{2.4}$$

若 X 的可能取值为 $x_1 < x_2 < \cdots < x_n$，其分布函数可写成分段函数的形式：

$$F(x) = \begin{cases} 0, & x < x_1, \\ p_1, & x_1 \leqslant x < x_2, \\ p_1 + p_2, & x_2 \leqslant x < x_3, \\ \qquad \cdots\cdots & \\ p_1 + p_2 + \cdots + p_{n-1}, & x_{n-1} \leqslant x < x_n, \\ p_1 + p_2 + \cdots + p_n, & x \geqslant x_n. \end{cases}$$

离散型随机变量的分布函数的图形是有限级 (或无穷级) 的阶梯函数，具体见下述例子. 对于离散型随机变量，常用分布列描述其分布，很少用分布函数，因为求离散型随机变量的有关事件的概率时，用分布列比用分布函数更方便.

例 2.2.1 设一汽车在开往目的地的道路上需经过四组信号灯，每组信号灯以 $\dfrac{1}{2}$ 的概率允许或禁止汽车通过. 以 X 表示汽车首次停下时，它已通过的信号灯的组数 (设各组信号灯的工作是相互独立的)，求 X 的分布律.

解 以 p 表示每组信号灯禁止汽车通过的概率，易知 X 的分布律为

X	0	1	2	3	4
P	p	$(1-p)p$	$(1-p)^2 p$	$(1-p)^3 p$	$(1-p)^4$

或写成

$$P\{X = k\} = (1-p)^k p, \quad k = 0, 1, 2, 3, \quad P\{X = 4\} = (1-p)^4.$$

以 $p = \dfrac{1}{2}$ 代入得

X	0	1	2	3	4
P	0.5	0.25	0.125	0.0625	0.0625

例 2.2.2 设离散型随机变量 X 的分布律为 $P\{X = i\} = p^i (i = 1, 2, \cdots)$，$0 < p < 1$，求 p 的值.

解 由于 $\displaystyle\sum_{i=1}^{\infty} p_i = 1$，由无穷等比级数公式得

$$\sum_{i=1}^{\infty} p^i = \frac{p}{1-p} = 1,$$

解得 $p = \frac{1}{2}$.

例 2.2.3　设 10 件产品中恰好有 2 件次品，现在进行不放回抽取，每次抽一件直到取到正品为止. 求

(1) 抽取次数 X 的分布律；

(2) X 的分布函数；

(3) $P\{X = 3.4\}$，$P\{X > -2\}$，$P\{1 < X \leqslant 3\}$.

解　(1) X 是离散型随机变量，当取到正品则停止抽取，因为 10 件产品中有 2 件次品，故最多抽取 3 次就可以取到正品. 因此 X 的分布律为

X	1	2	3
P	$\dfrac{4}{5}$	$\dfrac{8}{45}$	$\dfrac{1}{45}$

(2) 离散型随机变量 X 的分布函数 $F(x)$ 是随机变量 X 的取值不超过 x 的所有变量的和，它是累计概率.

当 $x < 1$ 时，$F(x) = P\{X \leqslant x\} = 0$；

当 $1 \leqslant x < 2$ 时，$F(x) = P\{X \leqslant x\} = P\{X = 1\} = \dfrac{4}{5}$；

当 $2 \leqslant x < 3$ 时，$F(x) = P\{X \leqslant x\} = P\{X = 1\} + P\{X = 2\} = \dfrac{4}{5} + \dfrac{8}{45} = \dfrac{44}{45}$；

当 $x \geqslant 3$ 时，$F(x) = P\{X \leqslant x\} = P\{X = 1\} + P\{X = 2\} + P\{X = 3\} = \dfrac{4}{5} + \dfrac{8}{45} + \dfrac{1}{45} = 1$.

所以此分布函数为

$$F(x) = \begin{cases} 0, & x < 1, \\ \dfrac{4}{5}, & 1 \leqslant x < 2, \\ \dfrac{44}{45}, & 2 \leqslant x < 3, \\ 1, & x \geqslant 3. \end{cases}$$

(3) $P\{X = 3.4\} = 0$，

$$P\{X > -2\} = P\{X = 1\} + P\{X = 2\} + P\{X = 3\} = 1$$

或

$$P\{X > -2\} = 1 - P\{X \leqslant -2\} = 1 - F(-2) = 1 - 0 = 1.$$

$$P\{1 < X \leqslant 3\} = P\{X = 2\} + P\{X = 3\} = \frac{1}{5}$$

或

$$P\{1 < X \leqslant 3\} = F(3) - F(1) = 1 - \frac{4}{5} = \frac{1}{5}.$$

2.2.2　常见的离散型分布

1.　两点分布

若一次试验只有两个结果 A 或 $\overline{A}$，其中 A 发生的概率为 p，称该试验为**伯努利**（Bernoulli）**试验**.

在伯努利试验中，$P(A) = p$，$0 < p < 1$. 令

$$X = \begin{cases} 1, & A\text{发生}, \\ 0, & A\text{不发生}. \end{cases}$$

则 X 的分布律为

X	0	1
P	$1-p$	p

或

$$P\{X = x\} = p^x (1 - p)^{1-x}, \quad x = 0, 1.$$

称 X 服从**两点分布**，也称为 **0-1 分布**.

0-1 分布是离散型随机变量中最简单的分布，只有两个试验结果的伯努利试验都满足 0-1 分布，只是不同的试验，p 不同而已.

随机现象的统计规律往往是通过在相同条件下进行大量重复试验和观察而得以揭示的，这种在相同条件下重复试验的数学模型在概率论中占有重要地位.

例 2.2.4　设有某种产品 1000 件，其中有 900 件合格品，100 件不合格品. 现从中任取一件，设随机变量为

$$X = \begin{cases} 0, & \text{不合格品}, \\ 1, & \text{合格品}, \end{cases}$$

试求随机变量 X 的分布列和分布函数.

解　由题意知随机变量 X 服从两点分布，

$$P\{X = 0\} = \frac{100}{1000} = 0.1, \quad P\{X = 1\} = \frac{900}{1000} = 0.9,$$

其分布函数为 $F(x) = \begin{cases} 0, & x < 0, \\ 0.1, & 0 \leqslant x < 1, \\ 1, & x \geqslant 1. \end{cases}$

2. 二项分布

设随机试验 E 只有两个可能结果 A 和 $\overline{A}$，则称 E 为伯努利试验.

设 $P(A) = p(0 < p < 1)$，$P(\overline{A}) = 1 - p$. 将伯努利试验 E 独立重复地进行 n 次，则这一系列重复的独立试验被称为 n 重伯努利试验.

这里的"重复"是指在每次试验中 $P(A) = p$ 总是保持不变的；"独立"是指各次试验的结果互不影响，即每次试验结果出现的概率都与其他各次的试验结果无关.

n 重伯努利试验是一种重要的数学模型，有广泛的应用. 例如将硬币重复抛掷 n 次，就是 n 重伯努利试验；又如，抛一颗骰子，若以 A 表示是出现"6 点"，$\overline{A}$ 表示出现"非 6 点"，将骰子抛掷 n 次，也是一个 n 重伯努利试验；再比如人口调查中，以 A 表示出现"65 岁以上的人"，$\overline{A}$ 表示出现"65 岁及 65 岁以下的人"，作 n 次放回抽样，也是 n 重伯努利试验.

以 X 表示 n 重伯努利试验中事件 A 发生的次数，X 的所有可能取值为 $0, 1, 2, \cdots, n$，由于试验是相互独立的，所以 n 次试验中事件 A 发生 k $(0 \leqslant k \leqslant n)$ 次，其他 $n - k$ 次中事件 A 不发生，例如在前 k 次试验中事件 A 发生，在后 $n - k$ 次试验中事件 A 不发生，其概率为

$$\underbrace{p \cdot p \cdots p}_{k\text{个}} \cdot \underbrace{(1-p) \cdot (1-p) \cdots (1-p)}_{n-k\text{个}} = p^k (1-p)^{n-k},$$

这种情况有 C_n^k 种，并且是两两互不相容的，故可以求出 n 次试验中事件 A 发生 k 次的概率为 $C_n^k p^k (1-p)^{n-k}$.

定义 2.5　在 n 重伯努利试验中，设随机事件 A 在每次试验中发生的概率为 $p(0 < p < 1)$，以 X 表示 n 重伯努利试验中事件 A 发生的次数，X 的所有可能取值为 $0, 1, 2, \cdots, n$，则 X 的分布律为

$$P\{X = k\} = C_n^k p^k (1-p)^{n-k}, \quad k = 0, 1, 2, \cdots, n, \tag{2.5}$$

称 X 服从参数为 n, p 的二项分布，记为 $X \sim B(n, p)$.

n 重伯努利试验是由 n 个相同的、独立进行的伯努利试验组成的，若将第 i 个伯努利试验中 A 出现的次数记为 $X_i (i = 1, 2, \cdots, n)$，则 X_i 相互独立，且服从相同的两点分布 $B(1, p)$，此时其和

$$X = X_1 + X_2 + \cdots + X_n$$

就是 n 重伯努利试验中 A 出现的总次数,它服从二项分布 $B(n, p)$,即 n 个独立同分布的两点分布的随机变量之和服从二项分布.

例 2.2.5 从甲地到乙地需经过 3 个红绿灯路口,假设每个路口的红绿灯独立工作,出现红灯的概率都为 $\frac{1}{4}$,设 X 表示途中遇到红灯的次数,求随机变量 X 的分布律及 $P\{X \leqslant 1\}$.

解 $X \sim B\left(3, \frac{1}{4}\right)$,其分布律为 $P\{X = k\} = C_3^k \left(\frac{1}{4}\right)^k \left(1 - \frac{1}{4}\right)^{3-k}$, $k = 0, 1, 2, 3$,即

X	0	1	2	3
P	$\dfrac{27}{64}$	$\dfrac{27}{64}$	$\dfrac{9}{64}$	$\dfrac{1}{64}$

$$P\{X \leqslant 1\} = P\{X = 0\} + P\{X = 1\} = \frac{27}{64} + \frac{27}{64} = \frac{27}{32}.$$

例 2.2.6 设在家畜中感染某种疾病的概率是 30%,新发现一种血清可能对预防此疾病有效.为此对 20 只健康动物注射这种血清,若注射后只有一只动物被感染,应对此血清的作用如何评价?

解 令 X 表示 20 只健康动物注射这种血清后被感染的动物数量.假定这种血清无效,注射这种血清后动物受感染率还应是 30%,此时有 $X \sim B(20, 0.3)$.这 20 只动物中只有一只动物受感染的概率为

$$P\{X = 1\} = C_{20}^1 \cdot 0.3^1 \cdot 0.7^{19} \approx 0.0068.$$

这个概率相当小,属于小概率事件,因此不能认为血清毫无价值.

3. 泊松分布

设随机变量 X 的分布律为

$$P\{X = k\} = \frac{\lambda^k}{k!} \mathrm{e}^{-\lambda}, \quad k = 0, 1, 2, \cdots, \quad \lambda > 0, \tag{2.6}$$

则称 X 服从参数为 λ 的**泊松(Poisson)分布**,记为 $X \sim P(\lambda)$.

泊松分布的实际应用很广.例如,一本书一页中的印刷错误数;某医院在一天内的急诊病人数;某地区一个时间间隔内发生交通事故的次数;某自动控制系统中损坏的元件个数等都服从泊松分布.

定理 2.2(泊松定理) 泊松分布实际上是二项分布的极限形式.设随机变量 $X_n (n = 1, 2, 3, \cdots)$ 服从二项分布,其分布律为 $P\{X_n = k\} = C_n^k p_n^k (1 - p_n)^{n-k} (k = 0, 1, 2, \cdots, n)$,其中 p_n 为与 n 有关的数,如果 $np_n \to \lambda (n \to \infty)$,则有

$$\lim_{n \to \infty} P\{X_n = k\} \approx \frac{\lambda^k}{k!} \mathrm{e}^{-\lambda}. \tag{2.7}$$

泊松分布研究的也是 n 重伯努利试验中事件 A 发生的次数，只是 n 比较大，p 比较小.

$$P\{X = k\} = \mathrm{C}_n^k p^k (1-p)^{n-k} \approx \frac{\lambda^k}{k!} \mathrm{e}^{-\lambda}, \qquad \lambda = np. \tag{2.8}$$

在实际应用中，一般 $n > 10$，$p_n < 0.1$ 时，上述公式有较好的近似程度，泊松分布的概率值可以通过附表 1（泊松分布表）查得.

例 2.2.7（合理配备维修工人的问题） 有 300 台独立运转的同类机床，每台机床发生故障的概率都是 0.01，若一人排除一台的故障. 问至少需要多少名工人，才能保证不能及时排除故障的概率小于 0.01？

解 由于一台机床在某一时刻要么发生故障要么不发生故障，只有两个试验结果，我们可以把一台机床是否发生故障看成是一个伯努利试验，300 台同类机床独立运转互不影响时，可以看成是 n 重伯努利试验. 假设 X 表示同一时刻发生故障的机床数，则 $X \sim B(300, 0.01)$. 假设配 N 个工人，要使不能及时排除故障的概率小于 0.01，也就是要求 $P\{X > N\} < 0.01$，即

$$\sum_{k=N+1}^{300} \mathrm{C}_{300}^k (0.01)^k (0.99)^{300-k} < 0.01.$$

这个计算非常复杂，可以通过泊松定理来解决.

$n = 300$，$p = 0.01$，取 $\lambda = np_n = 300 \times 0.01 = 3$，则 X 近似服从参数为 3 的泊松分布，即 $X \sim P(3)$，于是 $P\{X > N\} < 0.01$，即

$$\sum_{k=N+1}^{300} \frac{3^k}{k!} \mathrm{e}^{-3} < 0.01.$$

查附表可得 $P\{X > 7\} = P\{X \geq 8\} = 0.011905 > 0.01$，$P\{X > 8\} = P\{X \geq 9\} = 0.003803 < 0.01$. 所以至少需要配备 8 个工人.

例 2.2.8 收到一批 100 个零件的订货，设每一个零件是次品的概率等于 0.01，该批零件验收合格的条件是次品数不超过 3 件，试求这批订货合格的概率.

解 设 X 是这批订货中的次品数，则 $X \sim B(100, 0.01)$，所求概率为

$$P\{X \leq 3\} = \sum_{k=0}^{3} \mathrm{C}_{100}^k \cdot 0.01^k \cdot 0.99^{100-k} \approx 0.9816.$$

可以将 X 看成近似服从参数为 $\lambda = n \cdot p = 1$ 的泊松分布，即 $X \sim P(1)$.

$$P\{X \leq 3\} \approx \sum_{k=0}^{3} \frac{1}{k!} \mathrm{e}^{-\lambda} \approx 0.9810.$$

2.2.3 离散型随机变量的应用实例

例 2.2.9（老鼠在哪个房间）　将老鼠放在有 3 个房间的迷宫内，在任一时刻观察老鼠的状况. 设随机变量 X 表示老鼠所在房间的编号，试写出 X 的分布律.

方法 1　假设老鼠处于三个房间是等可能的，从而 X 的分布律可设为

X	1	2	3
P	1/3	1/3	1/3

方法 2　通过试验的方法确定 X 的分布律，进行 10 次观察，记录 X 的数值如下：

试验序号	1	2	3	4	5	6	7	8	9	10
变量 X	2	1	3	3	2	3	1	2	1	3

由测得数据可算出 X 取各个数值的频率

X	1	2	3
频率	0.3	0.3	0.4

　　两种方法各有利弊. 方法一相对比较简单，可以计算各种可能结果的概率，便于进行数学分析和处理，但是限于十分简单的情况，问题越复杂，数学处理就越困难，并且丢失了试验数据的信息. 方法二与观察数据相符，且随着问题的复杂程度增大不会产生更大的难度，但不便于数学分析，不得不依赖于模拟得到的统计结果，并且试验次数的不同，会得到不同的结果. 试验次数越多相对越精确.

　　例 2.2.10　某保险公司为 2500 名员工购买保险公司的意外险，在一年中每个人出意外死亡的概率为 0.002，每个参加保险的人在 1 月 1 日需要交 12 元保险费，而在死亡时家属可从保险公司里领取 2000 元赔偿金. 求

　　(1) 保险公司亏本的概率；

　　(2) 保险公司获利不少于 10000 元的概率.

　　解　(1) 保险公司一年的总收入为：$2500 \times 12 = 30000$（元），设 1 年中死亡的人数为 X，则 $X \sim B(2500, 0.002)$，取 $\lambda = np_n = 2500 \times 0.002 = 5$，则 X 近似服从参数为 5 的泊松分布，即 $X \sim P(5)$，设 $A = \{$保险公司亏本$\}$，则

$$P(A) = P\{2000X > 30000\} = P\{X > 15\} = 1 - P\{X \leqslant 15\}$$

$$\approx 1 - \sum_{k=0}^{15} \frac{5^k \mathrm{e}^{-5}}{k!} \approx 0.000069.$$

由此可见，该保险公司在一年内亏本的概率极小.

(2) 设 $B = \{$保险公司获利不少于 10000 元$\}$，

$$P(B) = P\{30000 - 2000X \geqslant 10000\} = P\{X \leqslant 10\}$$

$$\approx \sum_{k=0}^{10} \frac{5^k \mathrm{e}^{-5}}{k!} = 1 - \sum_{k=11}^{\infty} \frac{5^k \mathrm{e}^{-5}}{k!} \approx 1 - 0.013695 = 0.986305.$$

即保险公司获利不少于 10000 元的概率达 98%以上.

例 2.2.11　1910 年，著名物理学家卢瑟福和盖革在 α 粒子散射试验（又称金箔试验）中，观察了放射性物质钋放射 α 粒子情况. 他们进行了 $N = 2608$ 次观测，每次观测 7.5 秒，一共观测到 10094 个 α 粒子放出. 其观测记录见表 2.1，最后一列中的随机变量 $Y \sim P(3.87)$，$3.87 \approx 10094 / 2608$ 是 7.5 秒放射出的 α 粒子的平均数.

表 2.1　金箔试验记录表

观测到的 α 粒子数 k	观测到 k 个粒子的次数	发生的频率 m_k / N	$P\{Y = k\}$
0	57	0.022	0.021
1	203	0.078	0.081
2	383	0.147	0.156
3	525	0.201	0.201
4	532	0.204	0.195
5	408	0.156	0.151
6	273	0.105	0.097
7	139	0.053	0.054
8	45	0.017	0.026
9	27	0.010	0.011
10+	16	0.006	0.007
总计	2608	0.999	1.00

用 X 表示这块放射性物质钋在 7.5 秒放射出的 α 粒子数，从表 2.1 中可以看到

$$P\{X = k\} \approx P\{Y = k\}, \quad 0 \leqslant k \leqslant 10.$$

下面证明 $X \sim P(\lambda)$. 设想将 $t = 7.5$ 秒等分成 n 段，每段是 $\delta_n = t / n$ 秒，对充分大的 n，假定：

(1) 在 δ_n 内最多只有一个 α 粒子放出，并且放出一个 α 粒子的概率是 $p_n = \mu\delta_n = \mu t / n$，这里的 μ 是正常数；

(2) 各个小时间段内是否放射出 α 粒子相互独立.

在以上的假定下，这块放射性物质放射出的粒子数 X 服从 $B(n, p_n)$. 于是有

$$P\{X = k\} = \lim_{n \to \infty} \mathrm{C}_n^k p_n^k (1 - p_n)^{n-k}$$

$$= \lim_{n \to \infty} \frac{n!}{k!(n-k)!} \left(\frac{\mu t}{n} \right)^k \left(1 - \frac{\mu t}{n} \right)^{n-k}$$

$$= \lim_{n \to \infty} \frac{(\mu t)^k}{k!} \frac{n(n-1)\cdots(n-k+1)}{n^k} \left(1 - \frac{\mu t}{n}\right)^{n-k}$$

$$= \frac{(\mu t)^k}{k!} \mathrm{e}^{-\mu t},$$

取 $\lambda = \mu t$ 得 $X \sim P(\lambda)$.

2.3　连续型随机变量

2.3.1　连续型随机变量及其概率密度

离散型随机变量只可能取有限个或可列无穷多个值, 而实际问题中, 还有一些随机变量的取值是充满某个有限区间或无穷区间, 如列车到达某个车站的时间、电子元件的寿命、子弹的弹落点到靶心的距离等, 这类随机变量称为连续型随机变量.

例 **2.3.1**　某钢铁加工厂生产内径为 25.40mm 的钢管, 为了检验产品的质量, 从一批产品中任取 100 件检测, 测得它们的实际尺寸见表 2.2.

表 2.2　钢管内径的实际尺寸　　　　　　　　（单位：mm）

25.39	25.36	25.34	25.42	25.45	25.38	25.39	25.42
25.47	25.35	25.41	25.43	25.44	25.48	25.45	25.43
25.46	25.40	25.51	25.45	25.40	25.39	25.41	25.36
25.38	25.31	25.56	25.43	25.40	25.38	25.37	25.44
25.33	25.46	25.40	25.49	25.34	25.42	25.50	25.37
25.35	25.32	25.45	25.40	25.27	25.43	25.54	25.39
25.45	25.43	25.40	25.43	25.44	25.41	25.53	25.37
25.38	25.24	25.44	25.40	25.36	25.42	25.39	25.46
25.38	25.35	25.31	25.34	25.40	25.36	25.41	25.32
25.38	25.42	25.40	25.33	25.37	25.41	25.49	25.35
25.47	25.34	25.30	25.39	25.36	25.46	25.29	25.40
25.37	25.33	25.40	25.35	25.41	25.37	25.47	25.39
25.42	25.47	25.38	25.39				

设钢管的尺寸 X 是一个随机变量, 我们将各个钢管的频率用直方图形式表示出来, x 轴表示钢管的内径尺寸, y 轴表示单位长度上的频率, 则图 2.2 中图 (a) 到图 (c) 表明：当 Δx 越来越小时, 其频率直方图越来越光滑.

(1) 当 $\Delta x = 0.03$ 时, 频率直方图如图 2.2 (a) 所示, 图中的矩形宽度为 0.03, 高度为 $\dfrac{\text{频率}}{\Delta x}$, 所以所有小矩形面积之和为 1. 此时钢管的内径是一个离散型随机变量;

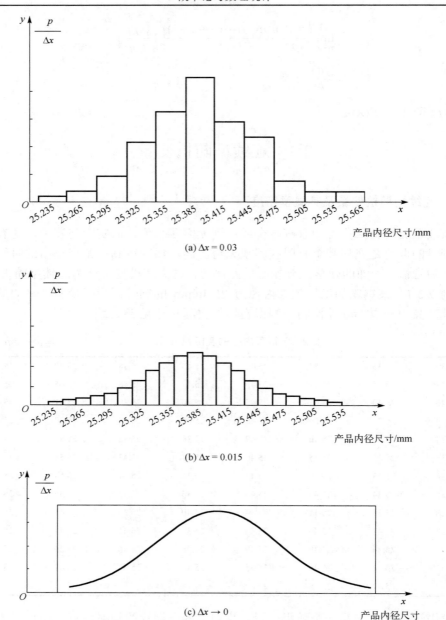

(a) $\Delta x = 0.03$

(b) $\Delta x = 0.015$

(c) $\Delta x \to 0$

图 2.2

(2) 当 $\Delta x = 0.015$ 时，频率直方图如图 2.2(b) 所示，图中的矩形宽度为 0.015，高度为 $\dfrac{频率}{\Delta x}$，所以所有小矩形面积之和为 1；

(3)当 $\Delta x \to 0$ 时，其频率直方图如图 2.2(c)所示为一条光滑的曲线，其高度为概率密度值，如果记这条曲线 $f(x)$，则 $f(x)$ 与 x 轴所夹面积仍为 1，此时钢管内径 X 的取值充满整个区间，即 X 是一个连续型随机变量，$f(x)$ 就是连续型随机变量的概率密度函数.

定义 2.6　设 $F(x)$ 是随机变量 X 的分布函数，如果存在非负可积函数 $f(x)$，使得对于任意实数 x，有

$$F(x) = P\{X \leqslant x\} = \int_{-\infty}^{x} f(t) \mathrm{d}t , \qquad (2.9)$$

则称 X 为**连续型随机变量**，$f(x)$ 为 X 的**概率密度**.

在实际应用中遇到的随机变量基本都是离散型或连续型. 本书只讨论这两种随机变量. 由定义知，概率密度函数 $f(x)$ 具有以下性质：

(1)非负性：$f(x) \geqslant 0$;

(2)正则性：$\displaystyle\int_{-\infty}^{+\infty} f(x)\mathrm{d}x = 1$;

(3)若 $f(x)$ 在点 x 处连续，则有 $F'(x) = f(x)$;

(4)对任意实数 $x_1, x_2(x_1 \leqslant x_2)$，$P\{x_1 < X \leqslant x_2\} = F(x_2) - F(x_1) = \displaystyle\int_{x_1}^{x_2} f(x)\mathrm{d}x$.

性质(1)和(2)是概率密度函数必须具有的性质，也是判别某个函数是否能成为概率密度函数的充要条件. 由性质(3)，若 $f(x)$ 在连续点 x 处有

$$f(x) = \lim_{\Delta x \to 0^+} \frac{F(x + \Delta x) - F(x)}{\Delta x} = \lim_{\Delta x \to 0^+} \frac{P\{x < X \leqslant x + \Delta x\}}{\Delta x} ,$$

由微积分知识可知，若不计高阶无穷小，有 $P\{x < X \leqslant x + \Delta x\} \approx f(x)\Delta x$，表示随机变量 X 落在小区间 $(x, x + \Delta x]$ 上的概率近似等于 $f(x)\Delta x$. 由性质(4)知，随机变量 X 落在区间 $(x_1, x_2]$ 的概率等于区间 $(x_1, x_2]$ 上由曲线与 x 轴所围成的曲边梯形的面积(图 2.3).

概率密度函数与概率分布列的作用是类似的，但它们之间的差别也是明显的，具体有：

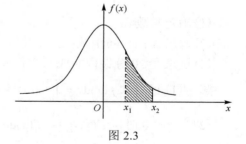

图 2.3

(1)离散型随机变量的分布函数 $F(x)$ 总是右连续的阶梯函数，而连续型随机变量的分布函数 $F(x)$ 一定是整个数轴上的连续函数，因为对任意点 x 的增量 Δx，相应分布函数的增量总有

$$F(x + \Delta x) - F(x) = \int_{x}^{x + \Delta x} f(x)\mathrm{d}x \to 0 \quad (\Delta x \to 0) .$$

(2) 离散型随机变量 X 在其可能取值的点 $x_1, x_2, \cdots, x_n, \cdots$ 上的概率不为 0,而连续型随机变量 X 在 $(-\infty, +\infty)$ 上任一点 a 的概率恒为 0, 即

$$P\{X = a\} = \int_a^a f(x)\mathrm{d}x = 0.$$

这表明:不可能事件的概率为 0,但概率为 0 的事件不一定是不可能事件;类似地,必然事件的概率为 1. 但概率为 1 的事件不一定是必然事件.

(3) 由于连续型随机变量 X 仅取一点的概率恒为 0,从而有事件 $\{a \leqslant X \leqslant b\}$ 中减去 $\{X = a\}$ 或 $\{X = b\}$ 不影响其概率,即

$$P\{a \leqslant X \leqslant b\} = P\{a < X \leqslant b\} = P\{a \leqslant X < b\} = P\{a < X < b\}.$$

(4) 由于在若干点上改变密度函数 $f(x)$ 的值并不影响其积分的值,从而不影响其分布函数 $F(x)$ 的值,这意味着一个连续分布的密度函数不唯一.

例如,概率密度函数

$$f_1(x) = \begin{cases} 1, & 0 < x < 1, \\ 0, & \text{其他} \end{cases} \quad \text{与} \quad f_2(x) = \begin{cases} 1, & 0 \leqslant x \leqslant 1, \\ 0, & \text{其他}, \end{cases}$$

可以发现

$$P\{f_1(x) \neq f_2(x)\} = P\{X = 0\} + P\{X = 1\}.$$

可见这两个函数在概率意义上是相同的,称为 $f_1(x)$ 与 $f_2(x)$ 是"几乎处处相等的".

例 2.3.2 设学生完成一道作业的时间 X 是一个随机变量,单位为小时,它的密度函数为

$$f(x) = \begin{cases} cx^2 + x, & 0 < x < 0.5, \\ 0, & \text{其他}. \end{cases}$$

(1) 确定常数 c;

(2) 写出 X 的分布函数;

(3) 试求在 20 分钟内完成一道作业的概率.

解 (1) $1 = \int_{-\infty}^{+\infty} f(x)\mathrm{d}x = \int_0^{0.5} (cx^2 + x)\mathrm{d}x = \dfrac{c+3}{24}$, 得 $c = 21$.

(2) 当 $x \leqslant 0$ 时, $F(x) = \int_{-\infty}^x f(u)\mathrm{d}u = \int_{-\infty}^x 0\mathrm{d}u = 0$.

当 $0 < x < 0.5$ 时, $F(x) = \int_{-\infty}^x f(u)\mathrm{d}u = \int_{-\infty}^0 0\mathrm{d}u + \int_0^x (21u^2 + u)\mathrm{d}u = 7x^3 + \dfrac{x^2}{2}$.

当 $x \geqslant 0.5$ 时, $F(x) = \int_{-\infty}^x f(u)\mathrm{d}u = \int_{-\infty}^0 0\mathrm{d}u + \int_0^{0.5} (21u^2 + u)\mathrm{d}u + \int_{0.5}^x 0\mathrm{d}u = 1$.

综上,

$$F(x)=\begin{cases}0, & x\leqslant 0,\\[2mm] 7x^3+\dfrac{x^2}{2}, & 0<x<0.5,\\[2mm] 1, & x\geqslant 0.5.\end{cases}$$

(3) $P\left\{0<X<\dfrac{1}{3}\right\}=\displaystyle\int_0^{\frac{1}{3}}(21x^2+x)\mathrm{d}x=\dfrac{17}{54}\approx 0.31$.

例 2.3.3　已知连续型随机变量 X 的概率密度为

$$f(x)=\begin{cases}ax+b, & 0<x<2,\\ 0, & \text{其他},\end{cases}$$

且 $P\{1<X<3\}=0.25$. 试确定常数 a 和 b，并求 $P\{X>1.5\}$.

解　由概率密度的性质有

$$\int_{-\infty}^{+\infty}f(x)\mathrm{d}x=\int_0^2(ax+b)\mathrm{d}x=2a+2b=1,$$

$$P\{1<X<3\}=\int_1^3 f(x)\mathrm{d}x=\int_1^2(ax+b)\mathrm{d}x=1.5a+b=0.25.$$

解方程组 $\begin{cases}2a+2b=1,\\ 1.5a+b=0.25,\end{cases}$ 得 $a=-0.5$，$b=1$.

相应地，$P\{X>1.5\}=\displaystyle\int_{1.5}^{+\infty}f(x)\mathrm{d}x=\int_{1.5}^2(-0.5x+1)\mathrm{d}x=0.0625$.

2.3.2　常见的连续型分布

1. 均匀分布

设连续型随机变量 X 具有概率密度 (图 2.4)

$$f(x)=\begin{cases}\dfrac{1}{b-a}, & a\leqslant x\leqslant b,\\[2mm] 0, & \text{其他},\end{cases}\tag{2.10}$$

则称 X 在区间 $[a,b]$ 上服从**均匀分布**，记为 $X\sim U[a,b]$. 可得其分布函数为

$$F(x)=\begin{cases}0, & x<a,\\[2mm] \dfrac{x-a}{b-a}, & a\leqslant x\leqslant b,\\[2mm] 1, & x>b.\end{cases}\tag{2.11}$$

若随机变量 $X\sim U[a,b]$，则对任意长度为 l 的子区间 $(c,c+l)\subset(a,b)$，有

$$P\{c < X \leqslant c + l\} = \int_c^{c+l} f(x)\mathrm{d}x = \int_c^{c+l} \frac{1}{b-a}\mathrm{d}x = \frac{l}{b-a} ,$$

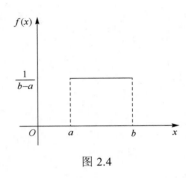

图 2.4

即 X 落在 $[a, b]$ 的子区间内的概率只依赖于子区间的长度, 而与子区间的位置无关.

均匀分布可视为随机点 X 落在 $[a, b]$ 上的任一点位置是等可能的. 不管在理论还是实际应用中均匀分布都是非常有用的一种分布. 例如在数值计算中, 四舍五入造成的误差是服从均匀分布的; 在区间 $[a, b]$ 上随机抽取一点, 其服从 $[a, b]$ 上的均匀分布; 在一段时间内乘客候车的时间是服从均匀分布的.

例 2.3.4 某观光电梯从上午 8 时起, 每半小时运行一趟, 即 8:00, 8:30, 9:00, $\cdots$, 某人在上午 8 点至 9 点之间到达, 试求他等候时间少于 5 分钟的概率.

解 设 X 表示某人到达的时间 (单位: 分钟), 则 $X \sim U[0, 60]$, 其密度函数为

$$f(x) = \begin{cases} \dfrac{1}{60}, & 0 \leqslant x \leqslant 60, \\ 0, & 其他. \end{cases}$$

为了使等候时间少于 5 分钟, 此人应在电梯运行前 5 分钟之内到达, 所求概率为

$$P\{25 < X \leqslant 30\} + P\{55 < X \leqslant 60\} = \int_{25}^{30} \frac{1}{60}\mathrm{d}x + \int_{55}^{60} \frac{1}{60}\mathrm{d}x = \frac{1}{6}.$$

例 2.3.5 设随机变量 Y 在区间 $(0, 5)$ 上服从均匀分布, 求方程

$$4x^2 + 4xY + Y + 2 = 0$$

有实根的概率.

解 $Y \sim U(0, 5)$, $f(y) = \begin{cases} \dfrac{1}{5}, & 0 < y < 5, \\ 0, & 其他. \end{cases}$

方程要有实根, 则 $\Delta = (4Y)^2 - 4 \times 4 \times (Y+2) \geqslant 0$, 即 $Y \leqslant -1$ 或 $Y \geqslant 2$, 所求概率为

$$P\{Y \leqslant -1\} + P\{Y \geqslant 2\} = 0 + \int_2^5 \frac{1}{5}\mathrm{d}x = \frac{3}{5}.$$

2. 指数分布

设连续型随机变量 X 具有概率密度

$$f(x) = \begin{cases} \lambda \mathrm{e}^{-\lambda x}, & x > 0, \\ 0, & x \leqslant 0. \end{cases} \tag{2.12}$$

其中 $\lambda > 0$ 为常数，则称 X 服从参数为 λ 的**指数分布**，记为 $X \sim \mathrm{Exp}(\lambda)$.

指数分布的分布函数为

$$F(x) = \begin{cases} 1 - \mathrm{e}^{-\lambda x}, & x > 0, \\ 0, & x \leqslant 0. \end{cases} \tag{2.13}$$

指数分布常被用作各种"寿命分布". 例如，元件的使用寿命、动物的寿命、电话的通话时间等. 排队论及可靠性理论中，呼叫服务的时间间隔、机器的维修时间、访问某网站的时间、放射性元素的衰变期等都可看成是服从指数分布.

例 2.3.6 设一次电话通话时间 X(单位：分钟)是服从参数为 $\lambda = 1/10$ 的指数分布. 如果某人刚好在你前面走进公用电话间，求你需要等待 $10 \sim 20$ 分钟的概率.

解 由于一次电话通话时间 X 服从指数分布，故其概率密度为

$$f(x) = \begin{cases} \dfrac{1}{10} \mathrm{e}^{-\frac{x}{10}}, & x > 0, \\ 0, & x \leqslant 0. \end{cases}$$

令 $B = \{$等待时间为 $10 \sim 20$ 分钟$\}$，则

$$P(B) = P\{10 \leqslant X \leqslant 20\} = \int_{10}^{20} \frac{1}{10} \mathrm{e}^{-\frac{x}{10}} \mathrm{d}x$$

$$= -\mathrm{e}^{-\frac{x}{10}} \Big|_{10}^{20} = \mathrm{e}^{-1} - \mathrm{e}^{-2} \approx 0.2325.$$

所以等待 $10 \sim 20$ 分钟的概率为 0.2325.

例 2.3.7 某种产品的使用寿命(单位：小时)X 服从参数为 $\dfrac{1}{1000}$ 的指数分布，请问：

(1) 该产品使用 1000 小时以上的概率；

(2) 若发现该产品使用了 500 小时没有损坏，求它还能继续使用 1000 小时的概率.

解 (1) 由于参数 $\lambda = \dfrac{1}{1000}$，所以 X 的分布函数为

$$F(x) = \begin{cases} 0, & x < 0, \\ 1 - \mathrm{e}^{-\frac{1}{1000}x}, & x \geqslant 0. \end{cases}$$

$$P\{X > 1000\} = 1 - P\{X \leqslant 1000\} = 1 - F(1000) = \mathrm{e}^{-1}.$$

(2)
$$P\{X > 500\} = 1 - F(500) = \mathrm{e}^{-0.5},$$
$$P\{X > 1500\} = 1 - F(1500) = \mathrm{e}^{-1.5},$$

$$P\{X>1500\,|\,X>500\} = \frac{P\{X>1500,X>500\}}{P\{X>500\}}$$

$$= \frac{P\{X>1500\}}{P\{X>500\}} = \frac{\mathrm{e}^{-1.5}}{\mathrm{e}^{-0.5}} = \mathrm{e}^{-1}.$$

计算结果表明：$P\{X>1500\,|\,X>500\} = P\{X>1000\}$，即在已使用了 500 小时未损坏的条件下，可以继续使用 1000 小时的条件概率等于其寿命不小于 1000 小时的无条件概率. 这种性质叫做"无后效性"，也称为"无记忆性". 即是说，产品以前曾经无故障使用的时间，不影响它以后使用寿命的统计规律. 具有这一性质是指数分布有广泛应用的重要原因.

3. 正态分布

设连续型随机变量 X 具有概率密度

$$f(x) = \frac{1}{\sigma\sqrt{2\pi}}\mathrm{e}^{-\frac{(x-\mu)^2}{2\sigma^2}}, \quad x\in\mathbf{R}, \tag{2.14}$$

其中 μ，σ 都是常数，$\sigma>0$，则称 X 服从参数为 μ，σ^2 的**正态分布**，记为 $X\sim N(\mu,\sigma^2)$.

特别地，当 $\mu=0$，$\sigma=1$ 时，即 $X\sim N(0,1)$，称 X 服从**标准正态分布**，其概率密度为

$$\varphi(x) = \frac{1}{\sqrt{2\pi}}\mathrm{e}^{-\frac{x^2}{2}}, \quad x\in\mathbf{R}. \tag{2.15}$$

正态分布又被称为高斯分布. 正态分布是概率论与数理统计中最重要也最常见的一种分布，许多实际问题都可以用正态分布描述，如各种测量的误差、成年人的身高、工厂产品的尺寸、农作物的收获量、海洋波浪的强度、金属线的抗拉强度、学生的考试成绩等都服从或近似服从正态分布.

正态概率密度 $f(x)$ 的图形如图 2.5 所示.

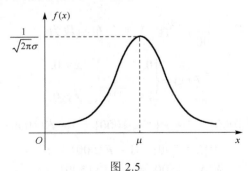

图 2.5

通过观察正态分布曲线图 2.5 及图 2.6，得到正态概率密度 $f(x)$ 的性质如下.

(1) $f(x)$ 的图形呈钟形曲线，关于 $x = \mu$ 对称，即对于任意的 $h > 0$，有 $P\{\mu - h < X \le \mu\} = P\{\mu < X \le \mu + h\}$.

(2) $f(x)$ 在 $x = \mu$ 处取得最大值 $\dfrac{1}{\sqrt{2\pi}\sigma}$，在 $(-\infty, \mu)$ 内单调增加，在 $(\mu, +\infty)$ 内单调减少，以 x 轴为渐近线.

x 离 μ 越远，$f(x)$ 的值就越小，这表明对于同样长度的区间，当区间离 μ 越远时，随机变量 X 落在该区间的概率越小.

(3) 参数 μ 决定曲线的位置，参数 σ 决定曲线的形状. 当 σ 较大时，曲线较平坦，当 σ 较小时，曲线较陡峭，参数 σ 反映了随机变量取值的分散程度.

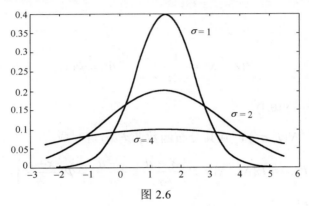

图 2.6

若随机变量 $X \sim N(\mu, \sigma^2)$，其分布函数为

$$F(x) = \frac{1}{\sigma\sqrt{2\pi}} \int_{-\infty}^{x} \mathrm{e}^{-\frac{(t-\mu)^2}{2\sigma^2}} \mathrm{d}t, \quad x \in \mathbf{R}. \tag{2.16}$$

若随机变量 $X \sim N(0, 1)$，其分布函数为

$$\Phi(x) = \frac{1}{\sqrt{2\pi}} \int_{-\infty}^{x} \mathrm{e}^{-\frac{t^2}{2}} \mathrm{d}t, \quad x \in \mathbf{R}. \tag{2.17}$$

$\Phi(x)$ 的取值可以通过书后附表 2 (标准正态分布表) 查得.

正态分布随机变量的概率计算都可以转化为标准正态分布随机变量的概率计算.

(1) 若 $X \sim N(0, 1)$，利用 $\Phi(x)$ 的对称性，有 $\Phi(-x) = 1 - \Phi(x)$；

(2) 若 $X \sim N(0, 1)$，则

$$P\{a < X \le b\} = \Phi(b) - \Phi(a),$$

$$P\{X \le b\} = \Phi(b),$$

$$P\{X > a\} = 1 - \Phi(a).$$

一般的正态分布的概率计算都可以转化为标准正态分布来求.

引理 若 $X \sim N(\mu, \sigma^2)$，则 $Z = \dfrac{X - \mu}{\sigma} \sim N(0,1)$.

证明 $Z = \dfrac{X - \mu}{\sigma}$ 的分布函数为

$$P\{Z \leqslant x\} = P\left\{\frac{X - \mu}{\sigma} \leqslant x\right\} = P\{X \leqslant \mu + \sigma x\}$$

$$= \frac{1}{\sigma\sqrt{2\pi}} \int_{-\infty}^{\mu + \sigma x} e^{-\frac{(t-\mu)^2}{2\sigma^2}} \, \mathrm{d}t,$$

令 $\dfrac{t - \mu}{\sigma} = u$，得

$$P\{Z \leqslant x\} = \frac{1}{\sqrt{2\pi}} \int_{-\infty}^{x} e^{-\frac{u^2}{2}} \, \mathrm{d}u = \Phi(x),$$

由此知 $Z = \dfrac{X - \mu}{\sigma} \sim N(0,1)$.

于是，若 $X \sim N(\mu, \sigma^2)$，则其分布函数若 $F(x)$ 可写成

$$F(x) = P\{X \leqslant x\} = P\left\{\frac{X - \mu}{\sigma} \leqslant \frac{x - \mu}{\sigma}\right\} = \Phi\left(\frac{x - \mu}{\sigma}\right),$$

对于任意区间 $(a, b]$，有

$$P\{a < X \leqslant b\} = P\left\{\frac{a - \mu}{\sigma} < \frac{X - \mu}{\sigma} \leqslant \frac{b - \mu}{\sigma}\right\} = \Phi\left(\frac{b - \mu}{\sigma}\right) - \Phi\left(\frac{a - \mu}{\sigma}\right);$$

$$P\{X > a\} = P\left\{\frac{X - \mu}{\sigma} > \frac{a - \mu}{\sigma}\right\} = 1 - \Phi\left(\frac{a - \mu}{\sigma}\right).$$

为了便于今后在数理统计中的应用，对于标准正态随机变量，引入上 α 分位点的定义.

设 $X \sim N(0,1)$，若 z_α 满足条件

$$P\{X > z_\alpha\} = \alpha, \quad 0 < \alpha < 1,$$

则称点 z_α 为标准正态分布的**上 α 分位点**（图 2.7）.

另外，由标准正态分布概率密度函数的对称性可知 $z_{1-\alpha} = -z_\alpha$.

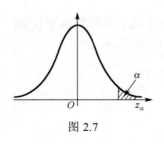

图 2.7

例 2.3.8 设 $X \sim N(0, 1)$，试求

(1) $P\{X \leqslant 1.67\}$；

(2) $P\{X > 2.5\}$；

(3) $P\{|X| \le 2\}$.

解　(1) $P\{X \le 1.67\} = \Phi(1.67) = 0.9525$;

(2) $P\{X > 2.5\} = 1 - P\{X \le 2.5\} = 1 - \Phi(2.5) = 1 - 0.9938 = 0.0062$;

(3) $P\{|X| \le 2\} = P\{-2 \le X \le 2\} = \Phi(2) - \Phi(-2) = \Phi(2) - 1 + \Phi(2)$

$$= 2 \times 0.9772 - 1 = 0.9544.$$

例 2.3.9　设 $X \sim N(2, 0.16)$，试求

(1) $P\{X \ge 2.3\}$;

(2) $P\{1.8 \le X \le 2.1\}$.

解　(1) $P\{X \ge 2.3\} = 1 - P\{X < 2.3\} = 1 - \Phi\left(\dfrac{2.3 - 2}{0.4}\right) = 1 - \Phi(0.75)$

$$= 1 - 0.7734 = 0.2266;$$

(2) $P\{1.8 \le X \le 2.1\} = \Phi\left(\dfrac{2.1 - 2}{0.4}\right) - \Phi\left(\dfrac{1.8 - 2}{0.4}\right) = \Phi(0.25) - \Phi(-0.5)$

$$= \Phi(0.25) - 1 + \Phi(0.5) = 0.5987 - 1 + 0.6915$$

$$= 0.2902.$$

例 2.3.10　将一温度调节器放置在储存着某种液体的容器内. 调节器定在 $d℃$，液体的温度 X(以℃计)是一个随机变量，且 $X \sim N(d, 0.5^2)$. (1)若 $d = 90℃$，求 X 小于 89℃ 的概率；(2)若要求保持液体的温度至少为 80℃ 的概率不低于 0.99，问 d 至少为多少？

解　(1)所求概率为

$$P\{X < 89\} = P\left\{\frac{X - 90}{0.5} < \frac{89 - 90}{0.5}\right\}$$

$$= \Phi\left(\frac{89 - 90}{0.5}\right) = \Phi(-2) = 1 - 0.9772 = 0.0228;$$

(2)按题意需要 d 满足

$$0.99 \le P\{X \ge 80\} = P\left\{\frac{X - d}{0.5} \ge \frac{80 - d}{0.5}\right\}$$

$$= 1 - P\left\{\frac{X - d}{0.5} < \frac{80 - d}{0.5}\right\} = 1 - \Phi\left(\frac{80 - d}{0.5}\right),$$

即

$$\Phi\left(\frac{d - 80}{0.5}\right) \ge 0.99 = \Phi(2.33),$$

亦即

$$\frac{d-80}{0.5} \geq 2.33.$$

故需

$$d > 81.165.$$

例 2.3.11　已知随机变量 $X \sim N(\mu, \sigma^2)$，求 $P\{|X - \mu| < 3\sigma\}$.

解

$$P\{|X - \mu| < 3\sigma\} = P\{\mu - 3\sigma < X < \mu + 3\sigma\}$$

$$= \Phi\left(\frac{\mu + 3\sigma - \mu}{\sigma}\right) - \Phi\left(\frac{\mu - 3\sigma - \mu}{\sigma}\right)$$

$$= \Phi(3) - \Phi(-3)$$

$$= 2\Phi(3) - 1 \approx 0.9974.$$

由此可见，正态随机变量 X 落在 $(\mu - 3\sigma, \ \mu + 3\sigma)$ 的概率达到了 99.74%. X 几乎不在 $(\mu - 3\sigma, \ \mu + 3\sigma)$ 之外取值. 在实际应用中，这称为正态分布的 "3σ 原则". 例如，工业生产上用的控制图和一些产品质量指数都是根据 3σ 原则制定的. 在质量控制中，常用标准指示值 $\pm 3\sigma$ 作两条线，当生产过程的指标观察值落在两线之外时发出警报，表明生产出现异常.

2.3.3　连续型随机变量的应用实例

例 2.3.12　某人从酒店乘车去机场，现有两条路线可供选择. 走第一条路线，穿过市区，路程较短，但道路拥堵，所需时间 X_1（单位：分钟），$X_1 \sim N(30, 10^2)$；走第二条路线，通过高架，路程较长，但交通畅通，所需时间 X_2（单位：分钟），$X_2 \sim N(45, 4^2)$. 问当离停止办理登机手续还有：

（1）45 分钟时，请问选择哪条路线较好？

（2）60 分钟时，请问选择哪条路线较好？

解　两种情形下，都应选择能准时到达概率大的路线.

（1）$P\{X_1 \leq 45\} = \Phi\left(\frac{45 - 30}{10}\right) = \Phi(1.5)$，$P\{X_2 \leq 45\} = \Phi\left(\frac{45 - 45}{54}\right) = \Phi(0)$. $\Phi(1.5) > \Phi(0)$，选第一条路线较好.

（2）$P\{X_1 \leq 60\} = \Phi\left(\frac{60 - 30}{10}\right) = \Phi(3)$，$P\{X_2 \leq 60\} = \Phi\left(\frac{60 - 45}{4}\right) = \Phi(3.75)$. $\Phi(3) < \Phi(3.75)$，选第二条路线较好.

2.4　随机变量函数的分布

前面介绍了一些最基本和最常用的概率分布，但在实际问题中我们常对某些随机变量的函数更感兴趣. 例如，随机变量 X 的函数 $Y = g(X)$ 的分布. 因此，需要研究随机变量之间的关系，从而通过它们之间的函数关系，由已知的随机变量的分布求出另一随机变量的分布.

设随机变量 X，$g(X)$ 是连续函数，则 $Y = g(X)$ 称为随机变量 X 的函数，$g(X)$ 也是随机变量.

如何根据已知的随机变量 X 的分布求得随机变量 $Y = g(X)$ 的分布？下面分别对离散型随机变量和连续型随机变量进行讨论.

2.4.1　离散型随机变量函数的分布

设离散型随机变量 X 的分布律为

$$P\{X = x_i\} = p_i, \quad i = 1,2,\cdots,$$

则 $Y = g(X)$ 仍是离散型随机变量，即如果离散型随机变量 X 的分布律为

X	x_1	x_2	x_3	$\cdots$
P	p_1	p_2	p_3	$\cdots$

则 $Y = g(X)$ 的分布律为

$Y = g(X)$	$g(x_1)$	$g(x_2)$	$g(x_3)$	$\cdots$
P	p_1	p_2	p_3	$\cdots$

若 $g(x_i)$ 中有相同的值，应将相应的 p_i 合并.

例 2.4.1　设随机变量 X 的分布律为

X	-2	-1	0	1	2
P	0.1	0.2	0.3	0.2	0.2

试求：（1）$Y = X + 1$ 的分布律；

（2）$Z = X^2$ 的分布律.

解

X	-2	-1	0	1	2
P	0.1	0.2	0.3	0.2	0.2
$Y=X+1$	-1	0	1	2	3
$Z=X^2$	4	1	0	1	4

(1) $Y=X+1$ 的分布律为

Y	-1	0	1	2	3
P	0.1	0.2	0.3	0.2	0.2

(2) $Z=X^2$ 的分布律为

Z	0	1	4
P	0.3	0.4	0.3

2.4.2 连续型随机变量函数的分布

若 X 是连续型随机变量, $g(x)$ 是连续函数, 则 $Y=g(X)$ 仍是连续型随机变量, 通常把 X 的密度函数和分布函数分别记为 f_X 和 F_X, 把 Y 的密度函数和分布函数分别记为 f_Y 和 F_Y, 则 Y 的分布函数为

$$F_Y(y)=P\{Y\leqslant y\}=P\{g(X)\leqslant y\}=\int_{\{x:g(x)\leqslant y\}}f_X(x)\mathrm{d}x.$$

概率密度为

$$f_Y(y)=\begin{cases}F_Y'(y), & 在 f_Y(y) 的连续点,\\ 0, & 其他.\end{cases}$$

此为求随机变量函数的分布的基本方法, 即先求 $Y=g(X)$ 的分布函数, 再求其概率密度.

例 2.4.2 设随机变量 X 的概率密度函数为

$$f_X(x)=\begin{cases}\dfrac{x}{8}, & 0<x<4,\\ 0, & 其他.\end{cases}$$

求随机变量 $Y=2X+8$ 的概率密度.

解 分别记 X,Y 的分布函数为 $F_X(x)$, $F_Y(y)$. 下面先求 $F_Y(y)$.

$$F_Y(y)=P\{Y\leqslant y\}=P\{2X+8\leqslant y\}$$
$$=P\left\{X\leqslant\frac{y-8}{2}\right\}=F_X\left(\frac{y-8}{2}\right).$$

将 $F_Y(y)$ 关于 y 求导数, 得 $Y=2X+8$ 的概率密度为

$$f_Y(y) = f_X\left(\frac{y-8}{2}\right)\left(\frac{y-8}{2}\right)'$$

$$= \begin{cases} \dfrac{1}{8}\left(\dfrac{y-8}{2}\right)\dfrac{1}{2}, & 0 < \dfrac{y-8}{2} < 4, \\ 0, & \text{其他} \end{cases}$$

$$= \begin{cases} \dfrac{y-8}{32}, & 8 < y < 16, \\ 0, & \text{其他}. \end{cases}$$

例 2.4.3　设随机变量 $X \sim N(0, 1)$，试求 $Y = X^2$ 的概率密度.

解　当 $y \leqslant 0$ 时，$F_Y(y) = P\{Y \leqslant y\} = P\{X^2 \leqslant y\} = P(\varnothing) = 0$.

当 $y > 0$ 时，

$$\begin{aligned} F_Y(y) = P\{Y \leqslant y\} &= P\{X^2 \leqslant y\} \\ &= P\{-\sqrt{y} \leqslant X \leqslant \sqrt{y}\} \\ &= \Phi(\sqrt{y}) - \Phi(-\sqrt{y}). \end{aligned}$$

由于 $\Phi'(x) = \varphi(x) = \dfrac{1}{\sqrt{2\pi}}\mathrm{e}^{-\frac{x^2}{2}}$ 及 $\varphi(-x) = \varphi(x)$，故可得 Y 的密度函数为

$$f_Y(y) = F_Y'(y) = \begin{cases} \dfrac{\varphi(\sqrt{y})}{\sqrt{y}}, & y > 0, \\ 0, & y \leqslant 0 \end{cases} = \begin{cases} \dfrac{1}{\sqrt{2\pi y}}\mathrm{e}^{-\frac{y}{2}}, & y > 0, \\ 0, & y \leqslant 0. \end{cases}$$

将上题的解题方法推广到一般情形，可以证明下面的结论.

定理 2.3　设连续型随机变量 X 的概率密度为 $f_X(x)$ $(-\infty < x < +\infty)$，函数 $y = g(x)$ 处处可导，且严格单调，则 $Y = g(X)$ 是连续型随机变量，其概率密度为

$$f_Y(y) = \begin{cases} f_X[g^{-1}(y)] \cdot \left| g^{-1}(y)' \right|, & \alpha < y < \beta, \\ 0, & \text{其他}, \end{cases}$$

其中 $\alpha = \min\{g(-\infty), g(+\infty)\}$，$\beta = \max\{g(-\infty), g(+\infty)\}$.

证明略.

例 2.4.4　设随机变量 $X \sim N(\mu, \sigma^2)$，求 $Y = aX + b$ 的概率.

解　$X \sim N(\mu, \sigma^2)$，$f(x) = \dfrac{1}{\sigma\sqrt{2\pi}}\mathrm{e}^{-\frac{(x-\mu)^2}{2\sigma^2}}$，$x \in \mathbf{R}$，$g(x) = ax + b$ 在 $(-\infty, +\infty)$ 上处 处可导，且严格单调，其反函数

$$g^{-1}(y) = \frac{y-b}{a}, \quad [g^{-1}(y)]' = \frac{1}{a}.$$

由定理 2.3，得 Y 的概率密度为

$$f_Y(y) = \frac{1}{\sigma\sqrt{2\pi}} \mathrm{e}^{-\frac{\left(\frac{y-b}{a}-\mu\right)^2}{2\sigma^2}} \cdot \left|\frac{1}{a}\right| = \frac{1}{|a|\sigma\sqrt{2\pi}} \mathrm{e}^{-\frac{[y-(a\mu+b)]^2}{2(a\sigma)^2}}, \qquad y \in \mathbf{R},$$

即 $Y \sim N(a\mu + b, a^2\sigma^2)$.

由此可知，若随机变量 X 服从正态分布 $N(\mu, \sigma^2)$，则它的线性函数 $aX + b$ 也服从正态分布，且 $aX + b \sim N(a\mu + b, a^2\sigma^2)$.

例 2.4.5　设随机变量 $X \sim U[0, \pi]$，求 $Y = \cos X$ 的概率.

解　$X \sim U[0, \pi], f(x) = \begin{cases} \dfrac{1}{\pi}, & 0 \leqslant x \leqslant \pi, \\ 0, & \text{其他.} \end{cases}$

$g(x) = \cos x$ 在 $[0, \pi]$ 上处处可导，且严格单调，其反函数

$$g^{-1}(y) = \arccos y, \qquad [g^{-1}(y)]' = \frac{-1}{\sqrt{1-y^2}}.$$

由定理 2.3，得 Y 的概率密度为

$$f_Y(y) = \begin{cases} \dfrac{1}{\pi} \cdot \left|\dfrac{-1}{\sqrt{1-y^2}}\right| = \dfrac{1}{\pi\sqrt{1-y^2}}, & -1 \leqslant y \leqslant 1, \\ 0, & \text{其他.} \end{cases}$$

在应用定理 2.3 时一定要验证是否满足条件"$y = g(x)$ 处处可导，且严格单调"，否则可考虑先求分布函数再求概率密度的方法.

2.5　随机变量的数学期望

前面介绍了随机变量的分布(分布列、分布函数和概率密度函数)，分布能完整地描述随机变量取值的统计规律性，由分布可以算出有关随机变量事件的概率. 此外，分布还可以计算出相应随机变量的均值、方差等特征数，这些特征数各从一个侧面描述了分布的特征. 比如检验一批棉花的质量时，关心纤维的平均长度以及纤维的长度与平均值的偏离程度，平均长度较大，偏离均值的程度较小，质量就较好. 已知随机变量的分布，如何求其均值，是本节需要研究的问题.

2.5.1　数学期望的概念

引例　假定某位射箭运动员进行训练，他每箭命中的环数是一个随机变量 X. 为了考核他的射箭水平，让他射击 $n = 100$ 次，结果如下：

命中环数 X	6	7	8	9	10
命中频数 μ_k	20	15	20	15	30

则他平均每箭命中的环数为

$$\frac{1}{n}\sum_{k=6}^{10} k \cdot \mu_k = \sum_{k=6}^{10} k \cdot \frac{\mu_k}{n}$$

$$= 6 \cdot \frac{20}{100} + 7 \cdot \frac{15}{100} + 8 \cdot \frac{20}{100} + 9 \cdot \frac{15}{100} + 10 \cdot \frac{30}{100} = 8.2.$$

当 n 很大时, 命中 k 环的频率 $\frac{\mu_k}{n}$ 近似于事件 $\{X = k\}$ 的概率 p_k. 将上式中频率 $\frac{\mu_k}{n}$ 用概率 p_k 代替, 则近似地有

$$\sum_{k=6}^{10} k \cdot p_k = 8.2 .$$

这个值就称为 X 的数学期望, 它是随机变量所有可能取值的一种加权平均值, 其中权数即 X 取各个值的概率. 一般地, 有如下的定义.

定义 2.7　设离散型随机变量 X 的分布律为

$$P\{X = x_i\} = p_i, \quad i = 1, 2, \cdots,$$

若 $\sum_{i=1}^{\infty} |x_i| p_i < +\infty$, 则称

$$E(X) = \sum_{i=1}^{\infty} p_i x_i \tag{2.18}$$

为随机变量 X 的**数学期望**.

设连续型随机变量 X 的概率密度为 $f(x)$, 若 $\int_{-\infty}^{+\infty} |x| f(x)\mathrm{d}x < +\infty$, 则称

$$E(X) = \int_{-\infty}^{+\infty} xf(x)\mathrm{d}x \tag{2.19}$$

为随机变量 X 的**数学期望**.

例 2.5.1　已知随机变量 X 的概率分布为

X	-2	-1	0	2
P	$\frac{1}{3}$	$\frac{1}{6}$	$\frac{1}{4}$	$\frac{1}{4}$

求 $E(X)$.

解　由数学期望的定义, 可得

$$E(X) = (-2) \times \frac{1}{3} + (-1) \times \frac{1}{6} + 0 \times \frac{1}{4} + 2 \times \frac{1}{4} = -\frac{1}{3}.$$

例 2.5.2 设连续型随机变量 X 的概率密度 $f(x) = \begin{cases} 2x, & 0 < x < 1, \\ 0, & \text{其他}, \end{cases}$ 求 $E(X)$.

解 由数学期望的定义,可得

$$E(X) = \int_{-\infty}^{\infty} x f(x) \mathrm{d}x = \int_0^1 x \cdot 2x \mathrm{d}x = \frac{2}{3} x^3 \Big|_0^1 = \frac{2}{3}.$$

例 2.5.3 设连续型随机变量 X 具有概率密度

$$f(x) = \begin{cases} 1 - x, & 0 < x < 1, \\ \dfrac{1}{x^3}, & x \geqslant 1, \\ 0, & \text{其他}, \end{cases}$$

试求 X 的数学期望.

解 $E(X) = \displaystyle\int_{-\infty}^{+\infty} x f(x) \mathrm{d}x = \int_0^1 x(1-x) \mathrm{d}x + \int_1^{+\infty} x \frac{1}{x^3} \mathrm{d}x = \frac{1}{6} + 1 = \frac{7}{6}.$

例 2.5.4 某商店对某种家用电器的销售采用先使用后付款的方式. 记使用寿命(单位:年)为 X,规定:$X \leqslant 1$,一台付款 1500 元;$1 < X \leqslant 2$,一台付款 2000 元;$2 < X \leqslant 3$,一台付款 2500 元;$X > 3$,一台付款 3000 元. 设寿命 X 服从指数分布,概率密度为

$$f(x) = \begin{cases} \dfrac{1}{10} \mathrm{e}^{-\frac{x}{10}}, & x > 0, \\ 0, & x \leqslant 0. \end{cases}$$

试求该商店一台这种家用电器收费 Y 的数学期望.

解 先求出寿命 X 落在各个时间区间的概率,即有

$$P\{X \leqslant 1\} = \int_0^1 \frac{1}{10} \mathrm{e}^{-\frac{x}{10}} \mathrm{d}x = 1 - \mathrm{e}^{-0.1} \approx 0.0952,$$

$$P\{1 < X \leqslant 2\} = \int_1^2 \frac{1}{10} \mathrm{e}^{-\frac{x}{10}} \mathrm{d}x = \mathrm{e}^{-0.1} - \mathrm{e}^{-0.2} \approx 0.0861,$$

$$P\{2 < X \leqslant 3\} = \int_2^3 \frac{1}{10} \mathrm{e}^{-\frac{x}{10}} \mathrm{d}x = \mathrm{e}^{-0.2} - \mathrm{e}^{-0.3} \approx 0.0779,$$

$$P\{X > 3\} = \int_3^{+\infty} \frac{1}{10} \mathrm{e}^{-\frac{x}{10}} \mathrm{d}x = \mathrm{e}^{-0.3} \approx 0.7408.$$

一台家用电器收费 Y 的分布律为

Y	1500	2000	2500	3000
P	0.0952	0.0861	0.0779	0.7408

因此得 $E(Y) = 2732.15$，即平均一台收费 2732.15 元.

2.5.2　随机变量函数的数学期望

在实际问题中，常常需要求随机变量函数的期望. 例如飞机机翼受到的压力 $W = kv^2$（v 是风速，$k > 0$ 是常数）的作用，需求随机变量 v 的函数 W 的数学期望. 如果先求其分布再求数学期望，这样计算较复杂. 对于随机变量函数的期望有没有简单的方法呢？

例 2.5.5　已知随机变量 X 的分布列为

X	-2	-1	0	2
P	0.2	0.1	0.3	0.4

现求 $Y = X^2$ 的数学期望，分两步进行：

第一步，先求 $Y = X^2$ 的分布

$Y = X^2$	$(-2)^2$	$(-1)^2$	$(0)^2$	$(2)^2$
P	0.2	0.1	0.3	0.4

然后对相同的值进行合并，并把对应的概率相加，可得

$Y = X^2$	0	1	4
P	0.3	0.1	0.6

第二步，利用 X^2 的分布求 $E(X^2)$，得

$$E(X^2) = 0 \times 0.3 + 1 \times 0.1 + 4 \times 0.6 = 2.5,$$

利用合并之前的分布进行计算，可得相同的结果

$$E(X^2) = (-2)^2 \times 0.2 + (-1)^2 \times 0.1 + 0^2 \times 0.3 + 2^2 \times 0.4 = 2.5.$$

定理 2.4　设 Y 是随机变量 X 的连续函数 $Y = g(X)$，那么

(1) 若 X 是离散型随机变量，其分布律为 $P\{X = x_i\} = p_i (i = 1, 2, \cdots)$，则有

$$E(Y) = E[g(X)] = \sum_i g(x_i) p_i ; \tag{2.20}$$

(2) 若 X 是连续型随机变量，其概率密度是 $f(x)$，则有

$$E(Y) = E[g(X)] = \int_{-\infty}^{+\infty} g(x)f(x)\mathrm{d}x. \tag{2.21}$$

此定理的证明略.

例 2.5.6 已知随机变量 X 的概率分布为

X	-2	-1	0	1	2
P	$\dfrac{1}{8}$	$\dfrac{1}{8}$	$\dfrac{1}{4}$	$\dfrac{1}{4}$	$\dfrac{1}{4}$

求 $E(X^2 + 1)$.

解

$$E(X^2 + 1) = ((-2)^2 + 1) \times \frac{1}{8} + ((-1)^2 + 1) \times \frac{1}{8} + (0^2 + 1) \times \frac{1}{4}$$

$$+ (1^2 + 1) \times \frac{1}{4} + (2^2 + 1) \times \frac{1}{4} = \frac{23}{8}.$$

例 2.5.7 已知球的直径 $D \sim U(a, b)$，试求：球的体积 $V = \dfrac{1}{6}\pi D^3$ 的数学期望.

解 直径 D 的概率密度为

$$f_D(y) = \begin{cases} \dfrac{1}{b-a}, & a < y < b, \\ 0, & \text{其他}. \end{cases}$$

则 $E(V) = \displaystyle\int_{-\infty}^{+\infty} \frac{\pi}{6} y^3 f_D(y)\mathrm{d}y = \frac{1}{b-a} \int_a^b \frac{\pi}{6} y^3 \mathrm{d}y = \frac{\pi}{24} \cdot \frac{1}{b-a}(b^4 - a^4)$.

例 2.5.8 假定国际市场对我国某种出口商品的需求量 X(单位：吨)是一个随机变量，它服从区间[2000, 4000]上的均匀分布. 设该商品每售出 1 吨，可获得 3 万美元，但若没有销售出去积压在仓库里，则每吨需支付保养费 1 万美元. 问如何计划出口量，能使期望获利最多？

解 设计划年出口量为 y，年获利额为 Y. 显然应有 $y \in [2000, 4000]$，根据题意知随机变量的概率密度为

$$f_X(x) = \begin{cases} \dfrac{1}{2000}, & 2000 \leqslant x \leqslant 4000, \\ 0, & \text{其他}, \end{cases}$$

且

$$Y = g(X) = \begin{cases} 3y, & X \geqslant y, \\ 3X - 1 \cdot (y - X), & X < y \end{cases} = \begin{cases} 3y, & X \geqslant y, \\ 4X - y, & X < y. \end{cases}$$

因此

$$
\begin{aligned}
E(Y) &= \int_{-\infty}^{+\infty} g(x) f_X(x) \mathrm{d}x = \int_{2000}^{4000} \frac{1}{2000} g(x) \mathrm{d}x \\
&= \frac{1}{2000} \left[\int_{2000}^{y} (4x - y) \mathrm{d}x + \int_{y}^{4000} 3y \mathrm{d}x \right] \\
&= \frac{1}{1000} (-y^2 + 7000y - 4000000).
\end{aligned}
$$

这是一个关于 y 的二次函数，可以求出当 $y = 3500$ 时，$E(Y)$ 最大，即计划年出口量 3500 吨时，能使期望获利最多.

2.5.3 数学期望的性质

随机变量的数学期望具有以下重要性质.

性质 2.1 设 X, Y 是随机变量，c 是常数，则

(1) 设 c 是常数，则 $E(c) = c$；

(2) 设 X 是随机变量，c 是常数，则 $E(cX) = cE(X)$；

(3) 设 X, Y 是两个随机变量，则 $E(X + Y) = E(X) + E(Y)$；

(4) 对于任意的两个函数 $g_1(x)$ 和 $g_2(x)$，有

$$
E[g_1(x) \pm g_2(x)] = E[g_1(x)] \pm E[g_2(x)].
$$

由性质 (2)，(3) 可推广到任意有限个随机变量之和的情况，即

$$
E(k_1 X_1 + k_2 X_2 + \cdots + k_n X_n) = k_1 E(X_1) + k_2 E(X_2) + \cdots + k_n E(X_n),
$$

其中 $k_1, k_2, \cdots, k_n$ 为任意常数.

例 2.5.9 设随机变量 X 的数学期望为 $E(X) = -2$，求 $E\left(-\dfrac{1}{2} X + 3\right)$.

解 由数学期望的性质，可得

$$
E\left(-\frac{1}{2} X + 3\right) = -\frac{1}{2} E(X) + 3 = 4.
$$

2.6 方 差

数学期望刻画了随机变量取值的平均情况. 在很多情况下，仅知道期望是不够的，还需了解一个随机变量相对于期望的偏离程度. 例如，考察一批棉花的纤维长度，如果有些很长，有些又很短，即使其平均长度达到合格标准，也不能认为这批棉花合格. 又如，一名射击选手在若干次射击试验中，如果他每次射击的平均命中

环数高，说明他命中精度高，准确性好；但若他有时命中环数很高，有时又很低，则表明他的稳定性不好，因而不能认为他是一名高水平的射击选手. 由此可见，研究随机变量与其期望的偏离程度是很有必要的.

2.6.1　方差的概念

设 X 是随机变量，且期望 $E(X)$ 存在，$X - E(X)$ 称为 X 的离差. 显然，离差有正有负，且有 $E(X - E(X)) = E(X) - E(X) = 0$，即任意一个随机变量的离差的期望都为 0，故离差的和不能反映随机变量与其期望的偏离程度.

因此通常是用 $E\{[X - E(X)]^2\}$ 来度量随机变量 X 与其期望的偏离程度，从而有下面的定义.

定义 2.8　设 X 是一个随机变量，若 $E\{[X - E(X)]^2\}$ 存在，则称

$$D(X) = E\{[X - E(X)]^2\} \tag{2.22}$$

为随机变量 X 的**方差**. 记 $\sigma(X) = \sqrt{D(X)}$，称为随机变量 X 的**标准差**或**均方差**.

按定义，随机变量 X 的方差表达了 X 的取值与其数学期望的偏离程度. 若 $D(X)$ 较小意味着 X 的取值比较集中在 $E(X)$ 的附近，反之，若 $D(X)$ 较大则表示 X 的取值较分散. 因此，$D(X)$ 是刻画 X 取值分散程度的一个量，它是衡量 X 取值分散程度的一个尺度.

方差和标准差的功能类似，都是用来描述随机变量取值的分散程度，其主要差别在量纲上，标准差与所讨论的随机变量和其数学期望有相同的量纲，所以在实际运用中，人们经常选用标准差.

还需指出，如果随机变量 X 的数学期望存在，其方差不一定存在；而如果 X 的方差存在，其数学期望一定存在.

由定义可知，方差就是随机变量 X 的函数 $g(X) = [X - E(X)]^2$ 的数学期望. 所以对于离散型随机变量 X，其概率分布为 $P\{X = x_i\} = p_i (i = 1, 2, \cdots)$，$X$ 的方差为

$$D(X) = \sum_{i=1}^{\infty} [x_i - E(X)]^2 p_i . \tag{2.23}$$

对于连续型随机变量 X，其密度函数为 $f(x)$，X 的方差为

$$D(X) = \int_{-\infty}^{+\infty} [x - E(X)]^2 f(x) \mathrm{d}x . \tag{2.24}$$

又因为

$$\begin{aligned}
D(X) &= E\{[X - E(X)]^2\} \\
&= E\{X^2 - 2XE(X) + [E(X)]^2\} \\
&= E(X^2) - 2E(X)E(X) + [E(X)]^2
\end{aligned}$$

$$= E(X^2) - [E(X)]^2,$$

所以通常情况下随机变量的方差按下面公式计算：

$$D(X) = E(X^2) - [E(X)]^2. \tag{2.25}$$

例 2.6.1 某人有一笔资金，可投入两个项目：房地产和商业，其收益都与市场状态有关. 若把未来市场划分为好、中、差三个等级，其发生的概率分别为 0.2, 0.7, 0.1. 通过调查，该投资者认为投资房产的收益 X（万元）和投资商业的收益 Y（万元）的分布分别为

X	11	3	-3
P	0.2	0.7	0.1
Y	6	4	-1
P	0.2	0.7	01

试分析如何投资为好？

解 首先考察数学期望（平均收益）.

$$E(X) = 11 \times 0.2 + 3 \times 0.7 + (-3) \times 0.1 = 4.0 \ (万元),$$

$$E(Y) = 6 \times 0.2 + 4 \times 0.7 + (-1) \times 0.1 = 3.9 \ (万元),$$

从平均收益看，投资房产收益大，可比投资商业多收益 0.1 万元. 下面再计算它们各自的方差

$$D(X) = (11-4)^2 \times 0.2 + (3-4)^2 \times 0.7 + (-3-4)^2 \times 0.1 = 15.4,$$

$$D(Y) = (6-3.9)^2 \times 0.2 + (4-3.9)^2 \times 0.7 + (-1-3.9)^2 \times 0.1 = 3.29,$$

其标准差

$$\sigma(X) = \sqrt{15.4} \approx 3.92, \quad \sigma(Y) = \sqrt{3.29} \approx 1.81.$$

因为标准差（方差也一样）愈大，则收益的波动愈大，从而风险也大，所以从标准差看，投资房产的风险比投资商业的风险大一倍多. 若收益与风险综合权衡，该投资者还是应该选择投资商业为好，虽然平均收益少 0.1 万元，但风险要小一半以上.

例 2.6.2 设连续型随机变量 X 的概率密度 $f(x) = \begin{cases} 2x, & 0 < x < 1, \\ 0, & 其他, \end{cases}$ 求 $D(X)$.

解 由例 2.5.3 已算得 $E(X) = \dfrac{2}{3}$,

$$E(X^2) = \int_{-\infty}^{+\infty} x^2 f(x) \mathrm{d}x = \int_0^1 x^2 \cdot 2x \mathrm{d}x = 2 \int_0^1 x^3 \mathrm{d}x = \frac{1}{2},$$

故有

$$D(X) = E(X^2) - (E(X))^2 = \frac{1}{2} - \left(\frac{2}{3}\right)^2 = \frac{1}{18}.$$

2.6.2　方差的性质

随机变量的方差具有以下性质.

性质 2.2　设 X，Y 是随机变量，c 为常数，则

（1）设 c 为常数，则 $D(c) = 0$；

（2）设 X 是随机变量，a,b 为常数，则 $D(aX + b) = a^2 D(X)$.

例 2.6.3　设随机变量 X 的方差 $D(X) = 2$，求 $D(-2X + 3)$.

解　由方差的性质，可得

$$D(-2X + 3) = D(-2X) = (-2)^2 \cdot D(X) = 8.$$

例 2.6.4　设 X 为随机变量，且 $E\left(\frac{X}{2} - 1\right) = 1$，$D\left(-\frac{X}{2} + 1\right) = 2$，求 $E(X^2)$.

解　由数学期望及方差的性质，有

$$E\left(\frac{X}{2} - 1\right) = \frac{1}{2}E(X) - 1 = 1 ,$$

$$D\left(-\frac{X}{2} + 1\right) = \left(-\frac{1}{2}\right)^2 D(X) = 2 ,$$

解得

$$E(X) = 4, \quad D(X) = 8.$$

因此

$$E(X^2) = D(X) + (E(X))^2 = 8 + 4^2 = 24.$$

例 2.6.5　设随机变量 X 的数学期望与方差都存在，且 $D(X) \neq 0$，求 $Y = \frac{X - E(X)}{\sqrt{D(X)}}$ 的数学期望与方差.

解　注意到 $E(X)$，$D(X)$ 均为常数，故有

$$E(Y) = E\left[\frac{X - E(X)}{\sqrt{D(X)}}\right] = \frac{1}{\sqrt{D(X)}} \cdot E[X - E(X)]$$

$$= \frac{1}{\sqrt{D(X)}} \cdot (E(X) - E(X)) = 0.$$

$$D(Y) = D\left[\frac{X - E(X)}{\sqrt{D(X)}}\right] = \left(\frac{1}{\sqrt{D(X)}}\right)^2 \cdot D(X - E(X))$$

$$= \frac{1}{D(X)} \cdot D(X) = 1.$$

2.6.3　几种常见分布的数学期望与方差

1. 两点分布

X	0	1
P	$1 - p$	p

由前面的例题知，$E(X) = p, D(X) = p(1 - p)$.

2. 二项分布 $B(n, p)$

设 $X \sim B(n, p)$，其分布律为

$$P\{X = k\} = p_k = C_n^k p^k (1 - p)^{n-k}, \quad k = 0, 1, 2, \cdots, n.$$

把 X 看成 n 个相互独立的同服从 0-1 分布的随机变量 $X_1, X_2, \cdots, X_n$ 的和，$X = \sum_{i=1}^{n} X_i$，$E(X_i) = p$，$D(X_i) = p(1 - p)$，$i = 1, 2, \cdots, n$，由数学期望与方差的性质可得

$$E(X) = E\left(\sum_{i=1}^{n} X_i\right) = \sum_{i=1}^{n} E(X_i) = np,$$

$$D(X) = D\left(\sum_{i=1}^{n} X_i\right) = \sum_{i=1}^{n} D(X_i) = \sum_{i=1}^{n} p(1 - p) = np(1 - p).$$

3. 泊松分布 $P(\lambda)$

设 $X \sim P(\lambda)$，其分布律为

$$P\{X = k\} = \frac{\lambda^k e^{-\lambda}}{k!}, \quad k = 0, 1, 2, \cdots, \quad \lambda > 0.$$

数学期望为

$$E(X) = \sum_{k=0}^{+\infty} k \cdot \frac{\lambda^k}{k!} e^{-\lambda} = \lambda e^{-\lambda} \cdot \sum_{k=1}^{+\infty} \frac{\lambda^{k-1}}{(k-1)!} = \lambda e^{-\lambda} \cdot e^{\lambda} = \lambda.$$

由于
$$E(X^2) = E[X(X-1)] + E(X) = E[X(X-1)] + \lambda,$$
而
$$E[X(X-1)] = \sum_{k=0}^{+\infty} k(k-1) \cdot \frac{\lambda^k}{k!} e^{-\lambda}$$
$$= \lambda^2 e^{-\lambda} \cdot \sum_{k=2}^{+\infty} \frac{\lambda^{k-2}}{(k-2)!} = \lambda^2 e^{-\lambda} \cdot e^{\lambda} = \lambda^2,$$

所以 $E(X^2) = \lambda^2 + \lambda$，故方差为
$$D(X) = E(X^2) - [E(X)]^2 = \lambda^2 + \lambda - \lambda^2 = \lambda.$$

4. 均匀分布 $U[a, b]$

设 $X \sim U[a, b]$，其分布函数为
$$f(x) = \begin{cases} \dfrac{1}{b-a}, & a \leqslant x \leqslant b, \\ 0, & \text{其他}. \end{cases}$$

已知 $E(X) = \dfrac{a+b}{2}$，所以
$$E(X^2) = \int_a^b x^2 \cdot \frac{1}{b-a} dx = \frac{b^2 + ab + a^2}{3},$$
$$D(X) = E(X^2) - [E(X)]^2 = \frac{(b-a)^2}{12}.$$

5. 指数分布 $\mathrm{Exp}(\lambda)$

设 $X \sim \mathrm{Exp}(\lambda)$，其密度函数为
$$f(x) = \begin{cases} \lambda e^{-\lambda x}, & x > 0, \\ 0, & x \leqslant 0, \end{cases} \quad \lambda > 0,$$

则有
$$E(X) = \int_{-\infty}^{+\infty} x f(x) dx = \int_0^{+\infty} \lambda x e^{-\lambda x} dx = (-x e^{-\lambda x})\Big|_0^{+\infty} + \int_0^{+\infty} e^{-\lambda x} dx = \frac{1}{\lambda};$$
$$E(X^2) = \int_{-\infty}^{+\infty} x^2 f(x) dx = \int_0^{+\infty} \lambda x^2 e^{-\lambda x} dx = (-x^2 e^{-\lambda x})\Big|_0^{+\infty} + 2\int_0^{+\infty} x e^{-\lambda x} dx = \frac{2}{\lambda^2};$$
$$D(X) = E(X^2) - E(X)^2 = \frac{1}{\lambda^2}.$$

6. 正态分布 $N(\mu, \sigma^2)$

设 $X \sim N(\mu, \sigma^2)$，其密度函数为

$$f(x) = \frac{1}{\sqrt{2\pi}\sigma} e^{-\frac{(x-\mu)^2}{2\sigma^2}}, \quad \sigma > 0, \quad -\infty < x < +\infty,$$

则有

$$\int_{-\infty}^{+\infty} xf(x)\mathrm{d}x = \int_{-\infty}^{+\infty} x \frac{1}{\sqrt{2\pi}\sigma} e^{-\frac{(x-\mu)^2}{2\sigma^2}} \mathrm{d}x$$

$$\xlongequal{t=\frac{x-\mu}{\sigma}} \frac{1}{\sqrt{2\pi}} \int_{-\infty}^{+\infty} (\sigma t + \mu) e^{-\frac{t^2}{2}} \mathrm{d}t = \frac{\mu}{\sqrt{2\pi}} \int_{-\infty}^{+\infty} e^{-\frac{t^2}{2}} \mathrm{d}t = \mu,$$

$$D(X) = E[X - E(X)]^2 = \int_{-\infty}^{+\infty} (x-\mu)^2 \frac{1}{\sqrt{2\pi}\sigma} e^{-\frac{(x-\mu)^2}{2\sigma^2}} \mathrm{d}x$$

$$\xlongequal{t=\frac{x-\mu}{\sigma}} \frac{\sigma^2}{\sqrt{2\pi}} \int_{-\infty}^{+\infty} t^2 e^{-\frac{t^2}{2}} \mathrm{d}t = \frac{\sigma^2}{\sqrt{2\pi}} \left[-t e^{-\frac{t^2}{2}} \Big|_{-\infty}^{+\infty} + \int_{-\infty}^{+\infty} e^{-\frac{t^2}{2}} \mathrm{d}t \right]$$

$$= \frac{\sigma^2}{\sqrt{2\pi}} \int_{-\infty}^{+\infty} e^{-\frac{t^2}{2}} \mathrm{d}t = \sigma^2.$$

可见，正态分布中的两个参数 μ 与 σ^2 恰好是该随机变量的数学期望与方差.

从以上计算结果可知，常见重要分布的期望和方差都与该分布的参数有关. 一般地，若已知随机变量服从某种概率分布，通常可以由数字特征确定它的具体分布. 因此，研究随机变量的数字特征在理论上及实际应用上都有着重要的意义. 现将以上计算结果列表(表 2.3)如下.

表 2.3　常用分布的期望和方差

分布及参数	期望 $E(x)$	方差 $D(X)$
两点分布	p	$p(1-p)$
二项分布 $B(n, p)$	np	$np(1-p)$
泊松分布 $P(\lambda)$	λ	λ
均匀分布 $U(a, b)$	$\dfrac{a+b}{2}$	$\dfrac{(b-a)^2}{12}$
指数分布 $E(\lambda)$	$\dfrac{1}{\lambda}$	$\dfrac{1}{\lambda^2}$
正态分布 $N(\mu, \sigma^2)$	μ	σ^2

2.6.4　矩

随机变量的矩是更一般的数学特征，数学期望与方差都是某种矩.

定义 2.9　设 X 是随机变量，若 $X^k(k=1,2,\cdots,n)$ 的数学期望存在，则称它为 X 的 k 阶**原点矩**，记为 v_k，即

$$v_k = E(X^k). \tag{2.26}$$

若 $(X-E(X))^k$ 的数学期望存在，则称它为 X 的 k 阶**中心矩**，记为 μ_k，即

$$\mu_k = E[(X-E(X))^k]. \tag{2.27}$$

显然，数学期望与方差分别是**一阶原点矩**和**二阶中心矩**.

2.7　随机变量应用实例

实例 1（分组验血）　在一个人数很多的单位中普查某种疾病，N 个人去验血，用以下两种方法化验：

(1) 每个人的血分别化验，需化验 N 次；

(2) 把 k 个人的血混在一起化验，如果结果呈阴性，则这 k 个人只作一次化验即可；如果呈阳性，再对他们逐个化验，这时对这 k 个人共需作 $k+1$ 次化验. 假定对所有人，化验呈阳性反应的概率为 p，而这些人的反应是相互独立的.

试说明当 p 较小时，选取适当的 k，则利用方法(2)可以减少化验次数.

解　记每个人的血检结果呈阴性反应的概率为 $q=1-p$，则 k 个人的混合血呈阴性反应的概率为 q^k，呈阳性反应的概率为 $1-q^k$. 用方法(2)，设每个人的血需化验的次数为 X，则 X 是一个随机变量，其概率分布为

X	$\dfrac{1}{k}$	$\dfrac{k+1}{k}$
P	q^k	$1-q^k$

则 X 的数学期望为

$$E(X) = \frac{1}{k}\cdot q^k + \left(1+\frac{1}{k}\right)\cdot(1-q^k) = 1-q^k+\frac{1}{k}.$$

因此，N 个人需要的化验次数的期望值为 $N\cdot\left(1-q^k+\dfrac{1}{k}\right)$，当 $1-q^k+\dfrac{1}{k}<1$，即 $q^k-\dfrac{1}{k}>0$ 时就能减少化验次数.

例如，当 $p = 0.004$ 时，$E(X) = 1 - 0.996^k + \dfrac{1}{k}$，当 $k = 2, 3, 4, \cdots$ 时，$E(X) < 1$ 即每人平均所需次数小于 1，这比逐个检查的次数要少.

并且可以求得当 $k = 16$ 时，$E(X)$ 最小，即将 N 个人大致分成每组 16 人时，检查次数最少，工作量减少约 87.5%.

实例 2（利润最大化）　某公司计划开发一种新产品市场，并试图确定该产品的产量. 他们估计出售一件产品可获利 m 元，而积压一件产品导致 n 元的损失，再者，他们预测销售量 Y（单位：件）服从指数分布，其概率密度为

$$f_Y(y) = \begin{cases} \dfrac{1}{\theta} \mathrm{e}^{-\frac{y}{\theta}}, & y > 0, \\ 0, & \text{其他} \end{cases} \quad (\theta > 0),$$

问若要获得利润的数学期望最大，应生产多少产品（m，n，θ 均为已知）？

解　设生产 x 件，则获利 Q 是 x 的函数

$$Q = Q(x) = \begin{cases} mY - n(x - Y), & Y < x, \\ mx, & Y \geqslant x, \end{cases}$$

其中 Q 是随机变量，它是 Y 的函数，其数学期望为

$$\begin{aligned} E(Q) &= \int_0^{+\infty} Q f_Y(y) \mathrm{d}y \\ &= \int_0^x [my - n(x - y)] \frac{1}{\theta} \mathrm{e}^{-\frac{y}{\theta}} \mathrm{d}y + \int_x^{+\infty} mx \frac{1}{\theta} \mathrm{e}^{-\frac{y}{\theta}} \mathrm{d}y \\ &= (m + n)\theta - (m + n)\theta \mathrm{e}^{-\frac{x}{\theta}} - nx. \end{aligned}$$

令 $\dfrac{\mathrm{d}}{\mathrm{d}x} E(Q) = (m + n)\mathrm{e}^{-\frac{x}{\theta}} - n = 0$，得

$$x = -\theta \ln \frac{n}{m + n}.$$

而 $\dfrac{\mathrm{d}^2}{\mathrm{d}x^2} E(Q) = \dfrac{-(m + n)}{\theta} \mathrm{e}^{-\frac{x}{\theta}} < 0$，故知当 $x = -\theta \ln \dfrac{n}{m + n}$ 时 $E(Q)$ 取极大值，且可知这也是最大值.

例如，若 $f_Y(y) = \begin{cases} \dfrac{1}{10000} \mathrm{e}^{-\frac{y}{10000}}, & y > 0, \\ 0, & y \leqslant 0, \end{cases}$ 且有 $m = 500$ 元，$n = 2000$ 元，则

$$x = -10000 \ln \frac{2000}{500 + 2000} \approx 2231.4.$$

所以取 $x = 2231$ 件.

实例 3（月饼销售）　中秋节期间，某商场销售盒装月饼，每盒月饼售价为 a 元，进货价为 b 元，过了中秋节就要处理未售完的月饼，处理价为每盒 c 元，有 $c < b < a$. 如果未售完的月饼数量过多，商场就会亏本，商场应该如何确定购进的月饼的数量？

商场销售的月饼的销售量 R 是随机变量，其分布律为

$$P\{R = r\} = p(r), \quad r = 0, 1, 2, \cdots.$$

假设商场购进的月饼为 n 盒，获得的利润为

$$L = L(r) = \begin{cases} (a-b)r - (b-c)(n-r), & 0 \leqslant r \leqslant n, \\ (a-b)n, & n < r < +\infty. \end{cases}$$

平均利润为

$$G(n) = \sum_{r=0}^{n} [(a-b)r - (b-c)(n-r)]p(r) + \sum_{r=n+1}^{\infty} (a-b)np(r),$$

现在应求 n 使 $G(n)$ 达到最大值.

鉴于销售量 r 和购进量 n 通常都会很大，为了便于分析，将 r 和 n 视为连续变量，将 $p(r)$ 视为概率密度 $f(r)$，上式改写为

$$G(n) = \int_0^n [(a-b)r - (b-c)(n-r)]f(r)\mathrm{d}r + \int_n^{+\infty} (a-b)nf(r)\mathrm{d}r,$$

为了使 $G(n)$ 达到最大值，令

$$\begin{aligned} \frac{\mathrm{d}G}{\mathrm{d}n} &= (a-b)nf(n) - \int_0^n (b-c)f(r)\mathrm{d}r + \int_n^{+\infty} (a-b)f(r)\mathrm{d}r - (a-b)nf(n) \\ &= -\int_0^n (b-c)f(r)\mathrm{d}r + (a-b)\int_n^{+\infty} f(r)\mathrm{d}r \\ &= 0, \end{aligned}$$

得

$$\frac{\int_0^n f(r)\mathrm{d}r}{\int_n^{+\infty} f(r)\mathrm{d}r} = \frac{a-b}{b-c},$$

其中令

$$p_1 = \int_0^n f(r)\mathrm{d}r, \quad p_2 = \int_n^{+\infty} f(r)\mathrm{d}r,$$

则

$$\frac{p_1}{p_2} = \frac{a-b}{b-c}.$$

所得结果分析：若购进 n 盒月饼，则 p_1 是月饼卖不完的概率，p_2 是月饼全部卖完的概率. 购进的月饼盒数 n 应使卖不完的概率与卖完的概率之比，恰好等于卖出一盒月饼赚的钱与处理一盒月饼赔的钱之比.

习　题　2

1．一袋中有 5 只乒乓球，分别标号 1, 2, 3, 4, 5，现从中任取 3 个球，设 X 是取出球的号码中的最大值，求 X 的分布律，并计算 $P\{X \leqslant 4\}$.

2．一批产品共有 25 件，其中 5 件次品，从中随机地一个一个取出检查，共取 4 次，设 X 是其中的次品数，若

(1) 每次取出的产品仍放回；

(2) 每次取出的产品不再放回.

写出 X 的分布律.

3．设离散型随机变量 X 的分布函数为

$$F(x) = \begin{cases} 0, & x < -1, \\ a, & -1 \leqslant x < 1, \\ \dfrac{2}{3} - a, & 1 \leqslant x < 2, \\ a+b, & x \geqslant 2, \end{cases}$$

且 $P\{X = 2\} = \dfrac{1}{2}$，试确定常数 a, b 的值.

4．设离散型随机变量 X 的分布律为 $P\{X = k\} = \dfrac{a}{k(k+1)}$，$k = 1, 2, 3, \cdots, 10$，试确定常数 a.

5．某射手的命中率为 0.8，连续独立地进行两次射击，X 表示命中目标的次数，求

(1) X 的分布律；

(2) X 的分布函数 $F(x)$；

(3) 利用 $F(x)$ 求 $P\{0 < X \leqslant 1\}$，$P\{X > 1\}$.

6．已知某种疾病的发病率为 0.001，某单位共有 5000 人，求该单位患有此疾病的人数超过 5 人的概率.

7．设 $X \sim B(2, p)$，$Y \sim B(3, p)$，若 $P\{X \geqslant 1\} = \dfrac{5}{9}$，求 $P\{Y \geqslant 1\}$.

8．有 90 台独立运转的同类机床，每台发生故障的概率为 0.01，一台机床发生故障时只需要一人维修. 现配备三名维修工人，求以下两种方案机床发生故障而无人修理的概率，哪种方案的效率更高？

(1)每人分别包修 30 台；(2)三人共同负责 90 台机床.

9．(柯西分布)设连续型随机变量 X 的分布函数为

$$F(x) = A + B\arctan x, \quad -\infty < x < +\infty,$$

试求：(1)系数 A 和 B；

(2) X 落在区间 $(-1, 1)$ 内的概率；

(3) X 的概率密度.

10．设随机变量 X 的概率密度为

$$f(x) = \begin{cases} x, & 0 \leqslant x < 1, \\ a - x, & 1 \leqslant x < 2, \\ 0, & \text{其他}. \end{cases}$$

试求：（1）系数 a；（2）$P\{X \leqslant 1.5\}$.

11．设随机变量 X 的概率密度为

$$f(x) = \begin{cases} 6x(1-x), & 0 \leqslant x \leqslant 1, \\ 0, & \text{其他}. \end{cases}$$

(1)求 X 的分布函数；

(2)确定满足 $P\{X \leqslant b\} = P\{X > b\}$ 的 b.

12．甲站每天的整点都有列车发往乙站，一位从甲站前往乙站的乘客在 9 点至 10 点之间随机地到达甲站，X 表示他的候车时间(单位：分钟)，求：

(1) $P\{X \geqslant 20\}$；

(2) $P\{20 \leqslant X \leqslant 30\}$；

(3) $P\{X = 20\}$.

13．设 k 在 $(0, 5)$ 服从均匀分布，求 x 的方程 $4x^2 + 4kx + k + 2 = 0$ 有实根的概率.

14．在长为 l 的线段上随机地取一点，将其分为两段，短的一段与长的一段之比小于 $\dfrac{1}{4}$ 的概率是多少？

15．设随机变量 X 在 $[2, 5]$ 上服从均匀分布，现对 X 进行三次独立观测. 求至少有两次观测值小于 3 的概率.

16．设随机变量 X 表示电视机的寿命(单位：年)，X 的概率密度

$$f(x) = \begin{cases} \dfrac{1}{12}\mathrm{e}^{-\frac{t}{12}}, & t > 0, \\ 0, & t \leqslant 0. \end{cases}$$

求：(1)电视机的寿命最多为 6 年的概率；

(2)寿命在 5～10 年内的概率.

17．设顾客在银行排队等待服务的时间为 X(单位：分钟)，X 服从 $\lambda = \dfrac{1}{5}$ 的指数分布. 某顾客

在银行等待服务，若超过 10 分钟他就离开，假设他一个月要去银行 5 次，以 Y 表示一个月内他未等到服务而离开的次数，试求 Y 的分布律和 $P\{Y \geq 1\}$.

18. 设 $X \sim N(3,4)$，求：(1) $P\{2 < X \leq 5\}$；(2) $P\{-2 < X < 7\}$；(3) $P\{|X| > 2\}$；(4) $P\{X > 3\}$；(5) 确定 c 使得 $P\{X > c\} = P\{X \leq c\}$.

19. 某地区 18 岁的女青年的血压(收缩压，以 mmHg 计)服从 $N(110, 12^2)$ 的分布. 在该地区任选一 18 岁的女青年，测量她的血压 X.

(1) 求 $P\{X \leq 105\}$，$P\{100 < X \leq 120\}$；

(2) 确定最小的 x，使 $P\{X > x\} \leq 0.05$.

20. 假设新生入学考试成绩 $X \sim N(72, \sigma^2)$，已知 96 分以上的考生占 2.3%，现任意抽取一份试卷，求该试卷的成绩介于 60 分到 84 分之间的概率.

21. 设随机变量 X 的分布律为

X	0	$\dfrac{\pi}{2}$	π
P	$\dfrac{1}{4}$	$\dfrac{1}{2}$	$\dfrac{1}{4}$

求 $Y = \dfrac{2}{3}X + 2$ 和 $Z = \sin X$ 的分布律.

22. 设随机变量 X 的概率密度为

$$f(x) = \begin{cases} \dfrac{3}{2}x^2, & -1 < x < 1, \\ 0, & \text{其他.} \end{cases}$$

试求以下随机变量的概率密度.

(1) $Y = 3X$；(2) $Y = 3 - X$；(3) $Y = X^2$.

23. 设随机变量 $X \sim N(0,1)$. 求：

(1) $Y = e^X$ 的概率密度；

(2) $Y = 2X^2 + 1$ 的概率密度；

(3) $Y = |X|$ 的概率密度.

24. 已知随机变量 X 的分布如下，求 $E(X)$ 和 $D(X)$.

X	-2	0	1	4
P	$\dfrac{1}{3}$	$\dfrac{1}{6}$	$\dfrac{1}{4}$	$\dfrac{1}{4}$

25. 设随机变量 X 的概率密度为 $f(x) = \dfrac{1}{2}e^{-|x|}$，$-\infty < x < +\infty$，计算 $E(X)$ 和 $D(X)$.

26. 设随机变量 X 的概率密度为 $f(x) = \begin{cases} x, & 0 \leq x \leq 1, \\ 2 - x, & 1 < x \leq 2, \\ 0, & \text{其他,} \end{cases}$ 试求 $E(X)$ 和 $D(X)$.

27. 地面雷达搜索飞机，在时间段 $(0, t)$ 内发现飞机的概率为 $P(t) = 1 - \mathrm{e}^{-\lambda t}, \lambda > 0$，试求发现飞机的平均搜索时间.

28. 设随机变量 X 满足 $E\left(-\dfrac{1}{2}X + 1\right) = -1$，$D(3X - 6) = 2$，求 $E(X)$，$D(X)$ 和 $E(X^2)$.

29. 已知随机变量 $X \sim P(\lambda)$，试求 $E\left(\dfrac{1}{1+X}\right)$.

30. 已知随机变量 $X \sim U(-\pi, \pi)$，试求 $Y = \cos X$ 和 $Y = \cos^2 X$ 的数学期望.

31. 设随机变量 X 的概率密度为 $f(x) = \begin{cases} \mathrm{e}^{-x}, & x > 0, \\ 0, & x \leqslant 0, \end{cases}$ 试求 $Y = 2X$ 和 $Z = \mathrm{e}^{-2X}$ 的数学期望.

32. 某人乘电梯从电视台底层到顶层观光，电梯于每个整点的第 5 分钟、第 25 分钟和第 55 分钟从底层起行. 假设此人在早晨 8 点至 9 点之间的任意时刻到达底层电梯处，试求他等候电梯的平均时间.

33. 民航机场的送客汽车载有 20 名乘客从机场开出，乘客可以在 10 个车站下车. 如果到达某一车站无人下车，则在该站不停车. 设随机变量 X 表示停车次数，并假定每个乘客在各个车站下车是等可能的. 求平均停车次数.

34. 自动加工的某种零件的内径（单位：mm）$X \sim N(\mu, 1)$，内径小于 10mm 或大于 12mm 的零件为不合格品，其余为合格品. 设销售利润 L（单位：元）与销售零件的内径 X 的关系为

$$L = \begin{cases} -1, & X < 10, \\ 20, & 10 \leqslant X \leqslant 12, \\ -5, & X > 12, \end{cases}$$

试问平均内径 μ 取何值时，销售一个零件的平均利润最大？

35. 某商店经销某种商品，其每周期需求量 X 服从 $[10, 30]$ 上的均匀分布，而进货量为区间 $[10, 30]$ 上的某一整数. 商店每售出一件商品可获利 500 元，若供大于求，则降价处理，每处理一件商品损失 100 元. 若供不应求，则从外部调剂供应，此时每售一件商品获利 300 元. 求此商店销售这种商品每周进货量最少为多少时，可使获利的期望不少于 9280 元？

第 3 章 多维随机变量及其分布

第 2 章讨论了一个随机变量的情况，但在实际问题中对于某些随机试验的结果需要同时用两个或两个以上的随机变量来描述. 例如，研究某一地区的学龄前儿童的身体发育情况，需同时考虑儿童的身高 H 和体重 W. 研究一个地区的财政收入情况，需要同时分析当地的国内生产总值、税收和其他收入等. 因此，本章介绍多维随机变量及其分布，并以二维随机变量为代表，研究二维随机变量的统计规律，并介绍两个随机变量之间的相互关系及其数字特征.

3.1 多维随机变量及其分布函数

3.1.1 多维随机变量

定义 3.1 设 Ω 是随机试验的样本空间，对 Ω 中的每一个样本点 e，有 n 个实数 $X_1(e)$，$X_2(e)$，$\cdots$，$X_n(e)$ 与之对应，则称 $(X_1, X_2, \cdots, X_n)$ 为定义在 Ω 上的一个 **n 维随机变量**.

本章主要研究二维随机变量，二维以上的情况可类似进行.

定义 3.2 设 Ω 是随机试验的样本空间，对 Ω 中的每一个样本点 e，有两个实数 $X(e)$，$Y(e)$ 与之对应，则称 (X, Y) 为定义在 Ω 上的一个 **二维随机变量**.

3.1.2 联合分布函数

与一维随机变量类似，首先引入随机变量的分布函数.

定义 3.3 设 (X, Y) 是二维随机变量，对任意 $x, y \in \mathbf{R}$，称二元函数

$$F(x, y) = P\{X \leqslant x, Y \leqslant y\} \tag{3.1}$$

为二维随机变量 (X, Y) 的 **联合分布函数**.

X 和 Y 的分布函数 $F_X(x) = P\{X \leqslant x\}$，$F_Y(y) = P\{Y \leqslant y\}$ 分别称为 (X, Y) 关于 X，Y 的 **边缘分布函数**.

如果已知 (X, Y) 的联合分布函数 $F(x, y)$，则由 $F(x, y)$ 可以导出 X 和 Y 的边缘分布函数：

$$\begin{aligned} F_X(x) &= P\{X \leqslant x\} = P\{X \leqslant x, Y < +\infty\} \\ &= F(x, +\infty) = \lim_{y \to +\infty} F(x, y); \end{aligned} \tag{3.2}$$

$$F_Y(y) = P\{Y \leqslant y\} = P\{X < +\infty, Y \leqslant y\}$$
$$= F(+\infty, y) = \lim_{x \to +\infty} F(x, y). \tag{3.3}$$

联合分布函数 $F(x, y)$ 可以完全决定 X 和 Y 的边缘分布函数 $F_X(x)$, $F_Y(y)$, 但反之未必.

例 3.1.1 设二维随机变量 (X, Y) 的联合分布函数为

$$F(x, y) = \begin{cases} 1 - \mathrm{e}^{-x} - \mathrm{e}^{-y} + \mathrm{e}^{-x-y-\lambda xy}, & x > 0, y > 0, \\ 0, & 其他. \end{cases}$$

求 X 和 Y 的边缘分布函数.

解 X 的边缘分布函数

$$F_x(x) = \lim_{y \to +\infty} F(x, y) = \begin{cases} 1 - \mathrm{e}^{-x}, & x > 0, \\ 0, & x \leqslant 0. \end{cases}$$

Y 的边缘分布函数

$$F_y(x) = \lim_{x \to +\infty} F(x, y) = \begin{cases} 1 - \mathrm{e}^{-y}, & y > 0, \\ 0, & y \leqslant 0. \end{cases}$$

这两个分布都是一维指数分布, 它们与 λ 无关. 当 λ 不同时, 对应的二维分布不同, 但它们的边缘分布却相同. 这说明, 仅利用边缘分布还不足以完全描述联合分布. 这是因为二维随机变量不仅与两个分量有关, 还与各分量间的联系有关.

若将二维随机变量 (X, Y) 看成平面上的随机点, 则联合分布函数 $F(x, y)$ 表示随机点 (X, Y) 落在以点 (x, y) 为顶点, 位于该点左下方阴影部分内的概率 (图 3.1).

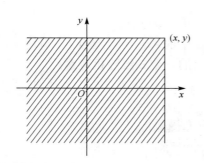

图 3.1　分布函数 $F(x, y)$ 的几何意义

与一维随机变量的分布函数类似, 二维随机变量的联合分布函数 $F(x, y)$ 具有以下基本性质.

定理 3.1 设 $F(x, y)$ 为二维随机变量 (X, Y) 的联合分布函数, 则

(1) 单调性: $F(x, y)$ 分别关于 x, y 单调不降, 即

当 $x_1 < x_2$ 时, 有 $F(x_1, y) \leqslant F(x_2, y)$, 对一切 $y \in \mathbf{R}$ 成立;

当 $y_1 < y_2$ 时, 有 $F(x, y_1) \leqslant F(x, y_2)$, 对一切 $x \in \mathbf{R}$ 成立.

(2) 有界性: $0 \leqslant F(x, y) \leqslant 1$, 且 $\lim\limits_{x \to -\infty} F(x, y) = 0$, $\lim\limits_{y \to -\infty} F(x, y) = 0$, $\lim\limits_{\substack{x \to +\infty \\ y \to +\infty}} F(x, y) = 1$.

(3) 右连续性: $F(x, y)$ 是右连续函数, 即

$F(x_0 + 0, y) = \lim\limits_{x \to x_0^+} F(x, y) = F(x_0, y)$，对一切 $y \in \mathbf{R}$ 成立；

$F(x, y_0 + 0) = \lim\limits_{y \to y_0^+} F(x, y) = F(x, y_0)$，对一切 $x \in \mathbf{R}$ 成立.

(4) 相容性：对于任意实数 $x_1 < x_2$，$y_1 < y_2$（图 3.2），
$$P\{x_1 < X \leqslant x_2, y_1 < Y \leqslant y_2\}$$
$$= F(x_2, y_2) - F(x_2, y_1) - F(x_1, y_2) + F(x_1, y_1) \geqslant 0.$$

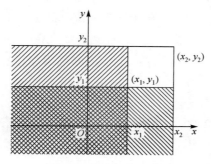

图 3.2　二维概率计算

满足以上四条性质的二元函数 $F(x, y)$ 一定是某个二维随机变量的联合分布函数.

例 3.1.2　设二维随机变量 (X, Y) 的联合分布函数为
$$F(x, y) = A(B + \arctan x)(C + \arctan y), \quad (x, y) \in \mathbf{R}^2,$$
试求系数 A, B, C，并求 $P\{0 < X \leqslant 1, 0 < Y \leqslant 1\}$.

解　
$$\lim\limits_{x \to -\infty} F(x, y) = \lim\limits_{x \to -\infty} A(B + \arctan x)(C + \arctan y)$$
$$= A\left(B - \frac{\pi}{2}\right)(C + \arctan y) = 0,$$

$$\lim\limits_{y \to -\infty} F(x, y) = \lim\limits_{y \to -\infty} A(B + \arctan x)(C + \arctan y)$$
$$= A(B + \arctan x)\left(C - \frac{\pi}{2}\right) = 0,$$

$$\lim\limits_{\substack{x \to +\infty \\ y \to +\infty}} F(x, y) = \lim\limits_{\substack{x \to +\infty \\ y \to +\infty}} A(B + \arctan x)(C + \arctan y)$$
$$= A\left(B + \frac{\pi}{2}\right)\left(C + \frac{\pi}{2}\right) = 1,$$

由此可得解
$$A = \frac{1}{\pi^2}, \quad B = C = \frac{\pi}{2}.$$

由上面相容性可知

$$P\{0 < X \leqslant 1,\, 0 < Y \leqslant 1\} = F(1, 1) - F(0, 1) - F(1, 0) + F(0, 0) = \frac{1}{16}.$$

定义 3.4　设 $(X_1, X_2, \cdots, X_n)$ 为 Ω 上的一个 n 维随机变量，对任意 $x_i \in \mathbf{R}$, $i = 1$, $2, \cdots, n$, 称 n 元函数

$$F(x_1, x_2, \cdots, x_n) = P\{X_1 \leqslant x_1, X_2 \leqslant x_2, \cdots, X_n \leqslant x_n\} \tag{3.4}$$

为 n 维随机变量 $(X_1, X_2, \cdots, X_n)$ 的**联合分布函数**，其中

$$\{X_1 \leqslant x_1, X_2 \leqslant x_2, \cdots, X_n \leqslant x_n\} = \{X_1 \leqslant x_1\} \cap \{X_2 \leqslant x_2\} \cap \cdots \cap \{X_n \leqslant x_n\}.$$

X_i 的分布函数 $F_{X_i}(x_i) = P\{X_i \leqslant x_i\}$, $i = 1, 2, \cdots, n$ 称为 $(X_1, X_2, \cdots, X_n)$ 关于 X_i 的**边缘分布函数**.

3.2　二维离散型随机变量

3.2.1　联合分布律与边缘分布律

定义 3.5　如果二维随机变量 (X, Y) 只取有限对或可列无穷多对值 (x_i, y_j), $i, j = 1, 2, \cdots$, 称 (X, Y) 为**二维离散型随机变量**，称

$$P\{X = x_i, Y = y_j\} = p_{ij}, \quad i, j = 1, 2, \cdots \tag{3.5}$$

为 (X, Y) 的**联合分布律**，称

$$P\{X = x_i\} = p_{i\cdot} = \sum_{j=1}^{\infty} p_{ij}, \quad i = 1, 2, \cdots \tag{3.6}$$

为随机变量 X 的**边缘分布律**，称

$$P\{Y = y_j\} = p_{\cdot j} = \sum_{i=1}^{\infty} p_{ij}, \quad j = 1, 2, \cdots \tag{3.7}$$

为随机变量 Y 的**边缘分布律**.

分布律也可表示为下列表格形式.

X \ Y	y_1	y_2	$\cdots$	y_j	$\cdots$	$p_{i\cdot}$
x_1	p_{11}	p_{12}	$\cdots$	p_{1j}	$\cdots$	$p_{1\cdot}$
x_2	p_{21}	p_{22}	$\cdots$	p_{2j}	$\cdots$	$p_{2\cdot}$
$\vdots$	$\vdots$	$\vdots$		$\vdots$		$\vdots$
x_i	p_{i1}	p_{i2}	$\cdots$	p_{ij}	$\cdots$	$p_{i\cdot}$
$\vdots$	$\vdots$	$\vdots$		$\vdots$		$\vdots$
$p_{\cdot j}$	$p_{\cdot 1}$	$p_{\cdot 2}$	$\cdots$	$p_{\cdot j}$	$\cdots$	1

二维离散型随机变量的联合分布律满足下列两条基本性质：

(1) $p_{ij} \geqslant 0$, $i, j = 1, 2, \cdots$;

(2) $\sum\limits_{i=1}^{\infty} \sum\limits_{j=1}^{\infty} p_{ij} = 1$.

二维离散型随机变量的联合分布函数为

$$F(x, y) = \sum_{x_i \leqslant x} \sum_{y_j \leqslant y} p_{ij}.$$

例 3.2.1　袋子中有三个球，分别标有数字 1, 2, 2，从中任取 2 次，每次一个球，以 X，Y 分别表示第一次和第二次取到的球上的数字，在无放回和有放回两种情形下，求 (X, Y) 的联合分布律和边缘分布律.

解　无放回

X ＼ Y	1	2	$p_{i\cdot}$
1	0	$\dfrac{1}{3}$	$\dfrac{1}{3}$
2	$\dfrac{1}{3}$	$\dfrac{1}{3}$	$\dfrac{2}{3}$
$p_{\cdot j}$	$\dfrac{1}{3}$	$\dfrac{2}{3}$	1

有放回

X ＼ Y	1	2	$p_{i\cdot}$
1	$\dfrac{1}{9}$	$\dfrac{2}{9}$	$\dfrac{1}{3}$
2	$\dfrac{2}{9}$	$\dfrac{4}{9}$	$\dfrac{2}{3}$
$p_{\cdot j}$	$\dfrac{1}{3}$	$\dfrac{2}{3}$	1

根据例 3.2.1 可以看出，由 (X, Y) 的联合分布律可以完全确定 X，Y 的边缘分布律. 例 3.2.1 中 X，Y 的边缘分布律都相同，但两种情况却有不同的联合分布律. 所以二维随机变量的分布不仅与两个分量有关，还与各分量间的联系有关.

例 3.2.2　设随机变量 X 在 1, 2, 3, 4 四个整数中等可能地取值，另一随机变量 Y 在 1～X 中等可能地取一整数值，试求 (X, Y) 的分布律；X, Y 的边缘分布律.

解　由乘法公式易知 $\{X = i, Y = j\}$ 的取值情况是：$i = 1, 2, 3, 4$，j 取不大于 i 的正整数，且

$$P\{X = i, Y = j\} = P\{X = i\}P\{Y = j \mid X = i\}$$

$$= \begin{cases} 0, & j > i, \\ \dfrac{1}{4} \cdot \dfrac{1}{i}, & j \leqslant i, \end{cases} \quad i, j = 1, 2, 3, 4.$$

用表格表示分布律

X \ Y	1	2	3	4	$p_{i\cdot}$
1	$\dfrac{1}{4}$	0	0	0	$\dfrac{1}{4}$
2	$\dfrac{1}{8}$	$\dfrac{1}{8}$	0	0	$\dfrac{1}{4}$
3	$\dfrac{1}{12}$	$\dfrac{1}{12}$	$\dfrac{1}{12}$	0	$\dfrac{1}{4}$
4	$\dfrac{1}{16}$	$\dfrac{1}{16}$	$\dfrac{1}{16}$	$\dfrac{1}{16}$	$\dfrac{1}{4}$
$p_{\cdot j}$	$\dfrac{25}{48}$	$\dfrac{13}{48}$	$\dfrac{7}{48}$	$\dfrac{3}{48}$	1

3.2.2　二维离散型随机变量的应用实例

例 3.2.3　设某班车起点站上车人数 X 服从参数为 $\lambda(\lambda > 0)$ 的泊松分布, 每位乘客在中途下车的概率为 $p(0 < p < 1)$, 并且他们在中途下车与否是相互独立的, 用 Y 表示在中途下车的人数, 求二维随机向量 (X, Y) 的概率分布.

解　　　　　$P\{X = m, Y = n\} = P\{X = m\}P\{Y = n \mid X = m\}$

$$= \frac{\lambda^m \mathrm{e}^{-\lambda}}{m!} P\{Y = n \mid X = m\},$$

而在上车人数为 m 的条件下, 下车人数服从二项分布 $B(m, p)$,

$$P\{X = m, Y = n\} = \frac{\lambda^m \mathrm{e}^{-\lambda}}{m!} \mathrm{C}_m^n p^n (1 - p)^{m - n}, \quad m \geqslant n, \quad n = 0, 1, 2, \cdots, m.$$

例 3.2.4　某足球队在任何长度为 t 的时间区间内得黄牌(或红牌)的次数 $N(t)$ 服从参数为 λt 的泊松分布, 记 X_i 为比赛进行 t_i 分钟后的得牌数, $i = 1, 2(t_2 > t_1)$, 试写出 X_1, X_2 的联合分布律.

解　由于 $N(t)$ 服从参数为 λt 的泊松分布, 故

$$P\{N(t) = k\} = \frac{\mathrm{e}^{-\lambda t}(\lambda t)^k}{k!}, \quad k = 0, 1, 2, \cdots,$$

所以联合分布律为

$$p_{ij} = P\{X_1 = i, X_2 = j\} = P\{X_1 = i\}P\{X_2 = j \mid X_1 = i\}$$

$$= \frac{e^{-\lambda t_1}(\lambda t_1)^i}{i!} \cdot \frac{e^{-\lambda(t_2 - t_1)}[\lambda(t_2 - t_1)]^{j-i}}{(j-i)!},$$

$$i = 0, 1, 2, \cdots, \quad j = i, i+1, \cdots.$$

3.3　二维连续型随机变量

3.3.1　联合概率密度函数

定义 3.6　设 $F(x, y)$ 是二维随机变量 (X, Y) 的联合分布函数, 如果存在非负可积函数 $f(x, y)$, 使得对于任意实数对 (x, y), 有

$$F(x, y) = \int_{-\infty}^{x} \int_{-\infty}^{y} f(u, v) \mathrm{d}u \mathrm{d}v, \tag{3.8}$$

则称 (X, Y) 为二维连续型随机变量, $f(x, y)$ 为 (X, Y) 的**联合概率密度**. X 和 Y 的概率密度 $f_X(x), f_Y(y)$ 分别称为 (X, Y) 关于 X, Y 的**边缘概率密度**.

二维连续型随机变量的联合概率密度满足下列两条基本性质:

(1) $f(x, y) \geqslant 0$;

(2) $\int_{-\infty}^{+\infty} \int_{-\infty}^{+\infty} f(x, y) \mathrm{d}x \mathrm{d}y = 1$.

凡是满足上述两条性质的二元函数 $f(x, y)$, 一定是某个二维连续型随机变量的概率密度.

由联合分布函数和联合概率密度的性质可以得到以下结论.

(1) 在 $f(x, y)$ 的连续点处, 有 $\dfrac{\partial^2 F(x, y)}{\partial x \partial y} = f(x, y)$;

(2) $P\{(X, Y) \in G\} = \iint\limits_{G} f(x, y) \mathrm{d}x \mathrm{d}y$;

(3) 随机变量 X 的边缘概率密度为 $f_X(x) = \int_{-\infty}^{+\infty} f(x, y) \mathrm{d}y, x \in \mathbf{R}$, 随机变量 Y 的边缘概率密度为 $f_Y(y) = \int_{-\infty}^{+\infty} f(x, y) \mathrm{d}x, y \in \mathbf{R}$.

因为

$$F_X(x) = F(x, +\infty) = \int_{-\infty}^{x} \left[\int_{-\infty}^{+\infty} f(u, v) \mathrm{d}v \right] \mathrm{d}u,$$

$$f_X(x) = F_X'(x) = \int_{-\infty}^{+\infty} f(x, v) \mathrm{d}v,$$

即

$$f_X(x) = \int_{-\infty}^{+\infty} f(x, y)\mathrm{d}y.$$

同理

$$f_Y(y) = \int_{-\infty}^{+\infty} f(x, y)\mathrm{d}x.$$

例 3.3.1　设二维随机变量 (X, Y) 的联合概率密度为

$$f(x, y) = \begin{cases} c\mathrm{e}^{-(2x+y)}, & x > 0, y > 0, \\ 0, & \text{其他}. \end{cases}$$

试求：（1）常数 c；

（2）边缘概率密度 $f_X(x)$；

（3）$P\{X \geqslant Y\}$；

（4）联合分布函数 $F(x, y)$ 和边缘分布函数 $F_X(x)$.

解　（1）$1 = \int_{-\infty}^{+\infty}\int_{-\infty}^{+\infty} f(x, y)\mathrm{d}x\mathrm{d}y = \int_0^{+\infty}\int_0^{+\infty} c\mathrm{e}^{-(2x+y)}\mathrm{d}x\mathrm{d}y = c\int_0^{+\infty} \mathrm{e}^{-2x}\mathrm{d}x \cdot \int_0^{+\infty} \mathrm{e}^{-y}\mathrm{d}y = \dfrac{c}{2}$，得 $c = 2$.

（2）$f_X(x) = \int_{-\infty}^{+\infty} f(x, y)\mathrm{d}y = \begin{cases} \int_0^{+\infty} 2\mathrm{e}^{-(2x+y)}\mathrm{d}y, & x > 0 \\ 0, & x \leqslant 0 \end{cases} = \begin{cases} 2\mathrm{e}^{-2x}, & x > 0, \\ 0, & x \leqslant 0. \end{cases}$

（3）$P\{X \geqslant Y\} = \iint\limits_{x \geqslant y} f(x, y)\mathrm{d}x\mathrm{d}y = \int_0^{+\infty} 2\mathrm{e}^{-2x}\mathrm{d}x \int_0^x \mathrm{e}^{-y}\mathrm{d}y = \int_0^{+\infty} 2\mathrm{e}^{-2x}(1 - \mathrm{e}^{-x})\mathrm{d}x = \dfrac{1}{3}.$

（4）$F(x, y) = \int_{-\infty}^x \int_{-\infty}^y f(u, v)\mathrm{d}u\mathrm{d}v = \begin{cases} \int_0^x \int_0^y 2\mathrm{e}^{-2u}\mathrm{e}^{-v}\mathrm{d}u\mathrm{d}v, & x > 0, y > 0, \\ 0, & \text{其他} \end{cases}$

$\qquad = \begin{cases} (1 - \mathrm{e}^{-2x})(1 - \mathrm{e}^{-y}), & x > 0, y > 0, \\ 0, & \text{其他}. \end{cases}$

$$F_X(x) = \lim_{y \to +\infty} F(x, y) = \begin{cases} 1 - \mathrm{e}^{-2x}, & x > 0, \\ 0, & \text{其他}. \end{cases}$$

可验证有 $F'_X(x) = f_X(x)$.

3.3.2　常见的二维连续型分布

1. 二维均匀分布（几何概率）

设 G 为平面上某个有界区域，其面积为 $S(G)$，如果二维连续型随机变量 (X, Y) 具有联合概率密度

$$f(x,y) = \begin{cases} \dfrac{1}{S(G)}, & (x,y) \in G, \\ 0, & (x,y) \notin G, \end{cases} \quad (3.9)$$

则称 (X, Y) 在区域 G 上服从**二维均匀分布**，记为 $(X, Y) \sim U(G)$.

若二维随机变量 $(X, Y) \sim U(G)$，则对任意区域 $D \subset G$，有

$$P\{(X,Y) \in D\} = \iint\limits_{D} f(x,y)\mathrm{d}\sigma = \frac{1}{S(G)} \iint\limits_{D} \mathrm{d}\sigma = \frac{S(D)}{S(G)}. \quad (3.10)$$

二维均匀分布所描述的随机现象就是向平面区域 G 中的随机投点，该点坐标 (X, Y) 落在 G 的任何子区域 D 中的概率只与该子区域的面积有关，而与其位置无关. 第 2 章讨论了一维随机变量的均匀分布，即

若随机变量 $X \sim U(a, b)$，则对任意区间 $(c, d) \subset (a, b)$，有

$$P\{c < X \le d\} = \frac{d - c}{b - a} = \frac{(c,d) \text{ 的长度}}{(a,b) \text{ 的长度}},$$

随机变量 X 落在 (a, b) 的任何子区间内的概率只与该子区间的长度有关，而与其位置无关.

上述结论中，借助于几何度量(长度、面积、体积等)来计算的概率，称为**几何概率**.

例 3.3.2 甲、乙两人相约中午 1 至 2 点在某地见面，先到者等 15min(不超过 2 点)，过时不候，求两人见面的概率.

解 设 X, Y 分别表示甲、乙两人到达的时间(单位：min)，则 $(X, Y) \sim U(G)$，其中 $G = \{(x,y) \mid 0 \le x \le 60, 0 \le y \le 60\}$，两人要见面即要求 (X, Y) 落在 $D = \{(x,y) \mid |x - y| \le 15\}$ 内，如图 3.3 所示.

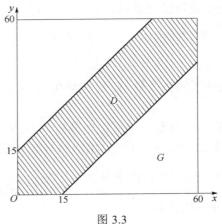

图 3.3

则所求概率由 (3.10) 式得：$p = \dfrac{S_D}{S_G} = \dfrac{60^2 - 45^2}{60^2} = \dfrac{7}{16} = 0.4375$.

2. 二维正态分布

设二维连续型随机变量 (X, Y) 具有联合概率密度

$$f(x, y) = \frac{1}{2\pi\sigma_1\sigma_2\sqrt{1-\rho^2}} \exp\left\{\frac{-1}{2(1-\rho^2)}\left[\frac{(x-\mu_1)^2}{\sigma_1^2}\right.\right.$$

$$\left.\left. -2\rho\frac{(x-\mu_1)(y-\mu_2)}{\sigma_1\sigma_2} + \frac{(y-\mu_2)^2}{\sigma_2^2}\right]\right\}, \quad x \in \mathbf{R}, y \in \mathbf{R}, \tag{3.11}$$

其中 $\mu_1, \mu_2, \sigma_1, \sigma_2, \rho$ 都是常数，且 $\sigma_1 > 0$, $\sigma_2 > 0$, $-1 < \rho < 1$，则称 (X, Y) 服从**二维正态分布**，记为 $(X, Y) \sim N(\mu_1,\ \sigma_1^2;\ \mu_2,\ \sigma_2^2;\ \rho)$，其概率密度函数如图 3.4 所示.

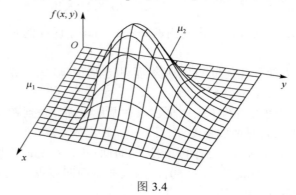

图 3.4

定理 3.2　若二维连续型随机变量 $(X, Y) \sim N(\mu_1, \sigma_1^2;\ \mu_2, \sigma_2^2;\ \rho)$，则

$$X \sim N(\mu_1, \sigma_1^2), \qquad Y \sim N(\mu_2, \sigma_2^2).$$

证明略.

推论 3.1　若二维连续型随机变量 $(X, Y) \sim N(0, 1;\ 0, 1;\ \rho)$，则 $X \sim N(0, 1)$, $Y \sim N(0, 1)$.

二维正态随机变量的边缘分布为一维正态分布，且都与参数 ρ 无关. 这一事实说明由联合分布可以确定边缘分布. 反之，由边缘分布一般不能确定联合分布.

例 3.3.3　设二维随机变量 (X, Y) 的概率密度 $f(x, y) = \dfrac{1}{2\pi}\mathrm{e}^{-\frac{1}{2}(x^2+y^2)}(1 + \sin x \sin y)$，试求关于 X, Y 的边缘概率密度函数.

解　由

$$f_X(x) = \int_{-\infty}^{+\infty} f(x,y)\mathrm{d}y = \frac{1}{\sqrt{2\pi}}\mathrm{e}^{-x^2/2},$$

$$f_Y(y) = \int_{-\infty}^{+\infty} f(x,y)\mathrm{d}x = \frac{1}{\sqrt{2\pi}}\mathrm{e}^{-y^2/2},$$

得 $X \sim N(0,1)$，$Y \sim N(0,1)$．

此例说明边缘分布均为正态分布的二维随机变量，其联合分布不一定是二维正态分布．

二维正态分布的概率密度虽然复杂，但它是一个在数学、物理和工程等领域都有着广泛应用的分布，无论是在理论研究还是实际应用中都起到至关重要的作用．

3.3.3　二维连续型随机变量的应用实例

例 3.3.4　在线段 $[0,a]$ 上随机地投 3 个点，试求由 0 至 3 点的三个线段能构成一个三角形的概率．

解　设三线段长分别为 X,Y,Z，则一个试验结果可表示为 (x,y,z)，样本空间 Ω 对应于区域 $G = \{(x,y,z) \mid 0 \leqslant x \leqslant a, 0 \leqslant y \leqslant a, 0 \leqslant z \leqslant a\}$，是立体区域，几何度量为区域 G 的体积 a^3．记事件 $A = \{三线段能构成三角形\}$，当事件 A 发生时，等价于条件：三线段任意两边之和大于第三边，即事件 A 对应于区域 $g = \{(x,y,z) \mid x+y > z,$ $x+z > y, y+z > x\}$，如图 3.5 所示，区域 g 表示一个以 O,A,B,C,D 为顶点的六面体，其体积为 $a^3 - 3 \cdot \dfrac{1}{6} \cdot a^2 \cdot a = \dfrac{1}{2}a^3$，故有

$$P(A) = \frac{A \text{ 的体积}}{\Omega \text{ 的体积}} = \frac{\dfrac{1}{2}a^3}{a^3} = \frac{1}{2}.$$

例 3.3.5（蒲丰投针试验）　1777 年，法国科学家蒲丰（Buffon）提出了投针试验问题．平面上画有等距离为 $a(a > 0)$ 的一些平行直线，现向此平面任意投掷一根长为 $b(b < a)$ 的针，试求针与某一平行直线相交的概率．

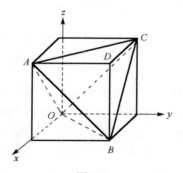

图 3.5

解　以 x 表示针投到平面上时，针的中点 M 到最近的一条平行直线的距离，φ 表示针与该平行直线的夹角（图 3.6）．那么针落在平面上的位置可由 (x,φ) 完全确定．故投针试验的所有可能结果与矩形区域 $S = \left\{(x,\varphi) \,\middle|\, 0 \leqslant x \leqslant \dfrac{a}{2}, 0 \leqslant \varphi \leqslant \pi\right\}$ 中的点一一对应．由投针的任意性可知 x,φ 服从均匀分布．设 $A = \{针与某一平行直线相交\}$，则

A 中的点一定满足 $\left\{0 \leqslant x \leqslant \dfrac{b}{2}\sin\varphi, 0 \leqslant \varphi \leqslant \pi\right\}$ （图 3.7）. 故

$$P(A) = \frac{\mu(G)}{\mu(S)} = \frac{G\text{ 的面积}}{S\text{ 的面积}} = \frac{\displaystyle\int_0^\pi \frac{b}{2}\sin\varphi\,\mathrm{d}\varphi}{\dfrac{a}{2}\times\pi} = \frac{b}{\dfrac{a}{2}\times\pi} = \frac{2b}{a\pi}.$$

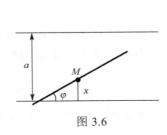

图 3.6

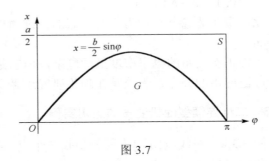

图 3.7

3.4　随机变量的独立性

第 1 章介绍过随机事件的独立性，下面借助于随机事件的独立性，引入随机变量的相互独立性.

3.4.1　独立性的定义

定义 3.7　设 (X, Y) 为二维随机变量，若对任意实数 x, y，有

$$P\{X \leqslant x, Y \leqslant y\} = P\{X \leqslant x\}P\{Y \leqslant y\} \tag{3.12}$$

成立，则称随机变量 X 与 Y **相互独立**.

如果两个事件 A 和 B 相互独立，则 $P(AB) = P(A)P(B)$，把 $P\{X \leqslant x\}$ 和 $P\{Y \leqslant y\}$ 分别看成两个事件，则根据事件独立性就可得出上述定义.

定理 3.3　设 (X, Y) 为二维随机变量，其联合分布函数为 $F(x, y)$，X 和 Y 的边缘分布函数分别为 $F_X(x)$，$F_Y(y)$，则 X 与 Y 相互独立的充分必要条件是对一切实数对 (x, y)，都有

$$F(x, y) = F_X(x)F_Y(y). \tag{3.13}$$

定理 3.4　设 (X, Y) 为二维离散型随机变量，则 X 与 Y 相互独立的充分必要条件是对 (X, Y) 的任意一对取值 (x_i, y_j)，都有

$$P\{X = x_i, Y = y_j\} = P\{X = x_i\}P\{Y = y_j\}, \quad i, j = 1, 2, \cdots, \tag{3.14}$$

或记为 $p_{ij} = p_{i\cdot} p_{\cdot j}$, $i, j = 1, 2, \cdots$.

定理 3.5 设 (X, Y) 为二维连续型随机变量, 其联合概率密度为 $f(x, y)$, X 和 Y 的边缘概率密度分别为 $f_X(x)$, $f_Y(y)$, 则 X 与 Y 相互独立的充分必要条件是对 $f(x, y)$, $f_X(x)$, $f_Y(y)$ 的一切公共连续点处, 都有

$$f(x, y) = f_X(x) f_Y(y). \tag{3.15}$$

需要注意, 要判别 (X, Y) 中的 X 与 Y 相互独立, 必须对"任意一组取值"都满足上述定理, 若判别 X 与 Y 不相互独立, 则只需要找到一组不满足上述定理的 (X, Y) 值即可.

例 3.4.1 在例 3.2.1 中, 在无放回和有放回情形下讨论 X 与 Y 的独立性.

解 无放回时有 $P\{X = 1, Y = 1\} \neq P\{X = 1\}P\{Y = 1\}$, X 与 Y 不相互独立.

有放回时, 对 $i, j = 1, 2$ 都有 $P\{X = i, Y = j\} = P\{X = i\}P\{Y = j\}$, $i, j = 1, 2$, X 与 Y 相互独立.

例 3.4.2 已知二维随机变量 (X, Y) 的联合概率密度为

$$f(x, y) = \begin{cases} 8xy, & 0 \leqslant x \leqslant y \leqslant 1, \\ 0, & \text{其他}. \end{cases}$$

讨论 X 与 Y 的独立性.

解
$$f_X(x) = \int_{-\infty}^{+\infty} f(x, y) \mathrm{d}y = \begin{cases} \int_x^1 8xy \mathrm{d}y, & 0 \leqslant x \leqslant 1, \\ 0, & \text{其他} \end{cases}$$

$$= \begin{cases} 4x(1 - x^2), & 0 \leqslant x \leqslant 1, \\ 0, & \text{其他}. \end{cases}$$

$$f_Y(y) = \int_{-\infty}^{+\infty} f(x, y) \mathrm{d}x = \begin{cases} \int_0^y 8xy \mathrm{d}x, & 0 \leqslant y \leqslant 1, \\ 0, & \text{其他} \end{cases}$$

$$= \begin{cases} 4y^3, & 0 \leqslant y \leqslant 1, \\ 0, & \text{其他}. \end{cases}$$

由 $f_X(x) f_Y(y) \neq f(x, y)$, 则 X 与 Y 不相互独立.

例 3.4.3 设甲乙两种元件的寿命 X, Y 相互独立, 服从同一分布, 其概率密度为

$$f(x) = \begin{cases} \dfrac{1}{2} \mathrm{e}^{-\frac{x}{2}}, & x > 0, \\ 0, & \text{其他}. \end{cases}$$

求甲元件寿命不大于乙元件寿命 2 倍的概率.

解 由于 X, Y 服从同一分布且相互独立, 则 X, Y 的联合概率密度 $f(x, y)$ 为

$$f(x,y) = f_X(x)f_Y(y) = \begin{cases} \dfrac{1}{4}e^{-\frac{x+y}{2}}, & x > 0, y > 0, \\ 0, & \text{其他,} \end{cases}$$

故题目所求

$$P\{X \leqslant 2Y\} = \int_0^{+\infty} \mathrm{d}x \int_{x/2}^{+\infty} \frac{1}{4}e^{-\frac{x+y}{2}}\mathrm{d}y = \int_0^{+\infty} \frac{1}{2}e^{-\frac{x}{2}}e^{-\frac{x}{4}}\mathrm{d}x = \int_0^{+\infty} \frac{1}{2}e^{-\frac{3x}{4}}\mathrm{d}x = \frac{2}{3},$$

即甲元件寿命不大于乙元件寿命 2 倍的概率为 2/3.

例 3.4.4　证明：已知二维随机变量 $(X, Y) \sim N(\mu_1, \sigma_1^2; \mu_2, \sigma_2^2; \rho)$，则 X 与 Y 相互独立的充分必要条件是 $\rho = 0$.

证　由定理 3.2 知 $(X, Y) \sim N(\mu_1, \sigma_1^2; \mu_2, \sigma_2^2; \rho)$，则

$$X \sim N(\mu_1, \sigma_1^2), \quad Y \sim N(\mu_2, \sigma_2^2).$$

(X, Y) 的联合概率密度为

$$f(x, y) = \frac{1}{2\pi\sigma_1\sigma_2\sqrt{1-\rho^2}} \exp\left\{ \frac{-1}{2(1-\rho^2)} \left[\frac{(x-\mu_1)^2}{\sigma_1^2} \right.\right.$$
$$\left.\left. -2\rho\frac{(x-\mu_1)(y-\mu_2)}{\sigma_1\sigma_2} + \frac{(y-\mu_2)^2}{\sigma_2^2} \right] \right\}.$$

边缘概率密度为

$$f_X(x) = \frac{1}{\sqrt{2\pi}\sigma_1} \exp\left\{ \frac{-1}{2} \left[\frac{(x-\mu_1)^2}{\sigma_1^2} \right] \right\},$$
$$f_Y(y) = \frac{1}{\sqrt{2\pi}\sigma_2} \exp\left\{ \frac{-1}{2} \left[\frac{(y-\mu_2)^2}{\sigma_2^2} \right] \right\}.$$

若 $\rho = 0$，则

$$f(x, y) = \frac{1}{2\pi\sigma_1\sigma_2} \exp\left\{ \frac{-1}{2} \left[\frac{(x-\mu_1)^2}{\sigma_1^2} + \frac{(y-\mu_2)^2}{\sigma_2^2} \right] \right\} = f_X(x)f_Y(y),$$

即 X 与 Y 相互独立.

反之，若 X 与 Y 相互独立，$f(x, y) = f_X(x)f_Y(y)$ 对一切 $(x, y) \in \mathbf{R}^2$ 成立，令 $x = \mu_1$，$y = \mu_2$，有 $\dfrac{1}{\sqrt{2\pi}\sigma_1} \cdot \dfrac{1}{\sqrt{2\pi}\sigma_2} = \dfrac{1}{2\pi\sigma_1\sigma_2\sqrt{1-\rho^2}}$，故 $\rho = 0$.

3.4.2　独立性的性质

（1）若 $X_1, X_2, \cdots, X_n$ 相互独立，则其中任意 $m(2 \leqslant m \leqslant n)$ 个随机变量也相互独

立，反之不成立；

(2)若 X 与 Y 相互独立，h 和 g 是连续函数，则 $h(X)$ 与 $g(Y)$ 也相互独立；

(3)若 $(X_1, X_2, \cdots, X_m)$ 与 $(X_{m+1}, X_{m+2}, \cdots, X_n)$ 相互独立，h 和 g 是连续函数，则 $h(X_1, X_2, \cdots, X_m)$ 与 $g(X_{m+1}, X_{m+2}, \cdots, X_n)$ 也相互独立.

3.4.3　随机变量的独立性应用实例

例 3.4.5　一老板到达办公室的时间均匀分布在 8～12 时，他的秘书到达办公室的时间均匀分布在 7～9 时，设他们两个人到达的时间相互独立，求他们到达办公室的时间相差不超过 5 分钟的概率.

解　设 X, Y 分别是老板和他的秘书到达办公室的时间，由假设 X 和 Y 的概率密度分别为

$$f_X(x) = \begin{cases} \dfrac{1}{4}, & 8 \leqslant x \leqslant 12, \\ 0, & \text{其他;} \end{cases} \qquad f_Y(y) = \begin{cases} \dfrac{1}{2}, & 7 \leqslant x \leqslant 9, \\ 0, & \text{其他.} \end{cases}$$

因为 X, Y 相互独立，故 (X, Y) 的联合概率密度为

$$f(x,y) = f_X(x)f_Y(y) = \begin{cases} \dfrac{1}{8}, & 8 \leqslant x \leqslant 12, 7 \leqslant y \leqslant 9, \\ 0, & \text{其他.} \end{cases}$$

按题意需求 $P\left\{|X-Y| \leqslant \dfrac{1}{12}\right\}$.

画出区域：$|x-y| \leqslant \dfrac{1}{12}$，以及长方形 $[8 < x < 12;\ 7 < y < 9]$，它们公共部分是四边形 $BCC'B'$，记为 G（图 3.8）. 显然仅当 (X, Y) 取值于 G 内，他们两人到达的时间相差才不超过 $\dfrac{1}{12}$ 小时，因此所求的概率为

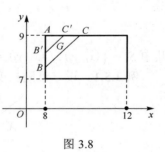

图 3.8

$$P\left\{|X-Y| \leqslant \dfrac{1}{12}\right\} = \iint\limits_G f(x,y)\mathrm{d}x\mathrm{d}y = \frac{1}{8} \times (G\text{ 的面积}).$$

而

$$G \text{ 的面积} = \triangle ABC \text{ 的面积} - \triangle AB'C' \text{ 的面积}$$

$$= \frac{1}{2}\left(\frac{13}{12}\right)^2 - \frac{1}{2}\left(\frac{11}{12}\right)^2 = \frac{1}{6}.$$

于是

$$P\left\{|X-Y|\leqslant\frac{1}{12}\right\}=\frac{1}{48}.$$

即老板和他的秘书到达办公室的时间相差不超过 5 分钟的概率为 1/48.

3.5　二维随机变量函数的分布

上一章已经学习过一维随机变量函数的分布，在实际生活中，很多变量受到两个或两个以上随机变量的影响. 例如，直角三角形的斜边长 $c=\sqrt{a^2+b^2}$，即斜边长是两个直角边长的函数；某汽车公司生产 3 种型号的汽车，公司总收入是这 3 种汽车产量的函数等. 因此，研究多维随机变量的分布有一定的应用价值. 下面我们分别讨论二维离散型随机变量和连续型随机变量函数的分布.

3.5.1　二维离散型随机变量函数的分布

设二维离散型随机变量 (X, Y) 的联合分布律为

$$P\{X=x_i, Y=y_j\}=p_{ij}, \quad i,j=1,2,\cdots.$$

(X, Y) 的函数 $Z=f(X, Y)$ 仍是离散型随机变量，则其分布律为

$$P\{Z=z_k\}=P\{f(X,Y)=z_k\}=\sum_{(x_i,y_j)\in S_k}P\{X=x_i,Y=y_j\}, \tag{3.16}$$

其中 $S_k=\{(x_i,y_j):f(x_i,y_j)=z_k\}$.

例 3.5.1　设二维随机变量 (X, Y) 的联合分布律为

X＼Y	−1	1	2
−1	$\frac{1}{10}$	$\frac{2}{10}$	$\frac{3}{10}$
2	$\frac{2}{10}$	$\frac{1}{10}$	$\frac{1}{10}$

试求：(1) $X+Y$ 的分布律；(2) XY 的分布律；(3) X/Y 的分布律；(4) $\max(X, Y)$ 的分布律.

解　由 (X, Y) 联合分布律有

P	$\dfrac{1}{10}$	$\dfrac{2}{10}$	$\dfrac{3}{10}$	$\dfrac{2}{10}$	$\dfrac{1}{10}$	$\dfrac{1}{10}$
(X, Y)	$(-1, -1)$	$(-1, 1)$	$(-1, 2)$	$(2, -1)$	$(2, 1)$	$(2, 2)$
$X + Y$	-2	0	1	1	3	4
XY	1	-1	-2	-2	2	4
X/Y	1	-1	$-\dfrac{1}{2}$	-2	2	1
$\max(X, Y)$	-1	1	2	2	2	2

(1) $X + Y$ 的分布律为

$X + Y$	-2	0	1	3	4
P	$\dfrac{1}{10}$	$\dfrac{2}{10}$	$\dfrac{5}{10}$	$\dfrac{1}{10}$	$\dfrac{1}{10}$

(2) XY 的分布律为

XY	-2	-1	1	2	4
P	$\dfrac{5}{10}$	$\dfrac{2}{10}$	$\dfrac{1}{10}$	$\dfrac{1}{10}$	$\dfrac{1}{10}$

(3) X/Y 的分布律为

X/Y	-2	-1	$-\dfrac{1}{2}$	1	2
P	$\dfrac{2}{10}$	$\dfrac{2}{10}$	$\dfrac{3}{10}$	$\dfrac{2}{10}$	$\dfrac{1}{10}$

(4) $\max(X, Y)$ 的分布律

$\max(X, Y)$	-1	1	2
P	$\dfrac{1}{10}$	$\dfrac{2}{10}$	$\dfrac{7}{10}$

例 3.5.2（泊松分布的可加性）　设随机变量 X 与 Y 相互独立，且 $X \sim P(\lambda_1)$，$Y \sim P(\lambda_2)$，求 $X + Y$ 的分布律.

解　因为

$$P\{X = k\} = \frac{\lambda_1^k}{k!} \mathrm{e}^{-\lambda_1}, \quad P\{Y = h\} = \frac{\lambda_2^h}{h!} \mathrm{e}^{-\lambda_2} \quad k, h = 0, 1, 2, \cdots,$$

$$P\{X+Y=n\} = P\{X=0, Y=n\} + P\{X=1, Y=n-1\} + \cdots$$
$$+ P\{X=n, Y=0\}$$

$$= \sum_{k=0}^{n} P\{X=k\}\{Y=n-k\}$$

$$= \sum_{k=0}^{n} \frac{\lambda_1^k}{k!} \mathrm{e}^{-\lambda_1} \frac{\lambda_2^{n-k}}{(n-k)!} \mathrm{e}^{-\lambda_2}$$

$$= \frac{\mathrm{e}^{-\lambda_1-\lambda_2}}{n!} \sum_{k=0}^{n} \frac{n!}{k!(n-k)!} \lambda_1^k \lambda_2^{n-k}$$

$$= \frac{\mathrm{e}^{-\lambda_1-\lambda_2}}{n!} \sum_{k=0}^{n} \mathrm{C}_n^k \lambda_1^k \lambda_2^{n-k}$$

$$= \frac{(\lambda_1+\lambda_2)^n}{n!} \mathrm{e}^{-(\lambda_1+\lambda_2)}, \quad n=0,1,2,\cdots,$$

从而 $X+Y \sim P(\lambda_1+\lambda_2)$.

即两个相互独立的服从泊松分布的随机变量之和仍然服从泊松分布,且参数为相应的参数之和,称泊松分布具有可加性.

类似地,二项分布也具有可加性: $X \sim B(n_1, p)$, $Y \sim B(n_2, p)$, 且相互独立,则它们的和 $X+Y \sim B(n_1+n_2, p)$.

若 $X_1, X_2, \cdots, X_n$ 相互独立,且都服从 0-1 分布,即 $X_i \sim B(1, p)$,则它们的和 $Y = X_1 + X_2 + \cdots + X_n \sim B(n, p)$,即 n 个相互独立的服从 0-1 分布的随机变量之和服从二项分布.

3.5.2　二维连续型随机变量函数的分布

设二维连续型随机变量 (X, Y) 的联合概率密度为 $f(x, y)$, 若 (X, Y) 的函数 $Z = f(X, Y)$ 仍是连续型随机变量,则其分布函数为

$$F_Z(z) = P\{Z \leqslant z\} = P\{f(X,Y) \leqslant z\} = \iint\limits_{\{(x,y)|G(x,y) \leqslant z\}} f(x,y)\mathrm{d}x\mathrm{d}y,$$

概率密度为

$$f_Z(z) = \begin{cases} F_Z'(z), & \text{在} f_Z(z) \text{的连续点}, \\ 0, & \text{其他}. \end{cases}$$

此为求随机变量函数的分布的基本方法,即先求 Z 的分布函数,再求其概率密度.

下面着重讨论两种特殊函数的分布.

1. 和的分布(卷积公式)

设二维随机变量 (X, Y) 的联合概率密度为 $f(x, y)$，X 和 Y 的边缘概率密度分别为 $f_X(x), f_Y(y)$，则和 $Z = X + Y$ 的概率密度为

$$f_Z(z) = \int_{-\infty}^{+\infty} f(x, z-x)\mathrm{d}x = \int_{-\infty}^{+\infty} f(z-y, y)\mathrm{d}y, \tag{3.17}$$

特别地，当 X 与 Y 相互独立时，

$$f_Z(z) = \int_{-\infty}^{+\infty} f_X(x)f_Y(z-x)\mathrm{d}x = \int_{-\infty}^{+\infty} f_X(z-y)f_Y(y)\mathrm{d}y. \tag{3.18}$$

上述两个公式也称为**卷积公式**.

证
$$\begin{aligned} F_Z(z) &= P\{Z \leq z\} = P\{X + Y \leq z\} \\ &= \iint\limits_{x+y \leq z} f(x, y)\mathrm{d}x\mathrm{d}y = \int_{-\infty}^{+\infty}\left[\int_{-\infty}^{z-y} f(x, y)\mathrm{d}x\right]\mathrm{d}y \\ &= \int_{-\infty}^{z-y}\left[\int_{-\infty}^{+\infty} f(x, y)\mathrm{d}y\right]\mathrm{d}x, \end{aligned}$$

Z 的概率密度为

$$f_Z(z) = F_Z'(z) = \int_{-\infty}^{+\infty} f(z-y, y)\mathrm{d}y,$$

由 X 与 Y 的对称性，得 $f_Z(z) = \int_{-\infty}^{+\infty} f(x, z-x)\mathrm{d}x$.

例 3.5.3 已知 (X, Y) 的联合概率密度函数为

$$f(x, y) = \begin{cases} 3x, & 0 < x < 1, 0 < y < x, \\ 0, & \text{其他.} \end{cases}$$

求 $Z = X + Y$ 的概率密度 $f_Z(z)$.

解 可由卷积公式 $f_Z(z) = \int_{-\infty}^{+\infty} f(x, z-x)\mathrm{d}x$ 求解，因为

$$f(x, y) = \begin{cases} 3x, & 0 < x < 1, 0 < y < x, \\ 0, & \text{其他,} \end{cases}$$

则

$$f(x, z-x) = \begin{cases} 3x, & 0 < x < 1, \ x < z < 2x, \\ 0, & \text{其他.} \end{cases}$$

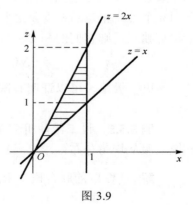

图 3.9

如图 3.9 所示，当 $z \leq 0$ 或 $z > 2$ 时，$f_Z(z) = 0$；

当 $0 < z \leq 1$ 时，$f_Z(z) = f_Z(z) = \int_{-\infty}^{+\infty} f(x, z-x)\mathrm{d}x = \int_{z/2}^{z} 3x\mathrm{d}x = \frac{9}{8}z^2$；

当 $1 < z < 2$ 时，$f_Z(z) = f_Z(z) = \displaystyle\int_{-\infty}^{+\infty} f(x, z-x)\mathrm{d}x = \int_{z/2}^{1} 3x\mathrm{d}x = \dfrac{3}{2}\left(1 - \dfrac{z^2}{4}\right).$

综上，Z 的概率密度为

$$f_Z(z) = F'_Z(z) = \begin{cases} \dfrac{9}{8}z^2, & 0 < z \leqslant 1, \\[2mm] \dfrac{3}{2}\left(1 - \dfrac{z^2}{4}\right), & 1 < z < 2, \\[2mm] 0, & \text{其他}. \end{cases}$$

例 3.5.4　设随机变量 X 与 Y 相互独立，$X \sim N(0, 1)$，$Y \sim N(0, 1)$，求 $Z = X + Y$ 的概率密度.

解
$$f_Z(z) = \int_{-\infty}^{+\infty} f_X(x) f_Y(z-x)\mathrm{d}x = \frac{1}{2\pi} \int_{-\infty}^{+\infty} \mathrm{e}^{-\frac{x^2}{2}} \cdot \mathrm{e}^{-\frac{(z-x)^2}{2}} \mathrm{d}x$$

$$= \frac{1}{2\pi} \mathrm{e}^{-\frac{z^2}{4}} \int_{-\infty}^{+\infty} \mathrm{e}^{-\left(x - \frac{z}{2}\right)^2} \mathrm{d}x$$

$$= \frac{1}{2\pi} \mathrm{e}^{-\frac{z^2}{4}} \int_{-\infty}^{+\infty} \mathrm{e}^{-t^2} \mathrm{d}t \quad \left(\text{令} t = x - \frac{z}{2}\right)$$

$$= \frac{1}{2\sqrt{\pi}} \mathrm{e}^{-\frac{z^2}{4}} = \frac{1}{\sqrt{2\pi}\sqrt{2}} \mathrm{e}^{-\frac{z^2}{2(\sqrt{2})^2}},$$

即 $Z \sim N(0, 2)$.

一般地，设 X，Y 相互独立且 $X \sim N(\mu_1, \sigma_1^2)$，$Y \sim N(\mu_2, \sigma_2^2)$. 由式 (3.18) 经过计算知 $Z = X + Y$ 仍然服从正态分布，且有 $Z \sim N(\mu_1 + \mu_2, \sigma_1^2 + \sigma_2^2)$. 这个结论还能推广到 n 个独立正态随机变量之和的情况. 即若 $X_i \sim N(\mu_i, \sigma_i^2)$ $(i = 1, 2, \cdots, n)$，且它们相互独立，则它们的和 $Z = X_1 + X_2 + \cdots + X_n$ 仍然服从正态分布，且有

$$Z \sim N(\mu_1 + \mu_2 + \cdots + \mu_n, \ \sigma_1^2 + \sigma_2^2 + \cdots + \sigma_n^2).$$

更一般地，可以证明有限个相互独立的正态随机变量的线性组合仍然服从正态分布.

例 3.5.5　设二维随机变量 (X, Y) 在以点 $(0, 1)$，$(1, 0)$，$(1, 1)$ 为顶点的三角形区域上服从均匀分布，求 $Z = X + Y$ 的概率密度.

解　(X, Y) 的联合概率密度为 $f(x, y) = \begin{cases} 2, & 0 \leqslant x \leqslant 1, 1-x \leqslant y \leqslant 1, \\ 0, & \text{其他}. \end{cases}$

$$G = \{(x, z) \mid 0 \leqslant x \leqslant 1, 1-x \leqslant z-x \leqslant 1\}$$
$$= \{(x, z) \mid 0 \leqslant x \leqslant 1, 1 \leqslant z \leqslant 1+x\}.$$

当 $1 \leqslant z \leqslant 2$ 时，$f_Z(z) = \int_{-\infty}^{+\infty} f_X(x) f_Y(z-x) \mathrm{d}x = \int_{z-1}^{1} 2\mathrm{d}y = 2(2-z)$；

当 $z \leqslant 0$ 或 $z > 2$ 时，$f_Z(z) = 0$.

综上，Z 的概率密度为

$$f_Z(z) = \begin{cases} 2(2-z), & 1 \leqslant z \leqslant 2, \\ 0, & \text{其他.} \end{cases}$$

2. 极值分布

设随机变量 X 与 Y 相互独立,分布函数分别为 $F_X(x)$, $F_Y(y)$,则最大值 $Z_1 = \max(X, Y)$ 和最小值 $Z_2 = \min(X, Y)$ 的分布函数分别为

$$F_{Z_1}(z) = P\{\max(X, Y) \leqslant z\} = P\{X \leqslant z, Y \leqslant z\}$$

$$= P\{X \leqslant z\} P\{Y \leqslant z\} = F_X(z) F_Y(z), \quad z \in \mathbf{R};$$

$$F_{Z_2}(z) = P\{\min(X, Y) \leqslant z\} = 1 - P\{\min(X, Y) > z\}$$

$$= 1 - P\{X > z, Y > z\} = 1 - P\{X > z\} P\{Y > z\}$$

$$= 1 - [1 - P\{X \leqslant z\}][1 - P\{Y \leqslant z\}]$$

$$= 1 - [1 - F_X(z)][1 - F_Y(z)], \quad z \in \mathbf{R}.$$

以上结果容易推广到 n 个相互独立的随机变量的情况. 设 $X_1, X_2, \cdots, X_n$ 是 n 个相互独立的随机变量. 它们的分布函数分别为 $F_{X_i}(x_i)$ $(i = 1, 2, \cdots, n)$，则 $M = \max(X_1, X_2, \cdots, X_n)$ 及 $N = \min(X_1, X_2, \cdots, X_n)$ 的分布函数分别为

$$F_{\max}(z) = F_{X_1}(z) F_{X_2}(z) \ldots F_{X_n}(z)，$$

$$F_{\min}(z) = 1 - [1 - F_{X_1}(z)][1 - F_{X_2}(z)] \ldots [1 - F_{X_n}(z)].$$

特别地，当 $X_1, X_2, \cdots, X_n$ 相互独立且具有相同分布函数 $F(x)$ 时，有

$$F_{\max}(z) = [F(z)]^n，$$

$$F_{\min}(z) = 1 - [1 - F(z)]^n.$$

3.5.3　二维随机变量函数的应用实例

例 3.5.6　设系统 L 由两个相互独立的子系统 L_1，L_2 联结而成，联结的方式分别为：(1)串联；(2)并联；(3)备用(当系统 L_1 损坏时，系统 L_2 开始工作). 如图 3.10 所示，设 L_1，L_2 的寿命分别为 X, Y，已知它们的概率密度分别为

$$f_X(x) = \begin{cases} \alpha \mathrm{e}^{-\alpha x}, & x > 0, \\ 0, & x \leqslant 0. \end{cases}$$

$$f_Y(y) = \begin{cases} \beta e^{-\beta y}, & y > 0, \\ 0, & y \leqslant 0, \end{cases} \quad \alpha > 0, \ \beta > 0, \ \alpha \neq \beta.$$

试分别就以上三种联结方式写出 L 的寿命 Z 的概率密度.

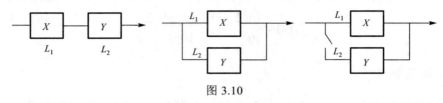

图 3.10

解　(1) 串联的情况.

由于当 L_1, L_2 中有一个损坏时，系统 L 就停止工作，所以 L 的寿命为 $Z = \min(X, Y)$，而 X, Y 的分布函数分别为

$$F_X(x) = \begin{cases} 1 - e^{-\alpha x}, & x > 0, \\ 0, & x \leqslant 0, \end{cases}$$

$$F_Y(y) = \begin{cases} 1 - e^{-\beta y}, & y > 0, \\ 0, & y \leqslant 0. \end{cases}$$

故 Z 的分布函数为

$$F_{\min}(z) = 1 - (1 - F_X(z))(1 - F_Y(z)) = \begin{cases} 1 - e^{-(\alpha+\beta)z}, & z > 0, \\ 0, & z \leqslant 0. \end{cases}$$

于是 Z 的概率密度函数为

$$f_{\min}(z) = \begin{cases} (\alpha + \beta) e^{-(\alpha+\beta)z}, & z > 0, \\ 0, & z \leqslant 0, \end{cases}$$

即 Z 仍服从指数分布.

(2) 并联的情况.

由于当且仅当 L_1, L_2 都损坏时，系统 L 才停止工作，所以这时 L 的寿命为 $Z = \max(X, Y)$，Z 的分布函数为

$$F_{\max}(z) = F_X(z)F_Y(z) = \begin{cases} (1 - e^{-\alpha z})(1 - e^{-\beta z}), & z > 0, \\ 0, & z \leqslant 0. \end{cases}$$

于是 Z 的概率密度函数为

$$f_{\max}(z) = \begin{cases} \alpha e^{-\alpha z} + \beta e^{-\beta z} - (\alpha + \beta) e^{-(\alpha+\beta)z}, & z > 0, \\ 0, & z \leqslant 0. \end{cases}$$

(3) 备用的情况.

由于当系统 L_1 损坏时,系统 L_2 才开始工作,因此整个系统 L 的寿命 Z 是 L_1, L_2 寿命之和,即 $Z = X + Y$,因此

当 $Z \leqslant 0$ 时,$f_Z(z) = 0$;

当 $Z > 0$ 时,

$$f_Z(z) = \int_{-\infty}^{+\infty} f_X(z-y) f_Y(y)\mathrm{d}y = \int_0^z \alpha \mathrm{e}^{-\alpha(z-y)} \beta \mathrm{e}^{-\beta y}\mathrm{d}y$$

$$= \alpha\beta \mathrm{e}^{-\alpha z} \int_0^z \mathrm{e}^{-(\beta-\alpha)y}\mathrm{d}y = \frac{\alpha\beta}{\beta-\alpha}(\mathrm{e}^{-\alpha z} - \mathrm{e}^{-\beta z}),$$

即 Z 的概率密度函数为

$$f_Z(z) = \begin{cases} \dfrac{\alpha\beta}{\beta-\alpha}(\mathrm{e}^{-\alpha z} - \mathrm{e}^{-\beta z}), & z > 0, \\ 0, & z \leqslant 0. \end{cases}$$

3.6　二维随机变量的数字特征

类似于一维随机变量的数字特征,二维随机变量也有数字特征,除了各个分量的期望、方差和标准差以外,还有两个随机变量之间的关联程度,即协方差与相关系数,这是一种反映两个随机变量相依关系的特征数,在实际应用中经常用到.

3.6.1　二维随机变量的数学期望及方差

在第 2 章求一维随机变量函数 $Y = g(X)$ 的数学期望中,应用定理 2.4 即可. 现在求二维随机变量函数 $Z = g(X,Y)$ 的数学期望,下面的定理 3.6 也起着很重要的作用.

定理 3.6　设 (X,Y) 是二维离散型随机变量,$Z = g(X,Y)$ 是连续函数,那么

(1) 若 (X,Y) 是离散型随机变量,其联合概率分布律为

$$P\{X = x_i, Y = y_j\} = p_{ij} \quad (i = 1,2,\dots; j = 1,2,\dots),$$

则有

$$E(Z) = E(g(X,Y)) = \sum_{i=1}^{\infty} \sum_{j=1}^{\infty} g(x_i, y_j) p_{ij}; \tag{3.19}$$

(2) 若 (X,Y) 是连续型随机变量,其联合密度为 $f(x,y)$,则有

$$E(Z) = E(g(X,Y)) = \int_{-\infty}^{+\infty} \int_{-\infty}^{+\infty} g(x,y) f(x,y)\mathrm{d}x\mathrm{d}y. \tag{3.20}$$

这里假设所涉及的数学期望都存在.

在连续场合（离散场合也类似）有：

当 $g(X,Y)=X$ 时，可得 X 的数学期望为

$$E(X) = \int_{-\infty}^{+\infty} \int_{-\infty}^{+\infty} x f(x,y) \mathrm{d}x \mathrm{d}y;$$

当 $g(X,Y)=[X-E(X)]^2$ 时，可得 X 的方差为

$$D(X) = E(X-EX)^2 = \int_{-\infty}^{+\infty} \int_{-\infty}^{+\infty} (x-EX)^2 f(x,y) \mathrm{d}x \mathrm{d}y$$

$$= \int_{-\infty}^{+\infty} (x-EX)^2 f_X(x) \mathrm{d}x.$$

例 3.6.1 请利用例 3.2.1 中数据，对于无放回这种情况，分别求解随机变量 X 的数学期望和方差.

解 由公式和例 3.2.1 中表内数据可得

$$E(X) = \sum_{k=1}^{2} x_k p_k = 1 \times \frac{1}{3} + 2 \times \frac{2}{3} = \frac{5}{3},$$

$$D(X) = \sum_{i=1}^{2} [x_i - E(X)]^2 p_{i\cdot} = \left(1 - \frac{5}{3}\right)^2 \cdot \frac{1}{3} + \left(2 - \frac{5}{3}\right)^2 \cdot \frac{2}{3} = \frac{2}{9}.$$

例 3.6.2 二维随机变量 (X,Y) 的联合概率密度为

$$f(x,y) = \begin{cases} 3x, & 0 < y < x < 1, \\ 0, & \text{其他}, \end{cases}$$

试求 $E(X), E(Y), E(XY)$.

解 利用定理 3.6 可得

$$E(X) = \int_0^1 \int_0^x x \cdot 3x \mathrm{d}y \mathrm{d}x = \int_0^1 3x^3 \mathrm{d}x = \frac{3}{4},$$

$$E(Y) = \int_0^1 \int_0^x y \cdot 3x \mathrm{d}y \mathrm{d}x = \int_0^1 \frac{3}{2} x^3 \mathrm{d}x = \frac{3}{8},$$

$$E(XY) = \int_0^1 \int_0^x xy \cdot 3x \mathrm{d}y \mathrm{d}x = \int_0^1 \frac{3}{2} x^4 \mathrm{d}x = \frac{3}{10}.$$

由此可以得出一般情况下 $E(XY) \neq E(X)E(Y)$.

性质 3.1 （1）设 X,Y 是两个随机变量，则 $E(X+Y) = E(X) + E(Y)$.

（2）设 X,Y 是两个相互独立的随机变量，则 $E(XY) = E(X)E(Y)$.

（3）由性质（1）（2）可推广到任意有限个随机变量之和的情况，即

$$E(k_1 X_1 + k_2 X_2 + \ldots + k_n X_n) = k_1 E(X_1) + k_2 E(X_2) + \ldots + k_n E(X_n).$$

（4）设 (X,Y) 是二维随机变量，则

$$D(X \pm Y) = D(X) + D(Y) \pm 2E\{[X - E(X)][Y - E(Y)]\}.$$

（5）设 X,Y 是两个相互独立的随机变量，则 $D(X \pm Y) = D(X) + D(Y)$.

性质（4）证明

$$
\begin{aligned}
D(X \pm Y) &= E\{[(X - E(X)) \pm (Y - E(Y))]^2\} \\
&= E[X - E(X)]^2 \pm 2E[X - E(X)][Y - E(Y)] + E[Y - E(Y)]^2 \\
&= D(X) + D(Y) \pm 2E\{[X - E(X)][Y - E(Y)]\}.
\end{aligned}
$$

性质（5）证明

$$
\begin{aligned}
&E\{[X - E(X)][Y - E(Y)]\} \\
&= E[XY - E(X)Y - XE(Y) + E(X)E(Y)] \\
&= E(XY) - E(X)E(Y) - E(X)E(Y) + E(X)E(Y) \\
&= E(XY) - E(X)E(Y).
\end{aligned}
$$

由于随机变量 X,Y 相互独立，所以 $E(XY) = E(X)E(X)$，

$$E\{[X - E(X)][Y - E(Y)]\} = 0,$$

所以有

$$D(X \pm Y) = D(X) + D(Y).$$

更进一步，若 $X_1, X_2, \ldots, X_n$ 相互独立，方差都存在，则有

$$D\left(\sum_{i=1}^{n} C_i X_i\right) = \sum_{i=1}^{n} C_i^2 D(X_i).$$

例 3.6.3　设某电路中电流 I 与电阻 R 是两个相互独立的随机变量，其概率密度分别为

$$
f(i) = \begin{cases} 2i, & 0 \leqslant i \leqslant 1, \\ 0, & \text{其他}, \end{cases}
\qquad
g(r) = \begin{cases} \dfrac{r^2}{9}, & 0 \leqslant r \leqslant 3, \\ 0, & \text{其他}, \end{cases}
$$

求该电路电压 $V = IR$ 的数学期望.

解　由于随机变量 I 与 R 相互独立，由数学期望的性质，可得

$$
\begin{aligned}
E(V) &= E(IR) = E(I)E(R) \\
&= \left[\int_{-\infty}^{+\infty} if(i)\,\mathrm{d}i\right] \cdot \left[\int_{-\infty}^{+\infty} rg(r)\,\mathrm{d}r\right] \\
&= \left(\int_0^1 2i^2\,\mathrm{d}i\right) \cdot \left(\int_0^3 \frac{r^3}{9}\,\mathrm{d}r\right)
\end{aligned}
$$

$$= \frac{3}{2}.$$

例 3.6.4　已知随机变量 X_1, X_2, X_3 相互独立，且 $X_1 \sim U(0,6)$，$X_2 \sim N(1,3)$，$X_3 \sim \text{Exp}(3)$，求 $Y = X_1 - 2X_2 + 3X_3$ 的数学期望和方差.

解　由数学期望和方差的运算性质可得

$$E(Y) = E(X_1 - 2X_2 + 3X_3) = 3 - 2 \times 1 + 3 \times \frac{1}{3} = 2,$$

$$D(Y) = D(X_1 - 2X_2 + 3X_3) = \frac{6^2}{12} + 4 \times 3 + 9 \times \frac{1}{9} = 16.$$

将一个随机变量写成几个随机变量的和，然后利用数学期望的性质去进行计算，可以使复杂的计算变得简单.

例 3.6.5　设 $X \sim B(n, p)$，试求 X 的数学期望和方差.

解　二项分布的数学期望和方差可用数学期望和方差的定义计算，但其计算过程较为复杂，在此用另一种简单方法求之. 令 $X_1, X_2, \ldots, X_n$ 相互独立，都服从两点分布 $B(1, p)$，则

$$E(X_i) = p, \quad D(X_i) = p(1-p),$$

且 $X = X_1 + X_2 + \ldots + X_n \sim B(n, p)$，由此得

$$E(X) = E(X_1 + X_2 + \ldots + X_n) = \sum_{i=1}^{n} E(X_i) = np,$$

$$D(X) = D(X_1 + X_2 + \ldots + X_n) = \sum_{i=1}^{n} D(X_i) = np(1-p).$$

3.6.2　协方差与相关系数

对于多维随机变量除了讨论各随机变量的数学期望和方差外，还需要讨论随机变量之间的相互关系. 协方差与相关系数就是反映随机变量之间相互关系的数字特征. 在性质 3.1 中从 (5) 的证明过程可知，若两个随机变量 X 与 Y 相互独立，则有

$$E[(X - E(X))(Y - E(Y))] = 0.$$

当 $E[(X - E(X))(Y - E(Y))] \neq 0$ 时，随机变量 X 与 Y 之间必定存在着一定的关系.

定义 3.8　对于二维随机变量 (X, Y)，若 $[(X - E(X))(Y - E(Y))]$ 的数学期望存在，则称它为随机变量 X 与 Y 的**协方差**，记为 $\text{Cov}(X, Y)$，即

$$\text{Cov}(X, Y) = E[(X - E(X))(Y - E(Y))], \tag{3.21}$$

而称

$$\rho_{XY} = \frac{\text{Cov}(X,Y)}{\sqrt{D(X)}\sqrt{D(Y)}} \qquad (3.22)$$

为随机变量 X 与 Y 的**相关系数**.

由式(3.21)，容易算得

$$\text{Cov}(X,Y) = E(XY) - E(X)E(Y). \qquad (3.23)$$

式(3.23)用于计算随机变量的协方差. 由定义可知

$$D(X) = \text{Cov}(X,X),$$

即随机变量 X 与 X 的协方差就是 X 的方差.

随机变量的协方差具有以下性质.

性质 3.2　设 X，Y 为随机变量，a, b 是常数，则

(1) $\text{Cov}(X, Y) = \text{Cov}(Y, X)$;

(2) $D(X \pm Y) = D(X) + D(Y) \pm 2\text{Cov}(X, Y)$;

(3) $\text{Cov}(aX, bY) = ab\text{Cov}(X, Y)$，$a, b$ 是常数;

(4) $\text{Cov}(X_1 + X_2, Y) = \text{Cov}(X_1, Y) + \text{Cov}(X_2, Y)$.

例 3.6.6　设二维随机变量 (X, Y) 概率密度为

$$f(x,y) = \begin{cases} x + y, & 0 \leqslant x, y \leqslant 1, \\ 0, & \text{其他}, \end{cases}$$

试求 $\text{Cov}(X, Y)$ 及 ρ_{XY}.

解　首先计算 (X, Y) 的边缘概率密度，得

$$f_X(x) = \begin{cases} \displaystyle\int_0^1 (x+y)\mathrm{d}y = x + \frac{1}{2}, & 0 \leqslant x \leqslant 1, \\ 0, & \text{其他}. \end{cases}$$

同样可得

$$f_Y(y) = \begin{cases} y + \frac{1}{2}, & 0 \leqslant y \leqslant 1, \\ 0, & \text{其他}. \end{cases}$$

则

$$E(X) = \int_{-\infty}^{+\infty} x \cdot f_X(x)\mathrm{d}x = \int_0^1 x \cdot \left(x + \frac{1}{2}\right)\mathrm{d}x = \frac{7}{12},$$

$$E(Y) = \int_{-\infty}^{+\infty} y \cdot f_Y(y)\mathrm{d}y = \int_0^1 y \cdot \left(y + \frac{1}{2}\right)\mathrm{d}y = \frac{7}{12},$$

或者可以不求出边缘概率密度，直接计算 $E(X)$ 和 $E(Y)$ 如下：

$$E(X) = \int_{-\infty}^{+\infty} \int_{-\infty}^{+\infty} xf(x,y)\mathrm{d}x\mathrm{d}y = \int_0^1 x\mathrm{d}x \int_0^1 (x+y)\mathrm{d}y = \frac{7}{12},$$

$$E(Y) = \int_{-\infty}^{+\infty} \int_{-\infty}^{+\infty} yf(x,y)\mathrm{d}x\mathrm{d}y = \int_0^1 y\mathrm{d}y \int_0^1 (x+y)\mathrm{d}x = \frac{7}{12},$$

$$E(XY) = \int_{-\infty}^{+\infty} \int_{-\infty}^{+\infty} xyf(x,y)\mathrm{d}x\mathrm{d}y = \int_0^1 y\mathrm{d}y \int_0^1 x(x+y)\mathrm{d}x = \frac{1}{3},$$

所以

$$\mathrm{Cov}(X,Y) = E(XY) - E(X)E(Y) = \frac{1}{3} - \left(\frac{7}{12}\right)^2 = -\frac{1}{144},$$

$$E(X^2) = \int_{-\infty}^{+\infty} \int_{-\infty}^{+\infty} x^2 f(x,y)\mathrm{d}x\mathrm{d}y = \int_0^1 x^2\mathrm{d}x \int_0^1 (x+y)\mathrm{d}y = \frac{5}{12},$$

$$D(X) = E(X^2) - E(X) = \frac{5}{12} - \left(\frac{7}{12}\right)^2 = \frac{11}{144},$$

同理，$D(Y) = \frac{11}{144}$. 故得

$$\rho_{XY} = \frac{\mathrm{Cov}(X,Y)}{\sqrt{D(X)}\sqrt{D(Y)}} = -\frac{1}{11}.$$

例 3.6.7 设二维随机变量 (X,Y) 的联合概率密度为

$$f(x,y) = \begin{cases} 2, & 0 \leqslant x < 1, 0 \leqslant y \leqslant x, \\ 0, & \text{其他}, \end{cases}$$

试求：$\mathrm{Cov}(X,Y)$ 及 ρ_{XY}.

解 由于

$$E(X) = \int_{-\infty}^{+\infty} \int_{-\infty}^{+\infty} xf(x,y)\mathrm{d}x\mathrm{d}y = \int_0^1 x\mathrm{d}x \int_0^x 2\mathrm{d}y = \frac{2}{3},$$

$$E(Y) = \int_{-\infty}^{+\infty} \int_{-\infty}^{+\infty} yf(x,y)\mathrm{d}x\mathrm{d}y = \int_0^1 \mathrm{d}x \int_0^x 2y\mathrm{d}y = \frac{1}{3},$$

$$E(XY) = \int_{-\infty}^{+\infty} \int_{-\infty}^{+\infty} xyf(x,y)\mathrm{d}x\mathrm{d}y = \int_0^1 x\mathrm{d}x \int_0^x 2y\mathrm{d}y = \frac{1}{4},$$

故

$$\mathrm{Cov}(X,Y) = E(XY) - E(X)E(Y) = \frac{1}{4} - \frac{2}{3} \times \frac{1}{3} = \frac{1}{36}.$$

又因为

$$D(X) = E(X^2) - [E(X)]^2 = \int_0^1 \left(\int_0^x 2x^2 \mathrm{d}y \right) \mathrm{d}x - \left(\frac{2}{3} \right)^2 = \frac{1}{2} - \frac{4}{9} = \frac{1}{18} ,$$

$$D(Y) = E(Y^2) - [E(Y)]^2 = \int_0^1 \left(\int_0^x 2y^2 \mathrm{d}y \right) \mathrm{d}x - \left(\frac{1}{3} \right)^2 = \frac{1}{6} - \frac{1}{9} = \frac{1}{18} ,$$

故

$$\rho_{XY} = \frac{\mathrm{Cov}(X,Y)}{\sqrt{D(X)}\sqrt{D(Y)}} = \frac{\dfrac{1}{36}}{\sqrt{\dfrac{1}{18}}\sqrt{\dfrac{1}{18}}} = \frac{1}{2} .$$

随机变量的相关系数具有以下性质.

性质 3.3　设随机变量 X 与 Y 的相关系数为 ρ_{XY}, a, b 是常数, $a \neq 0$, 则

(1) $|\rho_{XY}| \leqslant 1$;

(2) $|\rho_{XY}| = 1$ 的充分必要条件是存在常数 $a \neq 0$, b 使得 $P\{Y = aX + b\} = 1$.

相关系数 ρ_{XY} 刻画了随机变量 X 与 Y 之间的线性相关程度. 若 $|\rho_{XY}|$ 越大, 线性相关程度就越大; $|\rho_{XY}|$ 越小, 相关程度越小. 当 $|\rho_{XY}| = 1$ 时, X 与 Y 存在完全的线性关系; 当 $\rho_{XY} = 0$ 时, X 与 Y 之间无线性相关关系.

定义 3.9　若随机变量 X 与 Y 的相关系数 $\rho_{XY} = 0$, 则称 X 与 Y 不相关.

若 X 与 Y 相互独立, 且 $D(X), D(Y)$ 存在, 则有 $\mathrm{Cov}(X, Y) = \rho_{XY} = 0$; 反正, 若 X 与 Y 不相关, 但 X 与 Y 不一定相互独立.

例 3.6.8　设随机变量 $X \sim U[0, 2\pi]$, $Y = \cos X$, $Z = \cos\left(X + \dfrac{\pi}{2} \right)$, 试证: 随机变量 Y 与 Z 不相关, 但也不相互独立.

证　由于

$$E(Y) = \int_{-\infty}^{+\infty} y f_X(x) \mathrm{d}x = \frac{1}{2\pi} \int_0^{2\pi} \cos x \, \mathrm{d}x = 0 ,$$

$$E(Z) = \int_{-\infty}^{+\infty} z f_X(x) \mathrm{d}x = \frac{1}{2\pi} \int_0^{2\pi} \cos\left(x + \frac{\pi}{2} \right) \mathrm{d}x = 0 ,$$

$$\mathrm{Cov}(Y, Z) = E(YZ) - E(Y)E(Z) = \int_{-\infty}^{+\infty} yz f_X(x) \mathrm{d}x$$

$$= \frac{1}{2\pi} \int_0^{2\pi} \cos x \cos\left(x + \frac{\pi}{2} \right) \mathrm{d}x = 0,$$

$$D(Y) = E(Y^2) - (E(Y))^2 = \int_{-\infty}^{+\infty} y^2 f_X(x) \mathrm{d}x = \frac{1}{2\pi} \int_0^{2\pi} \cos^2 x \, \mathrm{d}x = \frac{1}{2} ,$$

$$D(Z) = E(Z^2) - (E(Z))^2 = \int_{-\infty}^{+\infty} z^2 f_X(x)\mathrm{d}x = \frac{1}{2\pi}\int_0^{2\pi}\cos^2\left(x + \frac{\pi}{2}\right)\mathrm{d}x = \frac{1}{2},$$

得到

$$\rho_{XY} = \frac{\mathrm{Cov}(X,Y)}{\sqrt{D(X)}\sqrt{D(Y)}} = 0.$$

即随机变量 Y 与 Z 不相关，但显然它们之间满足下面的关系

$$Y^2 + Z^2 = \cos^2 X + \cos^2\left(X + \frac{\pi}{2}\right) = 1,$$

所以随机变量 X 与 Y 不是相互独立的.

例 3.6.9　二维随机变量 $(X, Y) \sim N(0, 1;\ 0, 1;\ \rho)$，试求 ρ_{XY}.

解　因 $X \sim N(0, 1)$，$Y \sim N(0, 1)$，故 $E(X) = E(Y) = 0, D(X) = D(Y) = 1$，则

$$\rho_{XY} = \frac{E(XY) - E(X)E(Y)}{\sqrt{D(X)}\sqrt{D(Y)}} = E(XY)$$

$$= \int_{-\infty}^{+\infty}\int_{-\infty}^{+\infty}\frac{xy}{2\pi\sqrt{1-\rho^2}}\exp\left\{-\frac{x^2 - 2\rho xy + y^2}{2(1-\rho^2)}\right\}\mathrm{d}x\mathrm{d}y$$

$$= \int_{-\infty}^{+\infty}\frac{x}{\sqrt{2\pi}}\mathrm{e}^{-\frac{x^2}{2}}\left\{\int_{-\infty}^{+\infty}\frac{y}{\sqrt{2\pi}\sqrt{1-\rho^2}}\exp\left[\frac{-(y-\rho x)^2}{2(1-\rho^2)}\right]\mathrm{d}y\right\}\mathrm{d}x$$

$$= \int_{-\infty}^{+\infty}\frac{x}{\sqrt{2\pi}}\mathrm{e}^{-\frac{x^2}{2}}\left[\int_{-\infty}^{+\infty}\frac{t\sqrt{1-\rho^2} + \rho x}{\sqrt{2\pi}}\mathrm{e}^{-\frac{t^2}{2}}\mathrm{d}t\right]\mathrm{d}x \quad \left(\text{其中}t = \frac{y-\rho x}{\sqrt{1-\rho^2}}\right)$$

$$= \int_{-\infty}^{+\infty}\frac{\rho x^2}{\sqrt{2\pi}}\mathrm{e}^{-\frac{x^2}{2}}\mathrm{d}x = -\frac{\rho}{\sqrt{2\pi}}\int_{-\infty}^{+\infty}x\mathrm{d}\mathrm{e}^{-\frac{x^2}{2}} = \rho.$$

若 $(X, Y) \sim N(\mu_1, \sigma_1^2;\ \mu_2, \sigma_2^2;\ \rho)$，类似可得 $\rho_{XY} = \rho$.

在例 3.4.4 中已经证明，二维正态随机变量相互独立的充分必要条件是 $\rho = 0$，即它们相互独立等价于它们不相关.

习　题　3

1. 将两个元件并联组成一个电子部件，两个元件的寿命分别为 X 与 Y（单位：小时），已知 (X, Y) 的联合分布函数为

$$F(x,y) = \begin{cases} 1 - \mathrm{e}^{-0.01x} - \mathrm{e}^{-0.01y} + \mathrm{e}^{-0.01(x+y)}, & x \geqslant 0, y \geqslant 0, \\ 0, & \text{其他}. \end{cases}$$

试求：(1) 关于 X, Y 的边缘分布函数；(2) 此电子部件正常工作 120 小时以上的概率.

2. 盒子里装有 3 个黑球，2 个红球，2 个白球，在其中任取 4 个球. 以 X 表示取到黑球的个数，以 Y 表示取到红球的个数. 求 X 和 Y 的联合分布律.

3. 将三封信投入 3 个编号为 1, 2, 3 的信箱，用 X, Y 分别表示投入第 1, 2 号信箱信的数目. 求 (X, Y) 的联合分布律和关于 X, Y 的边缘分布律；并判断 X, Y 是否相互独立.

4. 设随机变量 $Z \sim U(-2, 2)$，令 $X = \begin{cases} -1, & Z \leqslant -1, \\ 1, & Z > -1, \end{cases}$ $Y = \begin{cases} -1, & Z \leqslant 1, \\ 1, & Z > 1, \end{cases}$ 求二维随机变量 (X, Y) 的联合分布律.

5. 随机变量 (X, Y) 的联合概率密度是

$$f(x, y) = \begin{cases} C(x^2 + y), & 0 \leqslant y \leqslant 1 - x^2, \\ 0, & \text{其他.} \end{cases}$$

试求：(1) 常数 C；(2) $P\left\{0 < X \leqslant \dfrac{1}{2}\right\}$；(3) $P\{X = Y^2\}$.

6. 设二维随机变量 (X, Y) 的联合概率密度为

$$f(x, y) = \begin{cases} Cx^2 y, & x^2 \leqslant y \leqslant 1, \\ 0, & \text{其他.} \end{cases}$$

试求：(1) 常数 C；(2) X 的边缘概率密度 $f_X(x)$；(3) $P\{X \geqslant Y\}$.

7. 设二维随机变量 (X, Y) 的联合概率密度为

$$f(x, y) = \begin{cases} 12e^{-3x-4y}, & x > 0, y > 0, \\ 0, & \text{其他.} \end{cases}$$

试求：(1) (X, Y) 的联合分布函数 $F(x, y)$；(2) $P\{0 < X \leqslant 1, 0 < Y \leqslant 2\}$.

8. 设二元函数为

$$f(x, y) = \begin{cases} \sin x \cos y, & 0 \leqslant x \leqslant \pi, C \leqslant y \leqslant \dfrac{\pi}{2}, \\ 0, & \text{其他.} \end{cases}$$

问 C 取何值时，$f(x, y)$ 是二维随机变量的概率密度？

9. 两人约定在下午 1:00 到 2:00 之间的任何时刻到达某车站乘公共汽车，并且分别独立到达车站. 这段时间内有 4 班公共汽车，它们的开车时间分别为 1:15, 1:30, 1:45, 2:00, 如果他们约定：(1) 见车就上；(2) 最多等一辆车. 求在两种情形下他们同乘一辆车的概率分别是多少？

10. 设随机变量 X 与 Y 相互独立，X 在 $(0, 1)$ 上服从均匀分布，Y 的概率密度为

$$f_Y(y) = \begin{cases} \dfrac{1}{2}e^{-\frac{y}{2}}, & y > 0, \\ 0, & \text{其他.} \end{cases}$$

(1)求 X 和 Y 的联合概率密度;

(2)设含有 a 的二次方程 $a^2 + 2Xa + Y^2 = 0$,试求 a 有实根的概率.

11. 设二维随机变量 (X, Y) 的联合分布律为

X \ Y	-1	$\dfrac{1}{2}$	1
0	$\dfrac{1}{12}$	$\dfrac{1}{4}$	$\dfrac{1}{6}$
1	$\dfrac{1}{12}$	a	$\dfrac{1}{24}$
2	$\dfrac{1}{24}$	$\dfrac{1}{12}$	$\dfrac{1}{12}$

求:(1)常数 a;(2)X 和 Y 的边缘分布律;(3)X 和 Y 是否独立?

12. 甲乙两人独立地各进行两次射击,假设甲的命中率为 $\dfrac{1}{5}$,乙的命中率为 $\dfrac{1}{2}$,以 X 和 Y 分别表示甲和乙的命中次数,求 $P\{X \le Y\}$.

13. 设二维随机变量 (X, Y) 的联合概率密度为

$$f(x,y) = \begin{cases} xe^{-(x+y)}, & x > 0, y > 0, \\ 0, & \text{其他}. \end{cases}$$

问 X 与 Y 是否相互独立.

14. 设二维随机变量 (X, Y) 的联合概率密度为

$$f(x,y) = \begin{cases} 3x, & 0 < x < 1, 0 < y < x, \\ 0, & \text{其他}. \end{cases}$$

问 X 与 Y 是否相互独立?

15. 设随机变量 X 与 Y 相互独立,$X \sim U(0, 2)$,$Y \sim \text{Exp}(1)$,试求:

(1)$P\{-1 < X < 1, 0 < Y < 2\}$;

(2)$P\{X + Y < 1\}$.

16. 设二维随机变量 (X, Y) 的联合分布律为

X \ Y	1	2	3
1	$\dfrac{1}{4}$	$\dfrac{1}{4}$	$\dfrac{1}{8}$
2	$\dfrac{1}{8}$	0	0
3	$\dfrac{1}{8}$	$\dfrac{1}{8}$	0

试求 $X + Y, X - Y, 2X, XY$ 的分布律.

17. 设 X 和 Y 是两个相互独立的随机变量，其概率密度分别为

$$f_X(x) = \begin{cases} 1, & 0 \leqslant x < 1, \\ 0, & 其他, \end{cases} \qquad f_Y(y) = \begin{cases} \mathrm{e}^{-y}, & y > 0, \\ 0, & 其他. \end{cases}$$

求随机变量 $Z = X + Y$ 的概率密度.

18. 对某种电子装置的输出测量了 5 次，得到的观察值为 X_1，X_2，X_3，X_4，X_5，设它们是相互独立的装置，且都服从同一分布

$$F(z) = \begin{cases} 1 - \mathrm{e}^{-\frac{z^2}{8}}, & z > 0, \\ 0, & 其他. \end{cases}$$

试求：$Z = \max(X_1, X_2, X_3, X_4, X_5) > 4$ 的概率.

19. 设二维随机变量 (X, Y) 的联合概率密度为

$$f(x, y) = \begin{cases} 2(x + y), & 0 \leqslant x \leqslant y \leqslant 1, \\ 0, & 其他. \end{cases}$$

求随机变量 $Z = X + Y$ 的概率密度.

20. 设二维随机变量 (X, Y) 的联合概率密度为

$$f(x, y) = \begin{cases} 12y^2, & 0 \leqslant y \leqslant x \leqslant 1, \\ 0, & 其他. \end{cases}$$

试求 $E(X)$，$E(Y)$，$E(XY)$ 和 $E(X^2 + Y^2)$.

21. 设随机变量 X 和 Y 相互独立，其概率密度分别为

$$f(x) = \begin{cases} \dfrac{1}{3}\mathrm{e}^{-\frac{x}{3}}, & x > 0, \\ 0, & x \leqslant 0, \end{cases} \qquad f(y) = \begin{cases} 2y, & 0 \leqslant y \leqslant 1, \\ 0, & 其他, \end{cases}$$

试求 $E(XY)$ 和 $E(X + Y)$.

22. 设二维随机变量 (X, Y) 的概率密度函数为

$$f(x, y) = \begin{cases} cxy, & 0 \leqslant x \leqslant 1, 0 \leqslant y \leqslant x, \\ 0, & 其他. \end{cases}$$

求常数 c，$\mathrm{Cov}(X, Y)$ 和 ρ_{XY}.

23. 设二维随机变量 (X, Y) 的联合分布律为

Y＼X	−1	0	1
1	0.2	0.1	0.1
2	0.1	0.0	0.1
3	0.2	0.1	0.1

试求 X 和 Y 的相关系数.

24. 设随机变量 X_1, X_2 相互独立，且 $X_1 \sim N(\mu, \sigma_2)$，$X_2 \sim N(\mu, \sigma_2)$. 令 $X = X_1 + X_2$，$Y = X_1 - X_2$，求 $D(X)$，$D(Y)$ 及 ρ_{XY}.

25. 设随机变量 X，Y 满足 $D(X) = 25$，$D(Y) = 36$，且 $\rho_{XY} = 0.4$，求 $\mathrm{Cov}(X, Y)$，$D(X + Y)$，$D(X - Y)$.

26. 设二维随机变量 $(X, Y) \sim N\left(1, 3^2; 0, 4^2; -\dfrac{1}{2}\right)$，设 $Z = \dfrac{X}{3} + \dfrac{Y}{2}$，求

(1) Z 的数学期望和方差；

(2) X 与 Z 的相关系数；

(3) 问 X 与 Z 是否相互独立.

27. 设二维随机变量 (X, Y) 的联合概率密度为

$$f(x, y) = \begin{cases} 1, & 0 \leq x \leq 1, \ |y| \leq x, \\ 0, & 其他. \end{cases}$$

证明 X 与 Y 不相关.

第4章 大数定律及中心极限定理

极限定理是概率论的基本理论，在理论研究和实际应用中都起着重要的作用．本章主要介绍两类极限定理：大数定律和中心极限定理．大数定律研究相同条件下，大量重复试验中频率的稳定性；中心极限定理研究大量彼此不相干的随机因素共同作用时，其总的影响近似服从正态分布的现象．这两类极限定理在概率论的研究中占有重要地位．自 18 世纪初瑞士数学家雅各布·伯努利开始研究大数定律以来，已有许多数学工作者相继地研究了概率论中的极限问题，得出许多重要的极限定理．

4.1 切比雪夫不等式

随机变量 X 的期望 $E(X)$ 和方差 $D(X)$ 分别反映了 X 取值的平均值及离散程度．那么，当 $E(X)$ 和 $D(X)$ 都已知时，如何用方差 $D(X)$ 来估计 X 取值对期望 $E(X)$ 的离散程度呢？切比雪夫不等式回答了这个问题．

定理 4.1（切比雪夫不等式） 设随机变量 X 的数学期望为 $E(X)$，方差为 $D(X)$，则对任意给定的 $\varepsilon > 0$，都有

$$P\{|X - E(X)| \geq \varepsilon\} \leq \frac{D(X)}{\varepsilon^2} \tag{4.1}$$

或

$$P\{|X - E(X)| < \varepsilon\} \geq 1 - \frac{D(X)}{\varepsilon^2}. \tag{4.2}$$

当随机变量 X 的期望 $E(X)$ 和方差 $D(X)$ 都已知时，由切比雪夫不等式可以估计出随机变量 X 取值落在区间 $(E(X) - \varepsilon, E(X) + \varepsilon)$ 内的概率不小于 $1 - \frac{D(X)}{\varepsilon^2}$．因此，$D(X)$ 越大，则 X 落在区间 $(E(X) - \varepsilon, E(X) + \varepsilon)$ 内的概率越小，即 X 在 $E(X)$ 附近的密集程度越低，所以切比雪夫不等式是指如果一个随机变量的方差非常小，那么，该随机变量的取值远离均值的概率也非常小．如图 4.1 所示．

例 4.1.1 工厂在一小时内生产品的件数为随机变量，假定已知产量期望值为 50，每小时产量的方差为 25，那么一小时内产量在 40 到 60 之间的概率有多大？

解 记 X 为一小时的产量，利用切比雪夫不等式可得

$$P\{|X - 50| < 10\} > 1 - \frac{1}{4} = \frac{3}{4},$$

故一小时内产量在 40 到 60 之间的概率至少为 0.75.

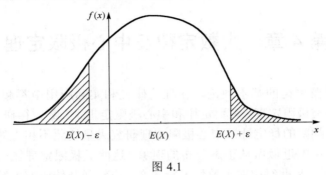

图 4.1

由于切比雪夫不等式适用于所有的分布，因此，不能指望所得的概率的界与真实的概率很接近. 看下面一个例子.

例 4.1.2　设 X 为 $(0, 10)$ 上的均匀分布，已知 $E(X) = 5$，$D(X) = \dfrac{25}{3}$，利用切比雪夫不等式可得

$$P\{|X - 5| \geqslant 4\} \leqslant \frac{25}{3 \times 16} \approx 0.52,$$

而实际上，这个概率为

$$P\{|X - 5| \geqslant 4\} = 0.2.$$

由上式看出，我们只能利用切比雪夫不等式找到概率的界，但不能用来估计概率值本身. 切比雪夫不等式的主要用途是证明理论结果，最重要的是证明大数定律.

4.2　大 数 定 律

第 1 章已经介绍了事件发生的频率具有稳定性，即随着试验次数的增加，事件发生的频率逐渐稳定于某个常数. 在实践中人们还认识到大量测量值的算术平均值也具有稳定性，即平均结果的稳定性. 这就表明，大量随机现象的平均结果实际上不受随机现象个别结果的影响，并且几乎不再是随机的，而是确定的规律了. 大数定律正是以严格的数学形式表达并证明了这种规律性，即在一定条件下大量重复出现的随机现象的统计规律性，如频率的稳定性、平均结果的稳定性等.

定义 4.1　设 $X_1, X_2, \cdots, X_n, \cdots$ 是随机变量序列，a 是一个常数. 如果对任意给定的正数 ε，有

$$\lim_{n \to \infty} P\{|X_n - a| < \varepsilon\} = 1 \tag{4.3}$$

或等价地

$$\lim_{n\to\infty} P\{|X_n - a| \geq \varepsilon\} = 0, \tag{4.4}$$

则称随机变量序列 $X_1, X_2, \cdots, X_n, \cdots$ **依概率收敛于** a，记为 $X_n \xrightarrow{P} a$ 或记为 $\lim_{n\to\infty} X_n = a(P)$.

注意，随机变量序列依概率收敛的意义不同于微积分学中的数列的收敛意义. 这里对于给定的正数 ε，无论 N 多大，当 $n > N$ 时，X_n 和 a 的偏差仍可能达到或超过 ε，只不过当 n 很大时，出现较大偏差的可能性很小，换言之，在 n 很大时，我们有很大的把握(并非百分之百)断言 X_n 很接近 a.

定义 4.2　设随机变量序列 $X_1, X_2, \cdots, X_n, \cdots$，每个变量的数学期望 $E(X_k)$ 存在 ($k = 1, 2, \cdots$)，令 $\bar{X}_n = \dfrac{1}{n}\sum_{k=1}^{n} X_k$，若对于任意给定正数 $\varepsilon > 0$，有

$$\lim_{n\to\infty} P\{|\bar{X}_n - E(\bar{X}_n)| < \varepsilon\} = 1 \tag{4.5}$$

或

$$\lim_{n\to\infty} P\{|\bar{X}_n - E(\bar{X}_n)| \geq \varepsilon\} = 0, \tag{4.6}$$

则称 $\{X_n\}$ 服从大数定律.

可见，大数定律表明平均结果 $\bar{X}_n = \dfrac{1}{n}\sum_{k=1}^{n} X_k$ 具有渐近稳定性，是依概率收敛于其数学期望的. 单个随机现象的行为(如某 X_k 的变化)对大量随机现象共同产生的总平均效果 $E(\bar{X}_n)$ 几乎不发生影响，即尽管某个随机现象的具体表现不可避免地引起随机偏差，然而在大量随机现象共同作用时，这些随机偏差相互抵消，致使总平均结果趋于稳定. 例如称重一个质量为 μ 的物品，以 $X_1, X_2, \cdots, X_n$ 表示 n 次重复测量结果，当 n 充分大时，其平均值 $\bar{X} = \dfrac{1}{n}\sum_{k=1}^{n} X_k$ 与 μ 的偏差是很小的，且一般 n 越大，这种偏差越小.

定理 4.2(伯努利大数定律)　设 n_A 是 n 次独立重复试验中事件 A 发生的次数，p 是事件 A 在每次试验中发生的概率，则对于任意正数 $\varepsilon > 0$，有

$$\lim_{n\to\infty} P\left\{\left|\frac{n_A}{n} - p\right| < \varepsilon\right\} = 1 \tag{4.7}$$

或

$$\lim_{n\to\infty} P\left\{\left|\frac{n_A}{n} - p\right| \geq \varepsilon\right\} = 0. \tag{4.8}$$

证　设随机变量

$$X_k = \begin{cases} 0, & \text{若在第}k\text{次试验中}A\text{不发生,} \\ 1, & \text{若在第}k\text{次试验中}A\text{发生,} \end{cases} \quad k = 1, 2, \cdots, n.$$

显然

$$n_A = X_1 + X_2 + \ldots + X_n = \sum_{k=1}^{n} X_k = n\overline{X}_n.$$

由于 X_k 只依赖于第 k 次试验，而各次试验是相互独立的，于是 $X_1, X_2, \cdots, X_n$ 相互独立且同服从 0-1 分布，故有

$$E(X_k) = p, \quad D(X_k) = p(1-p), \quad k = 1, 2, \cdots, n,$$

由 (4.3) 可得

$$\lim_{n \to \infty} P\left\{ \left| \frac{1}{n} \sum_{i=1}^{n} X_i - P \right| < \varepsilon \right\} = 1,$$

即

$$\lim_{n \to \infty} P\left\{ \left| \frac{n_A}{n} - p \right| \geqslant \varepsilon \right\} = 0.$$

伯努利大数定律说明随机事件的频率是依概率收敛于事件发生的概率. 当 n 无限增大时，事件发生的频率 $\dfrac{n_A}{n}$ 几乎是等于事件发生的概率 p. 伯努利大数定律以严格的数学形式表述了频率的稳定性. 当 n 很大时，事件发生的频率与概率有较大的偏差的可能性很小. 在实际应用中，当试验次数很大时，便可以用事件发生的频率来代替事件的概率.

具有 0-1 分布的相互独立随机变量序列服从大数定律，若去掉条件中同为 0-1 分布，仅代之以相同的期望与方差，则依然有大数定律成立.

定理 4.3（切比雪夫大数定律的特殊情形）　设 $X_1, X_2, \cdots, X_n, \cdots$ 相互独立，且具有相同的数学期望和方差：$E(X_k) = \mu, D(X_k) = \sigma^2 (k = 1, 2, \cdots)$，则对任意正数 $\varepsilon > 0$，有

$$\lim_{n \to \infty} p\left\{ \left| \overline{X}_n - \mu \right| < \varepsilon \right\} = 1. \tag{4.9}$$

证明略.

此定理表明，当 n 很大时，随机变量 $X_1, X_2, \cdots, X_n$ 的平均值 $\overline{X}_n = \dfrac{1}{n} \sum_{k=1}^{n} X_k$ 是依概率收敛于 $E(X_k) = \mu$ 的. 即是说 n 个随机变量的算术平均，在 n 无限增加时将接近于一个常数.

定理 4.3 中要求随机变量 $X_1, X_2, \cdots, X_n, \cdots$ 的方差存在，但若这些变量服从同一

分布，则不需要这一要求了.

定理 4.4（辛钦大数定律）　设随机变量 $X_1, X_2, \cdots, X_n, \cdots$ 相互独立，服从同一分布，且具有数学期望 $E(X_k) = \mu (k = 1, 2, \cdots)$，则对于任意正数 ε 有

$$\lim_{n \to \infty} P\left\{\left|\overline{X}_n - \mu\right| < \varepsilon\right\} = 1. \tag{4.10}$$

根据大数定律的定义可知：$X_1, X_2, \cdots, X_n, \cdots$ 的数学期望 $E(X_k) = \mu (i = 1, 2, \cdots)$ 存在，是服从大数定律的必要条件.

定理 4.4 表明，独立同分布的随机变量序列 $X_1, X_2, \cdots, X_n, \cdots$ 的算术平均在 n 充分大时具有稳定性. 这就是工程应用中往往用大量测量值的算术平均值作为精确值的估计的理论依据.

例 4.2.1　设随机变量 $X_1, X_2, \cdots, X_n, \cdots$ 相互独立，同服从泊松分布 $P(\lambda)$，试问当 n 很大时，可用何值估计 λ.

解　因为 $X_k \sim P(\lambda)\,(k = 1, 2, \cdots, n, \cdots)$，所以 $E(X_k) = \lambda$. 由辛钦大数定理知

$$\overline{X}_n = \frac{1}{n}\sum_{k=1}^{n} X_k \xrightarrow{\ P\ } \lambda,$$

即 $\overline{X}_n = \dfrac{1}{n}\sum_{k=1}^{n} X_k$ 依概率收敛于 λ. 当 n 很大时可用 $\overline{X}_n$ 代替 λ. 例如，若有 $X_1, X_2, \cdots, X_n$ 的一组观察值 $x_1, x_2, \cdots, x_n$，则

$$\lambda \approx \overline{x} = \frac{1}{n}\sum_{k=1}^{n} x_k.$$

4.3　中心极限定理

自从高斯指出测量误差服从正态分布之后，人们发现，正态分布在自然界中极为常见. 例如，成年人的身高、体重等服从正态分布；一个地区考生的高考分数服从正态分布；炮弹发射试验中弹落点到目标的距离服从正态分布. 观察表明，大量相互独立的随机因素的总量通常都服从或近似服从正态分布，其中每个因素在总的影响中所起的作用并不显著.

中心极限定理正是讨论相互独立随机变量的和的分布函数收敛于正态分布函数的条件.

考虑相互独立的随机变量序列 $X_1, X_2, \cdots, X_n, \cdots$，并假定它们的数学期望和方差均存在，则对它们的前 n 项和

$$\sum_{i=1}^{n} X_i = X_1 + X_2 + \ldots + X_n,$$

有

$$E\left(\sum_{i=1}^{n} X_i\right) = \sum_{i=1}^{n} E(X_i), \quad D\left(\sum_{i=1}^{n} X_i\right) = \sum_{i=1}^{n} D(X_i) > 0.$$

将 $\sum_{i=1}^{n} X_i$ 标准化，令 $Z_n = \dfrac{\displaystyle\sum_{i=1}^{n} X_i - \sum_{i=1}^{n} E(X_i)}{\sqrt{\displaystyle\sum_{i=1}^{n} D(X_i)}}$ ，则有 $E(Z_n) = 0$，$D(Z_n) = 1$.

定义 4.3　设相互独立的随机变量序列 $X_1, X_2, \cdots, X_n, \cdots$，其前 n 项和 $Y_n = \sum_{k=1}^{n} X_k$ ，如果

$$\lim_{n\to\infty} P\{Z_n \leqslant x\} = \lim_{n\to\infty} P\left\{\frac{Y_n - E(Y_n)}{\sqrt{D(Y_n)}} \leqslant x\right\} = \int_{-\infty}^{x} \frac{1}{\sqrt{2\pi}} \mathrm{e}^{-\frac{t^2}{2}} \mathrm{d}t = \Phi(x), \tag{4.11}$$

则称随机变量序列 $X_1, X_2, \cdots, X_n, \cdots$ 服从中心极限定理.

首先，由棣莫弗在研究伯努利试验时发现了历史上第一个中心极限定理.

定理 4.5（棣莫弗-拉普拉斯定理）　设随机变量序列 $Y_n (n = 1, 2, \cdots)$ 服从参数为 n, p 的二项分布 $B(n, p)\,(0 < p < 1)$，则对于任意的 x，恒有

$$\lim_{n\to\infty} P\left\{\frac{Y_n - np}{\sqrt{np(1-p)}} \leqslant x\right\} = \Phi(x). \tag{4.12}$$

证　Y_n 可以看成 n 个相互独立，服从 0-1 分布的随机变量 $X_1, X_2, \cdots, X_n$ 之和，即 $Y_n = \sum_{k=1}^{n} X_k$，其中 X_k 的分布律为

$$P\{X_k = i\} = p^i (1-p)^{1-i}, \quad i = 0, 1, \quad k = 1, 2, \cdots, n.$$

由于 $E(X_k) = p, D(X_k) = p(1-p)$，则

$$E(Y_n) = E\left(\sum_{k=1}^{n} X_k\right) = \sum_{k=1}^{n} E(X_k) = np,$$

$$D(Y_n) = D\left(\sum_{k=1}^{n} X_k\right) = \sum_{k=1}^{n} D(X_k) = np(1-p).$$

故有

$$\lim_{n\to\infty} P\left\{\frac{Y_n - E(Y_n)}{\sqrt{D(Y_n)}} \leqslant x\right\} = \lim_{n\to\infty} P\left\{\frac{Y_n - np}{\sqrt{np(1-p)}} \leqslant x\right\} = \Phi(x).$$

上式说明，当 $n \to \infty$ 时，二项分布的极限分布为正态分布. 应用时，只要 n 比较大，二项分布 $B(n, p)$ 的分布函数就可用正态分布 $N(np, np(1-p))$ 的分布函数来近似代替，即当 n 较大时，对任意的 x，有

$$P\left\{\frac{Y_n - np}{\sqrt{np(1-p)}} \leqslant x\right\} \approx \Phi(x). \tag{4.13}$$

一般地，对任意的 a, b，有概率近似计算公式

$$P\{a < Y_n \leqslant b\} \approx \Phi\left(\frac{b-np}{\sqrt{np(1-p)}}\right) - \Phi\left(\frac{a-np}{\sqrt{np(1-p)}}\right). \tag{4.14}$$

例 4.3.1　某个单位有 200 台电话机，每台电话大约有 5% 的时间使用外线电话，各台电话是否使用外线是相互独立的，问该单位总机至少需要安装多少条外线，才能以 90% 以上的概率保证每台电话使用外线时不被占线.

解　设 Y 表示 200 台电话机中同时使用外线的电话机总数，则 $Y \sim B(200, 0.05)$，其中 $n = 200$，$p = 0.05$，计算得 $np = 10$，$np(1-p) = 9.5$.

设外线条数为 m，由公式 (4.14) 得

$$P\{0 \leqslant Y \leqslant m\} = P\left\{\frac{0-10}{\sqrt{9.5}} \leqslant \frac{Y-10}{\sqrt{9.5}} \leqslant \frac{m-10}{\sqrt{9.5}}\right\}$$

$$\approx \Phi\left(\frac{m-10}{\sqrt{9.5}}\right) - \Phi\left(\frac{-10}{\sqrt{9.5}}\right)$$

$$\approx \Phi\left(\frac{m-10}{\sqrt{9.5}}\right) - 0 = \Phi\left(\frac{m-10}{\sqrt{9.5}}\right),$$

由题意需求一个最小的整数 m，使

$$P\{0 \leqslant Y \leqslant m\} \geqslant 0.9 \quad \text{或} \quad \Phi\left(\frac{m-10}{\sqrt{9.5}}\right) \geqslant 0.9,$$

查表得 $\Phi(1.30) = 0.9032$，应使 $\dfrac{m-10}{\sqrt{9.5}} \geqslant 1.30$，解出 $m \geqslant 14$.

所以至少配置 14 条外线，就能以 90% 以上的概率保证每台电话机使用外线时不被占线.

例 4.3.2　一船舶在某海区航行，已知每遭受一次波浪的冲击，纵摇角大于 $3°$ 的概率 $p = \dfrac{1}{3}$，若船舶遭受了 90000 次波浪冲击，问其中有 29500～30500 次纵摇角度大于 $3°$ 的概率是多少？

解　将船舶每遭受一次波浪冲击看成是一次试验，并假定各次试验是独立的，在 90000 次波浪冲击中纵摇角度大于 $3°$ 的次数记为 X，则 X 是一个随机变量，且

有 $X \sim B\left(90000, \dfrac{1}{3}\right)$，$E(X) = 30000$，$D(X) = 20000$.

$$P\{29500 < X \leqslant 30500\} \approx \Phi\left(\frac{30500-30000}{\sqrt{20000}}\right) - \Phi\left(\frac{29500-30000}{\sqrt{20000}}\right)$$

$$= \Phi\left(\frac{5}{\sqrt{2}}\right) - \Phi\left(-\frac{5}{\sqrt{2}}\right) = 2\Phi\left(\frac{5\sqrt{2}}{2}\right) - 1 = 0.9995.$$

实际上，只要随机变量列 $X_1, X_2, \cdots, X_n, \cdots$ 相互独立且服从同一分布（不必只为 0-1 分布），也可证明中心极限定理成立.

定理 4.6（独立同分布中心极限定理）　设 $X_1, X_2, \cdots, X_n, \cdots$ 相互独立，且服从同一分布，具有数学期望及方差，$E(X_k) = \mu, D(X_k) = \sigma^2 \neq 0 (k = 1, 2, \cdots)$，则随机变量 $Y_n = \displaystyle\sum_{k=1}^{n} X_k$ 近似服从正态分布 $N(n\mu, n\sigma^2)$，即对于任意的 x，有

$$\lim_{n\to\infty} P\left\{\frac{Y_n - n\mu}{\sqrt{n}\sigma} \leqslant x\right\} = \Phi(x). \tag{4.15}$$

证明略.

此定理的结果说明 $Z_n = \dfrac{Y_n - n\mu}{\sqrt{n}\sigma}$ 的极限分布是标准正态分布，因此当 n 很大时，可以认为 $Z_n \overset{近似}{\sim} N(0,1)$，从而

$$Y_n = \sum_{i=1}^{n} X_i = \sqrt{n}\sigma Z_n + n\mu$$

近似服从 $N(n\mu, n\sigma^2)$，则 $\overline{X} = \dfrac{Y_n}{n} = \dfrac{1}{n}\displaystyle\sum_{i=1}^{n} X_i$ 近似服从 $N\left(\mu, \dfrac{\sigma^2}{n}\right)$. 当 n 充分大时，由定理 4.6 可得概率近似计算公式

$$P\left\{x_1 < \sum_{i=1}^{n} X_i \leqslant x_2\right\} = P\left\{\frac{x_1 - n\mu}{\sqrt{n}\sigma} < Z_n \leqslant \frac{x_2 - n\mu}{\sqrt{n}\sigma}\right\}$$

$$\approx \Phi\left(\frac{x_2 - n\mu}{\sqrt{n}\sigma}\right) - \Phi\left(\frac{x_1 - n\mu}{\sqrt{n}\sigma}\right). \tag{4.16}$$

例 4.3.3　设有 36 个电子元件 $D_1, D_2, \cdots, D_{36}$，它们的寿命（单位：小时）分别为 $X_1, X_2, \cdots, X_{36}$，而且 X_i 都服从参数为 $\lambda = \dfrac{1}{10}$ 的指数分布. 当 D_i 损坏时立即使用 D_{i+1}（$i = 1, 2, \cdots, 35$），试求元件使用的总时数 Y 在 300 小时至 450 小时的概率.

解　X_i 的概率密度为

$$f(x) = \begin{cases} \dfrac{1}{10}\mathrm{e}^{-\frac{x}{10}}, & x > 0, \\ 0, & x \leqslant 0, \end{cases}$$

且 $E(X_i) = 10$，$D(X_i) = 100\,(i = 1, 2, \cdots, 36)$，因为 $Y = \displaystyle\sum_{i=1}^{36} X_i$，$E(Y) = 360$，$D(Y) =$ 3600，利用公式 (4.16)，所求概率为

$$P\{300 \leqslant Y \leqslant 450\} = P\left\{\frac{300-360}{\sqrt{3600}} \leqslant \frac{Y-360}{\sqrt{3600}} \leqslant \frac{450-360}{\sqrt{3600}}\right\}$$

$$\approx \varPhi\left(\frac{450-360}{60}\right) - \varPhi\left(\frac{300-360}{60}\right)$$

$$= \varPhi(1.5) - \varPhi(-1)$$

$$= 0.9332 + 0.8413 - 1 = 0.7745.$$

例 4.3.4　一部件包括 10 个部分，每部分的长度是一个随机变量，它们相互独立，且服从同一分布，其数学期望为 2mm，均方差为 0.05mm. 规定总长度为 (20 ± 0.1) mm 时产品合格，试求产品合格的概率.

解　由题意，设每部分的长度为 X_k，$k = 1, 2, \cdots, 10$，它们互相独立，且服从同一分布，且 $E(X_k) = 2, D(X_k) = 0.05^2$，总长度 $Y_{10} = \displaystyle\sum_{k=1}^{10} X_k$，$E(Y_{10}) = 20, D(Y_{10}) = 10 \times 0.05^2$，产品合格的概率为

$$P\{20 - 0.1 < Y_{10} < 20 + 0.1\} \approx \varPhi\left(\frac{0.1}{\sqrt{10} \times 0.05}\right) - \varPhi\left(\frac{-0.1}{\sqrt{10} \times 0.05}\right)$$

$$= 2\varPhi\left(\frac{0.1}{\sqrt{10} \times 0.05}\right) - 1$$

$$= 2\varPhi(0.63) - 1 = 0.4713.$$

在实际问题中，许多随机变量通常可以表示成多个相互独立的随机变量之和. 例如，在任意指定时刻，一个城市的耗电量是大量用户耗电量的总和，一个物理实验的测量误差是许多微小误差的总和. 这样的随机变量往往服从或近似服从正态分布. 可见中心极限定理揭示了正态分布的普遍性和重要性，是应用正态分布来解决各种实际问题的理论基础. 另外，在数理统计中，经常都假定总体服从正态分布，这也是由中心极限定理推导和论证的.

习　题　4

1. 若随机变量 $X_1, X_2, \cdots, X_{100}$ 相应独立且都服从区间 $(0, 6)$ 上的均匀分布. 设 $Y = \sum_{i=1}^{100} X_i$，利用切比雪夫不等式估计概率 $P\{260 < Y < 340\}$.

2. 进行 600 次伯努利试验，事件 A 在每次试验中发生的概率为 $p = \dfrac{2}{5}$，设 X 表示 600 次试验中事件 A 发生的总次数，利用切比雪夫不等式估计概率 $P\{216 < X < 264\}$.

3. 某人寿公司在某地区为 100000 人保险，规定投保人在年初交纳保险金 30 元. 若投保人死亡，则保险公司向其家属一次性赔偿 6000 元. 由资料统计知该地区人口死亡率为 0.0037. 不考虑其他运营成本，求保险公司一年从该地区获得不少于 600000 元收益的概率.

4. 计算机进行加法运算时，对每个加数进行四舍五入. 设所有舍入误差是相互独立的，且在 $(-0.5, 0.5)$ 上服从均匀分布.

(1) 若将 1500 个数相加，问误差总和的绝对值大于 15 的概率是多少？

(2) 要使误差总和的绝对值小于 10 的概率不小于 90%，最多能有多少个数相加？

5. 某种系统元件的寿命（单位：小时）T 服从参数为 $\dfrac{1}{100}$ 的指数分布，现随机抽取 16 件，设它们的寿命相互独立，求这 16 个元件的寿命总和大于 1920 小时的概率.

6. 设某个办公软件由 100 个相互独立的部件组成，每个部件损坏的概率均为 0.1，必须有 85 个以上的部件工作才能使整个系统正常工作，求整个系统正常工作的概率.

7. 某个系统有相互独立的 n 个部件组成，每个部件的可靠性（即正常工作的概率）为 0.9，且至少有 80% 的部件正常工作，才能使整个系统工作. 问 n 至少为多大，才能使系统的可靠性为 95%.

8. 一个加法器同时收到 20 个噪声电压 $V_1, V_2, \cdots, V_{20}$，设它们是相互独立的，且都在区间 $(0, 10)$ 上服从均匀分布，记 $V = \sum_{i=1}^{20} V_i$，求概率 $P\{V \geqslant 105\}$.

9. 设某次考试中，共有 85 道选择题，每题有 4 个选择答案，只有一个正确. 若需通过考试，必须至少答对 51 题. 试问某学生全凭运气猜选能通过该次考试的概率？

10. 对敌人阵地进行 100 次炮击，每次炮击时炮弹命中次数的数学期望为 4，方差为 2.25. 求在 100 次炮击中有 380 颗到 420 颗炮弹命中目标的概率.

11. 在供暖的季节，住房的平均温度为 20℃，标准差为 2℃，试估计住房温度与平均温度的偏差的绝对值小于 4℃ 的概率的下界.

12. 某公司配有 300 台独立工作的计算机，各计算机发生故障的概率为 0.02. 试分别用二项分布、泊松分布和中心极限定理计算：计算机发生故障的台数小于 1 的概率.

13. 某保险公司多年的统计资料表明，在索赔用户中，被盗索赔用户占 20%. 以 X 表示随机抽查的 100 个索赔用户中因被盗而向保险公司索赔的用户数.

（1）写出 X 的概率分布；

（2）求被盗索赔用户不少于 14 户且不多于 30 户的概率的近似值.

14．一个系统由 100 个独立工作的部件组成，每个部件工作的概率都是 0.9，求系统中至少由 85 个部件工作的概率.

15．一个天文学家要测量遥远的恒星到地球之间的距离（单位：光年）. 天文学家知道，由于大气条件以及仪器实验误差，每次测量都不会得到距离的准确值，而只是一个估计值. 因此，天文学家只得进行一系列的测量，用这些测量值的平均值作为距离真值的估计值. 若天文学家认为各次测量是独立分布的各随机变量的观察值，随机变量的公共分布的期望值为 d（真值的距离），公共方差为 $\sigma^2 = 4$，那么，要重复测量多少次才能达到 ±0.5 光年的精度？

第 5 章 数 理 统 计

前四章主要讲述了概率论的基础知识. 从本章开始将进入数理统计知识的学习. 数理统计是一门应用性非常强的学科, 目前已经几乎渗透到人类生活的各个领域, 如医学、生物、经济、军事、通信、气象等方面.

数理统计以概率论为基础, 研究具有随机性质的自然及社会现象. 数理统计在应用时要求对被研究的对象收集数据, 整理分析后, 再根据概率论的知识进行统计推断, 其主要目的是希望知道被研究对象的概率特征, 从而为统计决策提供正确的科学依据. 因此本章将在概率论的基础上, 介绍数理统计的一些基础知识, 包括基本概念、三大基本抽样分布以及抽样分布定理.

5.1 数理统计基本概念

5.1.1 总体和样本

在数理统计中总体和样本是非常基本的两个概念. 研究对象的全体称为**总体**, 构成总体的每一个成员称为**个体**. 例如, 研究全国人口的状况, 全国人口构成总体, 每一个人是一个个体. 总体中所含个体的数量称为**总体容量**. 若总体容量是有限的, 则称总体为**有限总体**, 反之称为**无限总体**.

在研究总体时, 往往研究的并不是总体本身, 而是为了研究总体的某项指标, 因此可以把总体的某项数量指标作为总体, 每个数值看成个体. 比如需要研究某地区家庭消费水平, 则可以把每个家庭的消费水平看成是个体, 他们的全体就可以作为总体.

要了解总体的性质或特征, 最好的方法是对总体中所有的个体进行观察、试验, 但是在现实生活中, 考虑到对每一个个体进行分析几乎是不可行的, 这样既会浪费人力, 也会导致物力的极大损失, 尤其是对无限总体, 或有破坏性的试验这种方法更不可行. 因此在调查总体时, 一般是进行随机抽样调查. 从总体中随机抽出来一部分个体, 通过对这部分个体的调查来推断总体, 这样随机抽出的个体构成了**样本**, 一个样本中含有的个体数量称为**样本容量**, 一般用 n 表示.

可认为, 总体就是一堆数, 每个数可看作某一随机变量 X 的取值, 因此可用概率分布去描述和归纳每个数出现的机会的大小. 即一个总体对应一个随机变量 X, 个体记为 X_i, 个体也是在总体范围内取值的一个随机变量, 因此具有与总体 X 相同的分布.

为了进一步说明这些基本概念，参见下面的引例.

引例 1 某校对学生身高进行一次调查，随机抽取 100 个学生进行身高测量，得到100个数据，据此对全校学生身高发育情况是否达到国家相应标准进行判断. 这里可以看出，该校所有学生的身高构成了总体，每一个学生的身高为个体，随机抽出的这 100 个学生的身高称为样本，样本容量为 $n = 100$.

引例 2 研究一批电视机的平均寿命，由于测试电视机的寿命具有破坏性，所以只能从这批产品中抽取一部分(如 500 个)进行测试，并且根据这部分产品的寿命对整批产品的平均寿命进行统计判断. 这批电视机的使用寿命构成总体，每一个电视机的使用寿命是一个个体，从中任取 500 个电视机的使用寿命构成一个容量为 $n = 500$ 的样本.

引例 3 纯净水厂生产的瓶装纯净水规定净含量为 500 毫升. 由于随机性，事实上不可能使得所有的纯净水净含量均为 500 毫升. 现从某厂生产的纯净水中随机抽取 10 瓶检测其净含量，得到如下结果：511, 505, 485, 499, 504, 485, 510, 490, 495, 479. 这 10 瓶纯净水的净含量为样本，检测结果为样本的观测值，该厂生产的瓶装纯净水的净含量为总体.

在数理统计中，对总体进行调查时，事先并不知道个体的数值指标，因此可将总体的某项指标看成是随机变量，若将其记为 X(也可用其他字母 Y, Z 等表示)，则 X 因个体的不同可能取不同的值. 一般而言，习惯性地把总体与相对应的随机变量 X 不加区别地记为总体 X. 如引例 1 中，该校全体学生的身高记为 X，所有学生身高的具体数值就是 X 的所有可能取值. 如果身高分别为 A 和 B 的学生人数比例不同，自然认为 $X = A$ 和 $X = B$ 的可能性(概率)不同. 若 1.7 米以上的人占 30%，则可认为 $X > 1.7$ 的可能性是 30%. 因此，总体是一个随机变量，也具有其分布，本书中提到的总体分布就是指其相应的随机变量的分布.

假如从总体 X 中抽取一组样本 $(X_1, X_2, \cdots, X_n)$，每个样本 X_i 称为**样本点**，对 $(X_1, X_2, \cdots, X_n)$ 进行观测可得到一组数值 $(x_1, x_2, \cdots, x_n)$，这组数值称为**样本观测值**或者**样本值**.

由于样本的抽取主要是为了对总体进行推断，为了能让抽样具有可靠性，在进行抽样时一般要求满足下面两个条件：

(1)代表性. 从总体 X 中抽取一组样本 $(X_1, X_2, \cdots, X_n)$，目的是根据样本包含的信息去推断总体，因此，希望样本具有代表性，即样本 $X_i(i = 1, 2, \cdots, n)$ 与总体 X 具有相同的分布.

(2)独立性. 要求抽样应该独立进行，其结果不受其他抽样结果的影响. 即要求 $X_1, X_2, \cdots, X_n$ 应该是相互独立的随机变量.

满足上述两个条件的抽样称为**简单随机抽样**，这样抽出来的样本 $(X_1, X_2, \cdots, X_n)$ 是一组独立同分布的随机变量. 今后如无特殊说明，书中出现的抽样都是指简单随机抽样.

根据抽样的特点，显然，如果已知总体的分布为 $F(x)$，则由于样本是独立同分布于总体的，所以样本的联合分布函数为

$$F(x_1, x_2, \cdots, x_n) = P\{X_1 \leqslant x_1, X_2 \leqslant x_2, \cdots, X_n \leqslant x_n\}$$

$$= \prod_{i=1}^{n} F_{X_i}(x_i), \tag{5.1}$$

而类似样本的联合密度为

$$f(x_1, x_2, \cdots, x_n) = \prod_{i=1}^{n} f_{X_i}(x_i). \tag{5.2}$$

例 5.1.1　设总体 X 服从参数 $\lambda = 2$ 的指数分布，X_1, X_2, X_3, X_4 为来自总体 X 的样本，求 X_1, X_2, X_3, X_4 的联合概率密度和联合分布函数.

解　X 的概率密度和分布函数分别为

$$f(x) = \begin{cases} 2e^{-2x}, & x > 0, \\ 0, & x \leqslant 0, \end{cases} \quad F(x) = \begin{cases} 1 - e^{-2x}, & x > 0, \\ 0, & x \leqslant 0, \end{cases}$$

则 X_1, X_2, X_3, X_4 的联合概率密度为

$$f(x_1, x_2, x_3, x_4) = f(x_1)f(x_2)f(x_3)f(x_4)$$

$$= \begin{cases} 16e^{-2\sum\limits_{i=1}^{4} x_i}, & x_i > 0, \ i = 1,2,3,4, \\ 0, & \text{其他}. \end{cases}$$

X_1, X_2, X_3, X_4 的联合分布函数为

$$F(x_1, x_2, x_3, x_4) = F(x_1)F(x_2)F(x_3)F(x_4)$$

$$= \begin{cases} \prod_{i=1}^{4}(1 - e^{-2x_i}), & x_i > 0, i = 1,2,3,4, \\ 0, & \text{其他}. \end{cases}$$

由于指数分布可以由 λ 完全确定，因此联合概率密度 $f(x_1, x_2, \cdots, x_n)$ 也包含了样本中所包含的所有信息，所以联合概率密度可以作为统计推断的出发点. 由样本很容易得到样本数据，再根据样本数据得到结论，用这些结论去推断总体，故而统计推断目标是从样本入手，利用样本去推断总体或总体分布. 因此统计推断的主要思想是用已知推断未知，局部推断总体，具体推断抽象.

5.1.2　统计量

在获得样本之后，下一步就该对样本进行统计分析，从而用样本来推断总体的

特征. 样本是总体的代表和反映, 是总体进行统计分析和判断的依据. 但是, 处理实际问题时, 往往得到的数据是杂乱无章的, 很难根据数据得到总体的某些特征, 因此很少直接利用样本所提供的原始数据进行判断, 而是针对不同的问题构造出样本的相应函数, 利用这些函数来对总体进行推断, 这些函数就称为**统计量**. 不同的统计量反映了总体的不同特征, 它只依赖于样本, 不包含任何未知量. 因此一般得到样本, 就能得到统计量.

定义 5.1 设 $(X_1, X_2, \cdots, X_n)$ 是来自总体 X 的一组样本, $\varphi(X_1, X_2, \cdots, X_n)$ 是关于 $X_1, X_2, \cdots, X_n$ 的 n 元函数, 且不包含任何未知参数, 则称函数 $\varphi(X_1, X_2, \cdots, X_n)$ 为样本 $(X_1, X_2, \cdots, X_n)$ 的一个统计量.

当样本取得一组观测值 $(x_1, x_2, \cdots, x_n)$ 时, 代入统计量 $\varphi(X_1, X_2, \cdots, X_n)$ 所得到的值 $\varphi(x_1, x_2, \cdots, x_n)$, 称为统计量的一个观测值.

由于要借助观测值说明总体, 统计量中不能含有未知参数, 但允许含有已知参数. 例如, 设总体 $X \sim N(\mu, \sigma^2)$, 从中任取一个样本 $(X_1, X_2, \cdots, X_n)$, 那么, 当 μ, σ^2 已知时, $\theta = \varphi(X_i) = \dfrac{1}{\sigma^2} \sum_{i=1}^{n} (X_i - \mu)^2$ 是一个统计量, 而当 μ, σ^2 中有一个未知时, 则该 $\theta = \varphi(X_i)$ 就不是统计量了.

在统计学中根据不同的目的, 构造了很多不同的统计量, 一般常用的统计量有:

样本均值

$$\bar{X} = \frac{1}{n} \sum_{i=1}^{n} X_i; \tag{5.3}$$

样本方差

$$S^2 = \frac{1}{n-1} \sum_{i=1}^{n} (X_i - \bar{X})^2; \tag{5.4}$$

样本标准差

$$S = \sqrt{\frac{1}{n-1} \sum_{i=1}^{n} (X_i - \bar{X})^2}; \tag{5.5}$$

样本的 k 阶原点矩

$$A_k = \frac{1}{n} \sum_{i=1}^{n} X_i^k, \quad k = 1, 2, 3, \cdots; \tag{5.6}$$

样本的 k 阶中心矩

$$B_k = \frac{1}{n} \sum_{i=1}^{n} (X_i - \bar{X})^k, \quad k = 1, 2, 3, \cdots; \tag{5.7}$$

样本极差

$$R = \max_{1 \le i \le n}(x_i) - \min_{1 \le i \le n}(x_i). \tag{5.8}$$

对于上述统计量，将样本观测值代入，即得到样本均值、样本方差和样本标准差等的数值，它们一般以对应的小写字母表示. 例如，$\bar{x} = \dfrac{1}{n}\sum_{i=1}^{n} x_i$ 为 $\bar{X}$ 的观测值，样本不同，则样本均值也可能不同.

例 5.1.2 从一批灯泡中任意抽取 10 只，测试寿命（单位：小时），得到数据如下所示：

$$1450, \quad 1360, \quad 1520, \quad 1530, \quad 1470,$$

$$1440, \quad 1560, \quad 1380, \quad 1460, \quad 1430,$$

试求样本均值及样本标准差.

解 根据样本均值与标准差的公式，可得

$$\bar{x} = \frac{1}{n}\sum_{i=1}^{n} x_i = \frac{1}{10}(1450 + 1360 + \cdots + 1460 + 1430) = 1460;$$

$$s = \sqrt{\frac{1}{n-1}\sum_{i=1}^{n}(x_i - \bar{x})^2}$$

$$= \sqrt{\frac{1}{9}[(1450-1460)^2 + (1360-1460)^2 + \cdots + (1430-1460)^2]}$$

$$\approx 63.6,$$

因此这批灯泡寿命均值为 1460 小时，标准差为 63.6 小时.

例 5.1.3 设总体 $X \sim P(\lambda)$，现从该总体中抽出 4 个样本 X_1, X_2, X_3, X_4，判断下面哪些函数是统计量.

(1) $\bar{X} = \dfrac{1}{4}(X_1 + X_2 + X_3 + X_4)$；　　　　　(2) $X_1^2 + X_4^2$；

(3) $\dfrac{1}{\lambda}(X_1 + X_2^2 + X_4)$，$\lambda$ 未知；　　　　(4) $\dfrac{1}{\lambda^2}(X_2 + X_4)$，$\lambda$ 已知.

解 根据统计量的定义，容易得到(1)，(2)，(4)均是统计量，完全依赖于样本，而(3)因为里面含有未知参数 λ，所以不是统计量.

5.2 几种常见的统计量分布

针对一次观测或者试验，统计量都是具体的计算数值，但脱离具体的某次观测或试验，则样本是随机变量，统计量也是随机变量. 如：调查某批灯泡的使用寿命，

随机抽取 100 只灯泡测量其平均使用寿命；同样再次随机抽取 100 只灯泡，第二次测量其平均寿命，这两个平均值一般是不相等的. 因此统计量是随机变量且有自己的概率分布，统计量的分布称为抽样分布.

当总体分布函数已知时，可确定抽样分布，而求出统计量的精确分布是困难的. 下面不加证明地给出与正态总体相关的统计量及其概率分布，为后面参数估计和假设检验提供重要的理论依据.

5.2.1 常见抽样分布

1. χ^2 分布

定义 5.2 设随机变量 $X_1, X_2, \cdots, X_n$ 相互独立且都服从标准正态分布 $N(0, 1)$，则称随机变量

$$\chi^2 = \sum_{i=1}^{n} X_i^2 \tag{5.9}$$

服从自由度为 n 的 χ^2 分布，记为 $\chi^2 \sim \chi^2(n)$.

随机变量 χ^2 分布的概率密度函数为

$$f(x) = \begin{cases} \dfrac{1}{2^{\frac{n}{2}}\Gamma\left(\dfrac{n}{2}\right)} x^{\frac{n}{2}-1} \mathrm{e}^{-\frac{x}{2}}, & x > 0, \\ 0, & x \leqslant 0, \end{cases} \tag{5.10}$$

其中 Gamma 函数 $\Gamma(n) = \displaystyle\int_0^{+\infty} x^{n-1}\mathrm{e}^{-x}\mathrm{d}x$.

下面给出几种不同自由度情形下 χ^2 分布的密度函数 $f(x)$ 的曲线，如图 5.1 所示.

对于给定的 $\alpha(0 < \alpha < 1)$ 和自由度 n，称满足

$$P\{\chi^2 > \chi_\alpha^2(n)\} = \alpha \tag{5.11}$$

的数 $\chi_\alpha^2(n)$ 是自由度为 n 的 χ^2 分布的上侧 α 临界值，如图 5.2 所示.

针对不同的 α 和 n，可由附表中 χ^2 分布临界值表(附表 3)，查出上侧 α 临界值 $\chi_\alpha^2(n)$. 如 $\alpha = 0.05$，$n = 20$ 时，$\chi_{0.05}^2(20) = 31.41$，表明随机变量 $Y \sim \chi^2(20)$，则有 $P\{Y > 31.41\} = 0.05$.

χ^2 分布有以下性质:

(1)可加性. 设 $\chi_1^2 \sim \chi^2(n_1)$，$\chi_2^2 \sim \chi^2(n_2)$，且 χ_1^2, χ_2^2 独立，则

$$\chi_1^2 + \chi_2^2 \sim \chi^2(n_1 + n_2). \tag{5.12}$$

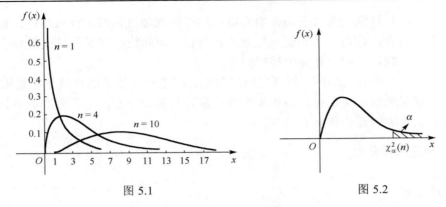

图 5.1　　　　　　　　　　　　　　图 5.2

一般地，还可以将这条性质推广到 n 个相互独立的 χ^2 分布仍旧具有可加性，即 $\chi_i^2 \sim \chi^2(n_i)$，且相互独立，其中 $i = 1, 2, 3, \cdots, n$，则

$$\sum_{i=1}^{n} \chi_i^2 \sim \chi^2\left(\sum_{i=1}^{n} n_i\right).　　　　　　　　　(5.13)$$

(2) 若 $\chi^2 \sim \chi^2(n)$，则 $E(\chi^2) = n$，$D(\chi^2) = 2n$.

(3) n 充分大时，χ^2 近似服从 $N(n, 2n)$.

根据性质 (3)，可以知道当 n 充分大时，可用式 $\chi_\alpha^2 \approx \dfrac{1}{2}(\sqrt{2n-1} + z_\alpha)^2$ 计算 χ^2 分布的上侧临界值. 例如，求 $\chi_{0.01}^2(100)$ 的值. 由 $\alpha = 0.01$，有 $z_{0.01} = 2.325$，代入可得

$$\chi_{0.01}^2(100) \approx \frac{1}{2}(\sqrt{200-1} + 2.325)^2 \approx 135.001.$$

2. t 分布

定义 5.3　设随机变量 $X \sim N(0, 1)$，$Y \sim \chi^2(n)$，且 X，Y 相互独立. 则称随机变量

$$t = \frac{X}{\sqrt{Y/n}}　　　　　　　　　　　　(5.14)$$

服从自由度为 n 的 t 分布，记为 $t \sim t(n)$.

t 分布的概率密度函数为

$$f(x) = \frac{\Gamma\left(\dfrac{n+1}{2}\right)}{\sqrt{n\pi}\,\Gamma\left(\dfrac{n}{2}\right)}\left(1 + \frac{x^2}{n}\right)^{-\frac{n+1}{2}}, \quad -\infty < x < +\infty.　　　(5.15)$$

　　下面给出不同自由度 t 分布的密度函数 $f(x)$ 的曲线，其密度函数曲线关于纵轴对称，如图 5.3 所示.

　　对于给定的 $\alpha(0 < \alpha < 1)$ 和自由度 n，称满足

$$P\{t > t_\alpha(n)\} = \alpha \tag{5.16}$$

的数 $t_\alpha(n)$ 是自由度为 n 的 t 分布上侧 α 临界值，如图 5.4 所示.

　　由于对称性，$-t_\alpha(n) = t_{1-\alpha}(n)$，$P\{|t| \geqslant t_\alpha(n)\} = 2\alpha$.

　　针对不同的 α 和 n，可由附表中的 t 分布临界值表（附表 4）查出上侧 α 临界值 $t_\alpha(n)$. 如 $\alpha = 0.01$，$n = 30$ 时，$t_{0.01}(30) = 2.457$. 根据其对称性，取 $\alpha = 0.95$，$n = 6$，查表可得 $t_{0.05}(6) = 1.943$，于是可得 $t_{0.95}(6) = -1.943$. 表明随机变量 $T \sim t(6)$，则有 $P\{T > -1.943\} = 0.95$.

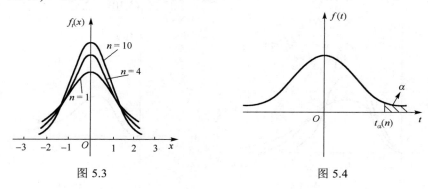

图 5.3　　　　　　　　　　　　　　　　　　　图 5.4

3. F 分布

定义 5.4　设随机变量 $X \sim \chi^2(n_1)$，$Y \sim \chi^2(n_2)$，且 X 与 Y 独立，则称随机变量

$$F = \frac{X / n_1}{Y / n_2} \tag{5.17}$$

服从自由度为 (n_1, n_2) 的 F 分布，记为 $F \sim F(n_1, n_2)$，其中 n_1 为第一自由度，n_2 为第二自由度.

　　根据 F 分布的定义，可以得到 $\dfrac{1}{F} \sim F(n_2, n_1)$. F 分布的概率密度函数为

$$f(x, n_1, n_2) = \begin{cases} \dfrac{\Gamma\left(\dfrac{n_1 + n_2}{2}\right)}{\Gamma\left(\dfrac{n_1}{2}\right)\Gamma\left(\dfrac{n_2}{2}\right)} \left(\dfrac{n_1}{n_2}\right)^{\frac{n_1}{2}} x^{\frac{n_1}{2}-1} \left(1 + \dfrac{n_1}{n_2}x\right)^{-\frac{n_1+n_2}{2}}, & x > 0, \\ 0, & x \leqslant 0. \end{cases} \tag{5.18}$$

下面给出不同自由度 F 分布的密度函数 $f(x)$ 的曲线，如图 5.5 所示.

对于给定的 $\alpha(0 < \alpha < 1)$ 和自由度 n_1, n_2，称满足

$$P\{F > F_\alpha(n_1, n_2)\} = \alpha \tag{5.19}$$

的数 $F_\alpha(n_1, n_2)$ 是自由度为 (n_1, n_2) 的 F 分布的上侧 α 临界值，如图 5.6 所示.

由 $\dfrac{1}{F} \sim F(n_2, n_1)$，可得

$$F_\alpha(n_1, n_2) = \frac{1}{F_{1-\alpha}(n_2, n_1)}. \tag{5.20}$$

针对不同的 α 和 n_1, n_2，可由附表中的 F 分布临界值表(附表 5)查出上侧 α 临界值 $F_\alpha(n_1, n_2)$. 如 $n_1 = 10$，$n_2 = 5$，$\alpha = 0.9$，$F_{0.9}(10,5) = \dfrac{1}{F_{0.1}(5,10)} = \dfrac{1}{2.52} \approx 0.397$.

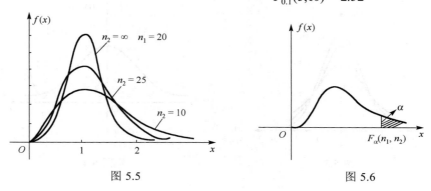

图 5.5   图 5.6

5.2.2 抽样分布定理

对于正态总体的样本均值 $\overline{X} = \dfrac{1}{n}\sum\limits_{i=1}^{n} X_i$ 和样本方差 $S^2 = \dfrac{1}{n-1}\sum\limits_{i=1}^{n}(X_i - \overline{X})^2$，下面给出它们所服从的概率分布以及满足的性质，这些定理将为数理统计的参数估计和假设检验提供理论基础.

定理 5.1 设 $(X_1, X_2, \cdots, X_n)$ 是来自正态总体 $X \sim N(\mu, \sigma^2)$ 的样本，$\overline{X}$，S^2 分别是样本均值和样本方差，则有

(1) $\overline{X}$ 和 S^2 相互独立；

(2) $\overline{X} = \dfrac{1}{n}\sum\limits_{i=1}^{n} X_i \sim N\left(\mu, \dfrac{\sigma^2}{n}\right)$，进行标准化处理，易得统计量 $U = \dfrac{\overline{X} - \mu}{\sigma / \sqrt{n}} \sim N(0,1)$；

(3) $\chi^2 = \dfrac{\sum\limits_{i=1}^{n}(X_i - \mu)^2}{\sigma^2} \sim \chi^2(n)$； $\tag{5.21}$

(4) $\chi^2 = \dfrac{(n-1)S^2}{\sigma^2} = \dfrac{\sum\limits_{i=1}^{n}(X_i-\bar{X})^2}{\sigma^2} \sim \chi^2(n-1)$; (5.22)

(5) $\dfrac{\bar{X}-\mu}{\sigma/\sqrt{n}} \Big/ \sqrt{\dfrac{(n-1)S^2}{\sigma^2(n-1)}} = \dfrac{\bar{X}-\mu}{S/\sqrt{n}} \sim t(n-1)$. (5.23)

由样本均值和样本方差可组成一个服从自由度为 $n-1$ 的 t 分布的统计量.

下面对性质 (2) 进行证明.

证 由于 $X_1, X_2, \cdots, X_n$ 独立同分布于 $N(\mu, \sigma^2)$,根据正态分布的可加性,可得 $\bar{X} = \dfrac{1}{n}\sum\limits_{i=1}^{n} X_i$ 也服从正态分布.

$$E(\bar{X}) = E\left(\frac{1}{n}\sum_{i=1}^{n} X_i\right) = \frac{1}{n}E\left(\sum_{i=1}^{n} X_i\right) = \frac{1}{n}n\mu = \mu,$$

$$D(\bar{X}) = D\left(\frac{1}{n}\sum_{i=1}^{n} X_i\right) = \frac{1}{n^2}D\left(\sum_{i=1}^{n} X_i\right) = \frac{1}{n^2}n\sigma^2 = \frac{\sigma^2}{n},$$

故可以得到 $\bar{X} \sim N\left(\mu, \dfrac{\sigma^2}{n}\right)$.

此性质可以推广到非正态总体的随机变量. 若总体 X 的均值和方差分别为 μ 和 σ^2 ,随机抽取样本 $X_1, X_2, \cdots, X_n$,仍然可得 $E(\bar{X}) = \mu$, $D(\bar{X}) = \dfrac{\sigma^2}{n}$.

其余性质由读者自行验证.

常见的抽样分布以及抽样分布定理在数理统计部分是非常重要的理论基础,在统计推断中有着十分重要的应用.

例 5.2.1 已知 $X \sim \chi^2(16)$,求满足式子 $P\{X > \lambda_1\} = 0.01$ 及 $P\{X \leqslant \lambda_2\} = 0.975$ 的 λ_1 和 λ_2 .

解 由 $n = 16$, $\alpha = 0.01$,查表可得 $\lambda_1 = 32.00$. $P\{X \leqslant \lambda_2\} = 0.975$ 无法直接查表得到,需转换形式

$$P\{X > \lambda_2\} = 1 - P\{X \leqslant \lambda_2\} = 0.025 .$$

由 $n = 16$, $\alpha = 0.025$,查表可得 $\lambda_2 = 28.85$.

例 5.2.2 设 $(X_1, X_2, \cdots, X_n)$ 是来自正态总体 $X \sim N(0, \sigma^2)$ 的样本,求下列统计量的分布:

(1) $\bar{X} = \dfrac{1}{n}\sum\limits_{i=1}^{n} X_i$; (2) $Y = \dfrac{1}{\sigma^2}\sum\limits_{i=1}^{n}(X_i-\mu)^2$.

解 （1）根据定理 5.1，可得 $\bar{X} = \dfrac{1}{n}\sum_{i=1}^{n} X_i \sim N\left(0, \dfrac{\sigma^2}{n}\right)$.

（2）由于 $Y = \dfrac{1}{\sigma^2}\sum_{i=1}^{n}(X_i - \mu)^2 = \sum_{i=1}^{n}\dfrac{(X_i - \mu)^2}{\sigma^2}$，而 $\dfrac{X_i - \mu}{\sigma} \sim N(0,1)$，由 $X_1, X_2, \cdots, X_n$ 的独立性可以知道，$\dfrac{X_i - \mu}{\sigma}$ $(i = 1, 2, 3, \cdots, n)$ 也是相互独立同分布于标准正态分布的.

根据 χ^2 分布的定义，可知 $Y = \dfrac{1}{\sigma^2}\sum_{i=1}^{n}(X_i - \mu)^2 \sim \chi^2(n)$.

例 5.2.3　设 $X_1, X_2, \cdots, X_5$ 是来自总体 $X \sim N(0, 1)$ 的一个样本，求常数 c，使统计量 $\dfrac{c(X_1 + X_2)}{\sqrt{X_3^2 + X_4^2 + X_5^2}}$ 服从 t 分布.

解　由于 $X_1, X_2, \cdots, X_5$ 是来自总体 $X \sim N(0, 1)$ 的一个样本，所以 $X_1 + X_2 \sim N(0, 2)$，$\dfrac{X_1 + X_2}{\sqrt{2}} \sim N(0,1)$，而 $X_3^2 + X_4^2 + X_5^2 \sim \chi^2(3)$，且 $\dfrac{X_1 + X_2}{\sqrt{2}}$ 与 $X_3^2 + X_4^2 + X_5^2$ 相互独立，于是

$$\frac{\dfrac{X_1 + X_2}{\sqrt{2}}}{\sqrt{\dfrac{X_3^2 + X_4^2 + X_5^2}{3}}} = \sqrt{\frac{3}{2}}\frac{X_1 + X_2}{\sqrt{X_3^2 + X_4^2 + X_5^2}} \sim t(3).$$

因此，所求的常数

$$c = \sqrt{\frac{3}{2}}.$$

例 5.2.4　设总体 $X \sim N(3, \sigma^2)$，有容量 $n = 10$ 的样本，样本方差 $S^2 = 4$，求样本均值 $\bar{X}$ 落在 2.1253 到 3.8747 之间的概率.

解　由定理 5.1 得

$$\frac{\bar{X} - 3}{S / \sqrt{10}} \sim t(9).$$

根据题意，所求概率为

$$P\{2.1253 \leqslant \bar{X} \leqslant 3.8747\} = P\left\{\frac{2.1253 - 3}{2 / \sqrt{10}} \leqslant \frac{\bar{X} - 3}{2 / \sqrt{10}} \leqslant \frac{3.8747 - 3}{2 / \sqrt{10}}\right\}$$

$$\approx P\left\{-1.383 \leqslant \frac{\bar{X} - 3}{2 / \sqrt{10}} \leqslant 1.383\right\}$$

$$= P\left\{\left|\frac{\bar{X} - 3}{2 / \sqrt{10}}\right| \leqslant 1.383\right\}.$$

查 t 分布表得 $t_{0.1}(9) = 1.383$，由 t 分布的对称性及其上 α 分位点的意义有 $P\{2.1253 \leqslant \overline{X} \leqslant 3.8747\} \approx 1 - 2 \times 0.1 = 0.8$.

5.3　数理统计应用实例

实例 1　某公司生产瓶装洗洁精，规定每瓶装 500 毫升，但是在实际灌装的过程中，总会出现一定的误差，误差要求控制在一定范围内，假定灌装量的方差 $\sigma^2 = 1$，如果每箱装 25 瓶这样的洗洁精，试问 25 瓶洗洁精的平均灌装量与标准值 500 毫升相差不超过 0.3 毫升的概率是多少？

分析　假设 25 瓶洗洁精灌装量为 $X_1, X_2, \cdots, X_{25}$，它们是来自均值为 500，方差为 1 的总体的样本，而根据题意需要计算的是 $P\{|\overline{X} - 500| \leqslant 0.3\}$.

因此根据定理 5.1，可以得到 $\dfrac{\overline{X} - \mu}{\sigma / \sqrt{n}} \sim N(0,1)$，因此可用正态分布求解此概率.

解　设 25 瓶洗洁精灌装量为 $X_1, X_2, \cdots, X_{25}$，$E(X_i) = 500$，$D(X_i) = 1$，$\overline{X} = \dfrac{1}{25} \sum\limits_{i=1}^{25} X_i$，得 $\dfrac{\overline{X} - 500}{1/\sqrt{25}} \sim N(0,1)$，则

$$
\begin{aligned}
P\{|\overline{X} - 500| \leqslant 0.3\} &= P\{-0.3 \leqslant \overline{X} - 500 \leqslant 0.3\} \\
&= P\left\{ -\frac{0.3}{1/\sqrt{25}} \leqslant \frac{\overline{X} - 500}{1/\sqrt{25}} \leqslant \frac{0.3}{1/\sqrt{25}} \right\} \\
&= \Phi(1.5) - \Phi(-1.5) \\
&= 2\Phi(1.5) - 1 = 0.8664.
\end{aligned}
$$

上述结论表明，对每箱装 25 瓶洗洁精时，平均每瓶灌装量与标准值相差不超过 0.3 毫升的概率近似为 86.64%，类似可得每箱装 50 瓶时，$P\{|\overline{X} - 500| \leqslant 0.3\} \approx 0.966$，由此可见，当每箱增加到 50 瓶的时候，能更大程度保证平均误差很小，这样更能保证厂家和商家的利益.

实例 2　就上述问题，还可以讨论如下问题. 如假设装 n 瓶洗洁精，若想要这 n 瓶洗洁精的平均值与标准值相差不超过 0.3 毫升的概率不低于 95%，试问 n 至少等于多少？

分析　上述问题实际上是要求 $\overline{X}$ 与标准值 500 之间相差不超过 0.3 毫升的概率近似为 95%，即要求在 $P\{|\overline{X} - 500| \leqslant 0.3\} \geqslant 0.95$ 条件下，求出 n.

解　由 $\dfrac{\overline{X} - 500}{1/\sqrt{n}} \sim N(0,1)$，得

$$
P\{|\overline{X} - 500| \leqslant 0.3\} = P\left\{ \frac{|\overline{X} - 500|}{1/\sqrt{n}} \leqslant \frac{0.3}{1/\sqrt{n}} \right\}
$$

$$= \Phi(0.3\sqrt{n}) - \Phi(-0.3\sqrt{n})$$
$$= 2\Phi(0.3\sqrt{n}) - 1 \geqslant 0.95.$$

对上式进一步求解得，$\Phi(0.3\sqrt{n}) \geqslant 0.975$，查表得 $\Phi(1.96) = 0.975$，故得到 $0.3\sqrt{n} \geqslant 1.96$，因此 $n \geqslant 42.7$，即至少要有 43 瓶才能达到要求.

习　题　5

1. 设 $X \sim \chi^2(10)$，分别确定 $\alpha = 0.05$ 与 $\alpha = 0.95$ 时的上 α 分位点.

2. 若 $X_1, X_2, \cdots, X_n$ 是总体 $X \sim N(\mu, \sigma^2)$ 的样本，求 $(X_1, X_2, \cdots, X_n)$ 的联合概率密度.

3. 若 $X_1, X_2, \cdots, X_n$ 是总体 $X \sim P(\lambda)$ 的样本，求 $(X_1, X_2, \cdots, X_n)$ 的联合分布律.

4. 假设 $X_1, X_2, \cdots, X_n$ 是总体 $X \sim N(\mu, \sigma^2)$ 的样本，其中 μ 已知，σ^2 未知，判断下列哪些是统计量.

(1) $\dfrac{1}{\mu} \sum\limits_{i=1}^{n} X_i$；　　　(2) $\dfrac{1}{n} \sum\limits_{i=1}^{n} (X_i - \mu)^2$；　　　(3) $\dfrac{1}{\sigma^2} \sum\limits_{i=1}^{n} X_i$.

5. 设 $t \sim t(10)$，分别确定 $\alpha = 0.05$ 与 $\alpha = 0.95$ 时的上 α 分位点.

6. 在一次数学竞赛中，某高校学生平均得分为 70，标准差为 4，其中有两个班分别有学生 36 人和 40 人，求两个班学生平均成绩差在 2 分至 5 分之间的概率.

7. 设总体为 $X \sim N(3, 49)$，而 $X_1, X_2, \cdots, X_9$ 是来自于这个总体的样本，求
$$P\left\{ \sum_{i=1}^{9} (X_i - 3)^2 > 102.34 \right\}.$$

8. 用 χ^2 分布表求出下列各式中的 λ 值：

(1) $P\{\chi^2(9) > \lambda\} = 0.95$；

(2) $P\{\chi^2(15) < \lambda\} = 0.025$.

9. 设总体 $X \sim N(0, 1)$，从中抽取样本量为 6 的样本，$X_1, X_2, \cdots, X_6$，设 $Y = (X_1 + X_2 + X_3)^2 + (X_4 + X_5 + X_6)^2$，试确定常数 C，使得 CY 服从 χ^2 分布.

10. 设 $T \sim t(n)$，试证明：$E(T) = 0$.

11. 若 $T \sim t(n)$，试证明：$T^2 \sim F(1, n)$.

12. 调查某城市的居民收入水平，除了看居民的平均收入水平，也会关注于居民收入的差异程度，假设居民的收入与平均水平的差异服从正态分布 $N(\mu, \sigma^2)$，其中 $\sigma^2 = 100$，现在随机抽取 25 个人，用 S^2 表示 25 个人的收入与平均水平的差异的样本方差，试求 S^2 超过 50 的概率.

13. 从总体 $N(52, 6.3^2)$ 中随机抽取一容量为 36 的样本，求样本均值 $\overline{X}$ 落在 50.8 到 53.8 之间的概率.

14. 已知 $X \sim \chi^2(11)$，求 $\lambda_1, , \lambda_2$，使 $P\{X > \lambda_2\} = P\{X \leqslant \lambda_1\} = 0.025$.

15. 设 X_1, X_2, X_3, X_4 是来自正态总体 $N(0, 4)$ 的样本，求统计量 $Z = \dfrac{1}{20}(X_1 - 2X_2)^2 + \dfrac{1}{100}(3X_3 - 4X_4)^2$ 服从的分布，并指出自由度.

第6章 参数估计

为了解决实际问题，我们需要依据样本对总体进行推断，而一个总体的分布形式往往是已知的，但分布中所含的一个或多个参数却往往是未知的，这就将问题转化为如何估计未知参数. 例如，为了了解某学校全体学生的数学成绩情况，从全校学生中随机抽取了 200 名学生得到了他们的数学成绩. 如何根据这些数据去估计全体学生的平均成绩或大致的成绩范围呢？这就是参数估计要解决的问题. 所谓的参数估计，即通过样本信息来估计有关总体分布中的未知参数. 本章主要介绍参数估计的两种方法——点估计和区间估计.

6.1 参数的点估计

对于所研究的总体，往往已经有了某些信息，例如，已知某高校大一男生的身高 X 服从正态分布 $N(\mu, \sigma^2)$，但参数 μ 未知，通过抽查 500 名男生，测得其样本平均值为 175cm，用 175cm 作为身高 X 的均值 μ 的一个估计，这就是点估计.

点估计就是以样本的某一个函数值作为总体中未知参数的估计值.

一般地，设 θ 为总体 X 的待估参数，$(X_1, X_2, \cdots, X_n)$ 为总体 X 的一个样本，构造一个统计量 $\hat{\theta} = \hat{\theta}(X_1, X_2, \cdots, X_n)$ 作为 θ 的估计，则称 $\hat{\theta}$ 为 θ 的一个估计量. 这类问题称为参数的**点估计问题**. 根据估计原理的不同，点估计又分为矩估计和极大似然估计.

例如，对某厂生产的电子元件的合格率 p 进行估计，由于全厂所生产的电子元件比较多，因此全部抽查几乎不可能，为了对合格率进行估计，这里可以随机地抽取 200 个电子元件，看合格品有多少个？假设有 190 个合格品，则可用 $\hat{p} = \dfrac{19}{20}$ 作为合格率 p 的估计值.

又如，如果估计某学校全体学生的平均数学成绩，则可以从全校学生里面随机地抽取 n 个学生，得到他们的数学成绩 $X_1, X_2, \cdots, X_n$，用样本均值 $\bar{X} = \dfrac{1}{n}\sum_{i=1}^{n} X_i$ 作为全校学生数学成绩平均值的估计值.

上述例子的共同之处就是利用样本信息来估计总体分布中的一些未知参数，从而得到总体的一些重要信息和特征. 下面介绍两种常用的点估计方法，即矩估计法和极大似然估计法.

6.1.1 矩估计

矩估计法的理论基础是大数定律，即样本矩依概率收敛于其对应的总体矩. 因此根据样本观测值，可以计算其样本矩，从而将样本矩作为相应的总体矩估计值，用矩估计法得到的估计量称为矩估计量. 一般在进行估计时，最常用的是估计均值与方差，所以接下来主要介绍均值与方差的点估计，其余的高阶样本矩估计方法类似.

1. 均值的矩估计

由于总体的均值表示总体取值的平均状况，因此，一般用样本平均值

$$\bar{X} = \frac{1}{n}\sum_{i=1}^{n} X_i \tag{6.1}$$

作为总体均值 μ 即数学期望 $E(X)$ 的估计量,即用样本一阶原点矩来估计总体一阶原点矩，记为

$$\hat{\mu} = E(X) = \bar{X} = \frac{1}{n}\sum_{i=1}^{n} X_i . \tag{6.2}$$

2. 方差的矩估计

由于总体的方差表示总体取值对总体均值的偏离程度，因此，一般用样本二阶中心矩

$$B_2 = \frac{1}{n}\sum_{i=1}^{n} (X_i - \bar{X})^2 \tag{6.3}$$

作为总体方差 $D(X)$ 的估计量，即用样本二阶中心矩来估计总体二阶中心矩，记为

$$\hat{\sigma}^2 = \frac{1}{n}\sum_{i=1}^{n} (X_i - \bar{X})^2 . \tag{6.4}$$

例 6.1.1　设某种电子元件的寿命 $X \sim N(\mu, \sigma^2)$，其中 μ, σ^2 未知. 现随意抽取 10 个产品，测得寿命（单位：小时）分别为 1256，1307，1180，1450，1225，1198，1365，1420，1295，1304，试估计这批零件寿命的均值与方差.

解　这批零件的寿命为 X，则平均寿命与方差分别为

$$\hat{\mu} = \bar{X} = \frac{1}{10}(1256+1307+1180+\cdots+1304) = 1300 ;$$

$$\hat{\sigma}^2 = B_2 = \frac{1}{10}[(1256-1300)^2 + (1307-1300)^2$$
$$+ (1180-1300)^2 + \cdots + (1304-1300)^2] = 7358.$$

所以，这批零件的平均寿命 $E(X)$ 的估计值为 $\hat{\mu}=1300$，方差 $D(X)$ 的估计值 $\hat{\sigma}^2 = 7358$.

例 6.1.2　设总体 X 的分布律为

X	1	2	3
P	θ^2	$2\theta(1-\theta)$	$(1-\theta)^2$

其中，θ 为未知参数，现抽得一个样本值为 $x_1 = 1$，$x_2 = 2$，$x_3 = 1$，求 θ 的矩估计值.

解　由题意可得

$$E(X) = 1 \times \theta^2 + 2 \times 2\theta(1-\theta) + 3 \times (1-\theta)^2 = 3 - 2\theta.$$

样本均值

$$\overline{x} = \frac{1}{3}(1+2+1) = \frac{4}{3}.$$

则由矩估计法可得 $E(X) = \overline{x}$，即

$$3 - 2\theta = \frac{4}{3},$$

也就是 $\theta = \frac{5}{6}$，故 θ 的矩估计值 $\hat{\theta} = \frac{5}{6}$.

例 6.1.3　假设总体 $X \sim \text{Exp}(\lambda)$，从中随机抽取样本 $X_1, X_2, \cdots, X_n$，试估计参数 λ.

解　指数分布的数学期望 $E(X) = \frac{1}{\lambda}$，则 $\lambda = \frac{1}{E(X)}$，由 $E(X) = \overline{X}$，可得

$$\hat{\lambda} = \frac{1}{\overline{X}} = \frac{1}{\dfrac{1}{n}\displaystyle\sum_{i=1}^{n} X_i}.$$

一般地，若总体 X 的分布中存在 m 个未知参数 $\theta_1, \theta_2, \cdots, \theta_m$ 且 X 直到 m 阶矩都存在，$X_1, X_2, \cdots, X_n$ 为来自总体的 X 样本，用样本 k 阶原点矩 $A_k = \displaystyle\sum_{i=1}^{n} X_i^k$ 来估计相应的 k 阶总体矩 $E(X^k)$，即可得到 $\theta_1, \theta_2, \cdots, \theta_m$ 的估计量，即

$$E(X^k) = \mu(\theta_1, \theta_2, \cdots, \theta_m) = \frac{1}{n}\sum_{i=1}^{n} X_i^k, \quad k = 1, 2, \cdots, m. \tag{6.5}$$

例 6.1.4　设总体 X 的概率密度函数为

$$f(x) = \begin{cases} \mathrm{e}^{-(x-\theta)}, & x \geq \theta, \\ 0, & x < \theta, \end{cases}$$

$X_1, X_2, \cdots, X_n$ 是来自总体 X 的样本. 试求未知参数 θ 的矩估计量.

解　由题意可知

$$E(x) = \int_{\theta}^{+\infty} x e^{-(x-\theta)} dx = \theta + 1,$$

则由矩估计法可得

$$\theta + 1 = \bar{X} = \frac{1}{n} \sum_{i=1}^{n} X_i,$$

故有未知参数 θ 的矩估计量

$$\hat{\theta} = \frac{1}{n} \sum_{i=1}^{n} \bar{X}_i - 1.$$

矩估计方法是英国统计学家皮尔逊在 1894 年提出的,这种方法较为简单,在确定未知参数与总体矩的关系之后,不再依赖总体的分布形式,因而适用性强,但估计效果有时不够理想.此外,若总体矩不存在时,该方法失效.为了弥补这种遗憾,接下来介绍另外一种应用广泛且效果更好的方法——极大似然估计法.

6.1.2　极大似然估计

由于前面所讲的矩估计法必须以总体矩存在为前提,假设总体矩不存在,则矩估计法失效,因此为了解决这个问题,英国统计学家费希尔提出了极大似然估计法.为了更好地说明极大似然估计法的思想,这里先看一个例子.

例 6.1.5　设有外形完全相同的两个箱子,甲箱中有 99 个白球和 1 个黑球,乙箱中有 1 个白球和 99 个黑球.今随机抽取一箱,再以取出的一箱中抽取一球,结果取得白球,问这球从哪一个箱子取出的?

解　甲箱中抽得白球的概率为 $P\{白|甲\} = 0.99$;

乙箱中抽得白球的概率为 $P\{白|乙\} = 0.01$.

由此看到,这一白球从甲箱中抽出的概率比从乙箱中抽出的概率大得多,根据极大似然原理,既然在一次抽样中抽得白球,当然可以认为是由概率大的箱子中抽出的,所以作出判断是从甲箱中抽出的,这一推断也符合人们长期的实践经验.

从上面这个例子可以看到,极大似然估计法的思想是根据出现的结果估计参数,要求参数的估计值使得这个结果出现的概率最大.极大似然估计法只适用于总体的分布类型已知的统计模型.

如果总体分布形式已知,里面包含一个或者多个参数,将其总体分布记为 $f(x, \theta_1, \theta_2, \cdots, \theta_m)$,$X_1, X_2, \cdots, X_n$ 是从总体中随机抽取的样本,样本观测值为 $x_1, x_2, \cdots, x_n$,根据极大似然估计法的思想就是要寻找合适的参数估计值,使得随机事件 $\{X_i = x_i\}$,$i = 1, 2, 3, \cdots, n$ 发生的概率最大.

根据第 5 章的相关结论,可得从连续型总体中抽取的样本 $X_1, X_2, \cdots, X_n$ 联合概

率密度为

$$L(x_1, x_2, \cdots, x_n, \theta_1, \theta_2, \cdots, \theta_m) = \prod_{i=1}^{n} f(x_i, \theta_1, \theta_2, \cdots, \theta_m). \quad (6.6)$$

由极大似然估计法的思想，当试验结果出现，即 $x_1, x_2, \cdots, x_n$ 已知时，函数 $L(x_1, x_2, \cdots, x_n, \theta_1, \theta_2, \cdots, \theta_m)$ 即为 $\theta_1, \theta_2, \cdots, \theta_m$ 的函数，一般把这个函数称为**似然函数**. 同理可得从离散型总体中抽取的样本 $X_1, X_2, \cdots, X_n$ 的极大似然函数为

$$L(x_1, x_2, \cdots, x_n, \theta_1, \theta_2, \cdots, \theta_m) = \prod_{i=1}^{n} P(x_i, \theta_1, \theta_2, \cdots, \theta_m), \quad (6.7)$$

其中 $P(x_i, \theta_1, \theta_2, \cdots, \theta_m)$ 表示的是分布律.

为了估计总体的未知参数，最直观的想法就是哪一组参数值能使得 $x_1, x_2, \cdots, x_n$ 出现的可能性最大，哪一组参数最有可能是真正的参数，因此把求参数的估计值问题转换成了求似然函数的最大值问题. 一般情况下似然函数直接求极值比较困难，而根据对数函数的单调性，可以先将似然函数取对数，这时 L 和 $\ln L$ 将在相同点处取得最值，因此求最值时一般会先对似然函数取对数再求解. 下面给出极大似然估计法步骤.

（1）求似然函数：根据总体分布找到似然函数

$$L(x_1, x_2, \cdots, x_n, \theta_1, \theta_2, \cdots, \theta_m) = \prod_{i=1}^{n} f(x_i, \theta_1, \theta_2, \cdots, \theta_m). \quad (6.8)$$

（2）取对数：对似然函数等式两边取对数

$$\ln L(x_1, x_2, \cdots, x_n, \theta_1, \theta_2, \cdots, \theta_m) = \sum_{i=1}^{n} \ln f(x_i, \theta_1, \theta_2, \cdots, \theta_m). \quad (6.9)$$

（3）求极值点：取对数后对等式两边求导得到似然方程组 $\dfrac{\partial \ln(L)}{\partial \theta_i} = 0$，$i = 1,$ 2, $\cdots$, m，解方程组即可得到参数的估计值 $\hat{\theta}_1, \hat{\theta}_2, \cdots, \hat{\theta}_m$. 若导数不存在，则无法得到驻点，这时就必须要根据极大似然估计法的思想直接去寻求似然函数的最大值.

注 离散型总体的极大似然估计法类似.

例 6.1.6 设总体 X 服从 0–1 分布，即

X	0	1
P	$1-p$	p

参数 p 未知，对 X 做 6 次独立观察，观察值分别为 0，1，1，0，1，1，试求参数 p 的极大似然估计.

解 对 X 做 6 次独立观察，相当于得到容量为 6 的样本 $X_1, X_2, \cdots, X_6$，其观察

值分别为 $X_1 = 0$，$X_2 = 1$，$X_3 = 1$，$X_4 = 0$，$X_5 = 1$，$X_6 = 1$.

建立 p 的似然函数

$$\begin{aligned}L(p) &= P\{X_1 = 0, X_2 = 1, X_3 = 1, X_4 = 0, X_5 = 1, X_6 = 1\}\\ &= P\{X_1 = 0\}P\{X_2 = 1\}P\{X_3 = 1\}P\{X_4 = 0\}P\{X_5 = 1\}P\{X_6 = 1\}\\ &= (1-p)pp(1-p)pp = (1-p)^2 p^4.\end{aligned}$$

似然函数是参数 p 的函数，求似然函数的最大值点，似然函数要对 p 求导，为求导方便，先对似然函数取对数，再求导.

$$\ln L(p) = \ln[(1-p)^2 p^4] = 2\ln(1-p) + 4\ln p,$$

$$[\ln L(p)]' = [2\ln(1-p) + 4\ln p]' = -\frac{2}{1-p} + \frac{4}{p}$$

$$= \frac{-2p + 4(1-p)}{(1-p)p} = \frac{4-6p}{(1-p)p} = 0,$$

所以

$$4 - 6p = 0, \quad \hat{p} = \frac{2}{3}.$$

参数 p 的极大似然估计值 $\hat{p} = \dfrac{2}{3}$.

例 6.1.7 假设总体 $X \sim \mathrm{Exp}(\lambda)$，从中随机抽取样本 $X_1, X_2, \cdots, X_n$，试用极大似然方法估计参数 λ.

解 似然函数 $L(X_1, X_2, \cdots, X_n, \lambda) = \prod\limits_{i=1}^{n} f(X_i, \lambda) = \lambda^n \mathrm{e}^{-\lambda \sum\limits_{i=1}^{n} X_i}$，对似然函数两边取对数，得到

$$\ln(L) = n\ln\lambda - \lambda \sum_{i=1}^{n} X_i,$$

再对两边求导得似然方程组 $\dfrac{\mathrm{d}\ln(L)}{\mathrm{d}\lambda} = \dfrac{n}{\lambda} - \sum\limits_{i=1}^{n} X_i = 0$，参数 λ 的极大似然估计量为

$$\frac{1}{\lambda} = \frac{1}{n} \sum_{i=1}^{n} X_i.$$

例 6.1.8 假设总体 $X \sim U[a, b]$，从中随机抽取样本 $X_1, X_2, \cdots, X_n$，其观测值为 $x_1, x_2, \cdots, x_n$，试用极大似然估计方法估计参数 a, b.

解 $X \sim U[a, b]$，则 $f(x) = \begin{cases} \dfrac{1}{b-a}, & a \leqslant x \leqslant b, \\ 0, & \text{其他}, \end{cases}$ 极大似然函数 $L(a, b) = \dfrac{1}{(b-a)^n}$. 由

于 $L(a, b)$ 无驻点，不能用似然方程组求极大值，所以根据极大似然估计的思想，只需要极大似然函数越大越好，要 $L(a, b)$ 越大，即要求 $b - a$ 尽可能小，故而要求 b 尽可能小，a 尽可能大，所以估计值 $\hat{a} = \min(x_1, x_2, \cdots, x_n)$，$\hat{b} = \max(x_1, x_2, \cdots, x_n)$.

例 6.1.9　设总体 X 的概率密度为

$$f(x) = \begin{cases} \theta, & 0 < x < 1, \\ 1 - \theta, & 1 \leqslant x < 2, \\ 0, & 其他, \end{cases}$$

其中 θ 是未知参数 $(0 < \theta < 1)$，$x_1, x_2, \cdots, x_n$ 为来自总体的随机样本，记 N 为样本值 $x_1, x_2, \cdots, x_n$ 中小于 1 的个数，求：(1) θ 的矩估计；(2) θ 的极大似然估计.

解　(1) 总体 X 的数学期望为

$$E(X) = \int_0^1 x\theta \mathrm{d}x + \int_1^2 x(1 - \theta)\mathrm{d}x = \frac{3}{2} - \theta.$$

令

$$\frac{3}{2} - \theta = \bar{X},$$

得所求的矩估计量为

$$\hat{\theta} = \frac{3}{2} - \bar{X}.$$

依题意，样本值 $x_1, x_2, \cdots, x_n$ 中有 N 个小于 1，$n - N$ 个大于 1，因此似然函数为

$$L(\theta) = \prod_{i=1}^n f(x_i) = \theta^N (1 - \theta)^{n-N}.$$

取对数，有

$$\ln L(\theta) = N \ln \theta + (n - N)\ln(1 - \theta).$$

令

$$\frac{\mathrm{d}\ln L(\theta)}{\mathrm{d}\theta} = \frac{N}{\theta} - \frac{n - N}{1 - \theta} = 0,$$

解得 θ 的极大似然估计

$$\hat{\theta} = \frac{N}{n}.$$

用矩估计法求解例 6.1.8，会发现结果不同，这是由于估计的方法不同，则得到的估计量也不相同，那么对于不同的估计量如何进行选择呢？为了研究这个问题，接下来介绍如何进行估计量的优良性评价.

6.2　估计量的优良准则

由上述的讨论及例题可以知道，根据估计方法的不同，得到的估计量也不同，甚至使用同一种估计方法，有时也可以得到不同的估计量. 那么对于同一参数的多个估计量，哪一个估计量是最好的估计量呢？这里就涉及估计量的评价问题，因此，进一步研究点估计的评价标准. 下面介绍三种常见的估计量的评价标准.

6.2.1　无偏性

若 $\hat{\theta}$ 是 θ 的估计量，一般情况下，对于某事件的多次随机观测的结果来说，$\hat{\theta}$ 的取值与参数的真值 θ 之间会存在一定的偏差，即 $\hat{\theta} - \theta$，而我们自然希望这一偏差越小越好，也就是希望 $\hat{\theta}$ 的取值尽量在 θ 附近波动，即 $\hat{\theta}$ 的平均值与 θ 的差值为零. 这就有了无偏估计的概念. 若 θ 的平均值与 θ 的差值不为零，则称有偏估计，如图 6.1 所示.

这个原理有点类似射击，若把未知参数 θ 的真实值看作靶心，命中在靶心附近，即 $\hat{\theta}$ 取值在靶心周围，那么估计就是无偏的，如图 6.2 所示.

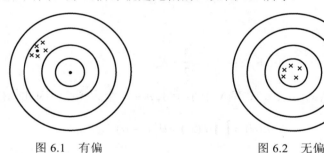

图 6.1　有偏　　　　　　　　　　　图 6.2　无偏

定义 6.1　设 $\hat{\theta} = \hat{\theta}(X_1, X_2, \cdots, X_n)$ 是未知参数 θ 的一个点估计量，若满足

$$E(\hat{\theta}) = \theta，\tag{6.10}$$

则称 $\hat{\theta} = \hat{\theta}(X_1, X_2, \cdots, X_n)$ 是 θ 的**无偏估计量**. 否则称 $\hat{\theta}$ 是 θ 的有偏估计量，记 $E(\hat{\theta}) - \theta$ 为估计量 $\hat{\theta}$ 的偏差. 若 $E(\hat{\theta}) \neq \theta$，但是 $\lim_{n \to \infty} E(\hat{\theta}) = \theta$，则称 $\hat{\theta}$ 是 θ 的**渐近无偏估计量**.

定理 6.1　设总体均值为 μ，方差为 σ^2，$X_1, X_2, \cdots, X_n$ 为来自该总体的样本，则 $\bar{X}$，S^2 是 μ, σ^2 的无偏估计，其中 $S^2 = \dfrac{1}{n-1} \sum_{i=1}^{n} (X_i - \bar{X})^2$.

证明　因为 $X_1, X_2, \cdots, X_n$ 是独立同分布的，于是可得 $E(X_i) = \mu$，故有

$$E(\bar{X}) = E\left(\frac{1}{n} \sum_{i=1}^{n} X_i \right) = \frac{1}{n} \sum_{i=1}^{n} E(X_i) = \frac{1}{n} n\mu = \mu$$

和

$$E(S^2) = E\left[\frac{1}{n-1}\sum_{i=1}^{n}(X_i - \bar{X})^2\right]$$

$$= \frac{1}{n-1}E\left(\sum_{i=1}^{n}X_i^2 - 2\bar{X}\sum_{i=1}^{n}X_i + \sum_{i=1}^{n}\bar{X}^2\right)$$

$$= \frac{1}{n-1}E\left(\sum_{i=1}^{n}X_i^2 - n\bar{X}^2\right)$$

$$= \frac{1}{n-1}\left\{\sum_{i=1}^{n}[D(X_i) + E^2(X_i)] - n[D(\bar{X}) + E^2(\bar{X})]\right\}$$

$$= \frac{1}{n-1}\left[n\sigma^2 + n\mu^2 - n\left(\frac{\sigma^2}{n} + \mu^2\right)\right]$$

$$= \frac{1}{n-1}(n\sigma^2 - \sigma^2) = \sigma^2.$$

在前面矩估计法里面曾将样本二阶中心矩作为总体方差的估计值，即 $\hat{\sigma}^2 = D(X) = \frac{1}{n}\sum_{i=1}^{n}(X_i - \bar{X})^2$，显然根据定理 6.1，可以得到，该估计值并不是总体方差的无偏估计，因此在用样本方差估计总体方差时，一般会把分母 n 修正成 $n-1$. 值得注意的是样本标准差不是总体标准差的无偏估计.

例 6.2.1 假设总体均值为 μ, X_1, X_2, X_3 是来自于该总体的样本，试判断下列估计量

$$\hat{\mu}_1 = \frac{1}{2}X_1 + X_2 + \frac{1}{4}X_3,$$

$$\hat{\mu}_2 = \frac{1}{3}X_1 + \frac{1}{3}X_2 + \frac{1}{3}X_3,$$

$$\hat{\mu}_3 = \frac{1}{4}X_1 + \frac{1}{4}X_2 + \frac{1}{2}X_3$$

是否是 μ 的无偏估计量.

解 由于样本都是独立同分布的，可以得到 $E(X_i) = \mu$，因此

$$E(\hat{\mu}_1) = E\left(\frac{1}{2}X_1 + X_2 + \frac{1}{4}X_3\right) = \frac{1}{2}E(X_1) + E(X_2) + \frac{1}{4}E(X_3) = \frac{7}{4}\mu;$$

$$E(\hat{\mu}_2) = E\left(\frac{1}{3}X_1 + \frac{1}{3}X_2 + \frac{1}{3}X_3\right) = \frac{1}{3}E(X_1) + \frac{1}{3}E(X_2) + \frac{1}{3}E(X_3) = \mu;$$

$$E(\hat{\mu}_3) = E\left(\frac{1}{4}X_1 + \frac{1}{4}X_2 + \frac{1}{2}X_3\right) = \frac{1}{4}E(X_1) + \frac{1}{4}E(X_2) + \frac{1}{2}E(X_3) = \mu.$$

根据无偏性的定义，$\hat{\mu}_1$ 不是 μ 的无偏估计，$\hat{\mu}_2$，$\hat{\mu}_3$ 均是 μ 的无偏估计.

根据例 6.2.1，可以看到参数的无偏估计量并不是唯一的，并且还能得到以下结论.

定理 6.2　假设总体均值为 μ，估计量 $\hat{\mu} = \sum_{i=1}^{n} c_i X_i$，若 $\sum_{i=1}^{n} c_i = 1$，则 $\hat{\mu}$ 必为 μ 的无偏估计量. 这时称 $\hat{\mu}$ 为 μ 的线性无偏估计量.

由定理 6.2 可以知道无偏估计量并不是唯一的，因此在无偏估计下，又如何来选择估计量呢，所以还需要进一步讨论优良性准则.

6.2.2　有效性

由上述讨论可知，同一参数 θ 的无偏估计量可能不唯一，那么哪一个无偏估计量更好呢？由此引出了估计量的有效性概念. 若 $\hat{\theta}$ 是 θ 的无偏估计量，无偏性说明估计量 $\hat{\theta}$ 的取值在参数的真值 θ 附近波动，显然，我们希望这个波动范围越小越好（图 6.3）. 由于方差是随机变量取值与其数学期望偏离程度的度量，因此，这个 "波动范围" 可以用方差来衡量，即方差越小，无偏估计量更有效. 如图 6.4 更有效.

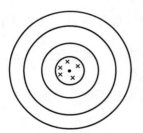 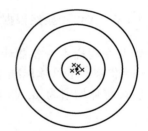

图 6.3　无偏估计量 1　　　　　　图 6.4　无偏估计量 2

定义 6.2　已知 $\hat{\theta}_1$，$\hat{\theta}_2$ 为未知参数 θ 的无偏估计量，若对任意的样本都有 $D(\hat{\theta}_1) < D(\hat{\theta}_2)$，则称 $\hat{\theta}_1$ 比 $\hat{\theta}_2$ 有效.

例 6.2.2　例 6.2.1 中，$\hat{\mu}_2$，$\hat{\mu}_3$ 均是 μ 的无偏估计，若总体的方差为 σ^2，试判断哪个更有效.

$$D(\hat{\mu}_2) = D\left(\frac{1}{3} X_1 + \frac{1}{3} X_2 + \frac{1}{3} X_3\right) = \frac{1}{9} D(X_1) + \frac{1}{9} D(X_2) + \frac{1}{9} D(X_3) = \frac{1}{3}\sigma^2,$$

$$D(\hat{\mu}_3) = D\left(\frac{1}{4} X_1 + \frac{1}{4} X_2 + \frac{1}{2} X_3\right) = \frac{1}{16} D(X_1) + \frac{1}{16} D(X_2) + \frac{1}{4} D(X_3) = \frac{3}{8}\sigma^2.$$

显然，$D(\hat{\mu}_2) < D(\hat{\mu}_3)$，故而 $\hat{\mu}_2$ 比 $\hat{\mu}_3$ 有效.

从上述例子，还可以给出另外一个有用的结论.

定理 6.3　若 $X_1, X_2, \cdots, X_n$ 是来自于总体 X 的一个样本，则一切形如

$\mu = \sum_{i=1}^{n} c_i X_i \left(其中 \sum_{i=1}^{n} c_i = 1 \right)$ 的关于 $\mu = E(X)$ 的无偏估计中，样本均值 $\overline{X} = \dfrac{1}{n} \sum_{i=1}^{n} X_i$ 最有效.

6.2.3　相合性

在进行点估计时，总体参数 θ 的估计量 $\hat{\theta} = \hat{\theta}(X_1, X_2, \cdots, X_n)$ 实际上是样本的函数，并且估计量的无偏性和有效性是在样本容量 n 一定的条件下来考虑的，而实践表明样本容量 n 越大，估计越精确，因此，我们对一个好的估计量的要求是其值应该随着样本容量 n 的增加越来越逼近未知参数的真值，即两者的误差趋于零，这就是相合性，其严格定义如下：

定义 6.3　若 $\hat{\theta} = \hat{\theta}(X_1, X_2, \cdots, X_n)$ 是总体 X 的未知参数 θ 的一个估计量，n 为样本容量，若对任意的 $\varepsilon > 0$ 有

$$\lim_{n \to \infty} P\{|\hat{\theta} - \theta| < \varepsilon\} = 1,$$

也就是当 $n \to \infty$ 时，估计量 $\hat{\theta}$ 依概率收敛于未知参数 θ，则称 $\hat{\theta}$ 为 θ 的**相合估计量（一致估计量）**.

下面将给出如何判断相合估计量的充分条件.

定理 6.4　设 $\hat{\theta}(X_1, X_2, \cdots, X_n)$ 是 θ 的一个无偏估计，若 $\lim\limits_{n \to \infty} D(\hat{\theta}) = 0$，则 $\hat{\theta}$ 是 θ 的相合估计量.

证明　由于 $\hat{\theta}$ 是 θ 的一个无偏估计，则有 $E(\hat{\theta}) = \theta$，根据切比雪夫不等式，对于任意的 $\varepsilon > 0$，有

$$P\{|\hat{\theta} - \theta| < \varepsilon\} = P\{|\hat{\theta} - E(\theta)| < \varepsilon\} \geqslant 1 - \dfrac{D(\hat{\theta})}{\varepsilon^2}. \tag{6.11}$$

当 $n \to \infty$ 时，有 $\lim\limits_{n \to \infty} P\{|\hat{\theta} - \theta| < \varepsilon\} = 1$，故定理得证.

相合估计量是对估计量的最基本要求. 可以证明 $\overline{X}$ 是 $E(X)$ 的相合估计，若总体 k 阶矩存在，则样本 k 阶矩是总体 k 阶矩的相合估计量，因此前面用矩估计来估计参数具有可行性.

值得注意的是，无偏估计有时候不一定比有偏估计更好，因此还可以用估计值 $\hat{\theta}$ 与参数真值 θ 的距离平方和的期望来判断两者之间的误差大小，进而评价估计量的好坏，这就是均方误差 $\mathrm{MSE}(\hat{\theta}) = E(\hat{\theta} - \theta)^2$，显然，估计量的均方误差越小越好. 而均方误差总能写为

$$\mathrm{MSE}(\hat{\theta}) = E(\hat{\theta} - \theta)^2 = D(\hat{\theta}) + [E(\hat{\theta}) - \theta]^2. \tag{6.12}$$

由此可以看到，均方误差是由估计量的方差和偏差的平方两部分组成的. 由于

$\hat{\theta}$ 是 θ 的无偏估计量，则 $[E(\hat{\theta})-\theta]^2=0$，进一步可以得到 $\text{MSE}(\hat{\theta})=D(\hat{\theta})$，这恰好说明了用方差考察无偏估计量的有效性是合理的，即无偏估计量的方差越小，均方误差也越小，说明估计量与参数的误差越小，此时估计量更有效. 若 $\hat{\theta}$ 是 θ 的有偏估计量时，则用均方误差进行评价，本书对于有偏估计不再做进一步讨论.

6.3　参数的区间估计

前面讨论了参数的点估计方法，虽然参数估计能得到参数的近似值，但参数的估计值与真实值之间的误差大小并不知道，这是点估计的一个缺点. 日常生活中，除了进行点估计以外，也会用一个区间去估计某个参数，比如，甲估计某人的成绩在 70 分到 80 分之间，乙估计某人的成绩在 50 分到 90 分之间，显然甲估计的区间比乙估计的区间短，因而甲估计的精度较高，但是区间短包含真实成绩的可能性也就小，这个概率称为区间估计的可靠度. 因此对于参数的估计可以采用区间估计给出参数的一个范围，并在要求的可靠程度下保证这个范围包含未知参数，这恰好弥补了点估计的不足.

不难看出区间估计的长度决定了参数估计的精度，如果区间长度越长，那么可靠性越高，但是区间长度越长，参数估计的精度越低，因此可靠性与精度是相互矛盾的. 在处理实际问题中，先保证可靠度的条件下，尽可能提高精度. 下面讨论参数的区间估计.

6.3.1　基本概念

定义 6.4　设 $(X_1, X_2, \cdots, X_n)$ 是来自总体 X 的一个样本，$\hat{\theta}_1 = \hat{\theta}_1(X_1, X_2, \cdots, X_n)$，$\hat{\theta}_2 = \hat{\theta}_2(X_1, X_2, \cdots, X_n)$ 是由样本确定的两个统计量，$\hat{\theta}_1 < \hat{\theta}_2$，$\alpha$ 是介于 0 和 1 之间的任意实数. 如果对于总体中的未知参数 θ，有

$$P\{\hat{\theta}_1 < \theta < \hat{\theta}_2\} = 1-\alpha, \tag{6.13}$$

则称随机区间 $(\hat{\theta}_1, \hat{\theta}_2)$ 是参数 θ 的置信度为 $1-\alpha$ 的置信区间，称 $1-\alpha$ 为置信区间 $(\hat{\theta}_1, \hat{\theta}_2)$ 的**置信度**（或**置信水平**），分别称 $\hat{\theta}_1$ 和 $\hat{\theta}_2$ 为**置信下限和置信上限**.

一般情况下，α 越小，则 θ 落入 $(\hat{\theta}_1, \hat{\theta}_2)$ 的可能性越大，可是这个区间的宽度也会变宽，这样会影响估计的精度，因此 α 也不能取得太小，通常选 0.01, 0.05, 0.1 等. 一般要求 $P\{\theta < \hat{\theta}_1\} = P\{\theta > \hat{\theta}_2\} = \dfrac{\alpha}{2}$. 上述置信区间称为双侧置信区间. 当然有时在现实生活中，我们只关注参数值的上限或者是下限，如对于一批灯泡，我们关心它们大多数的寿命至少会是多少小时. 因此有时也讨论单侧置信区间，即

$$P\{\theta < \hat{\theta}_2\} = 1-\alpha \quad (\text{或} P\{\theta > \hat{\theta}_1\} = 1-\alpha). \tag{6.14}$$

需要注意的是，随机区间$(\hat{\theta}_1,\hat{\theta}_2)$包含参数真值$\theta$的概率为$1-\alpha$，不是说参数真值$\theta$落入区间$(\hat{\theta}_1,\hat{\theta}_2)$内的概率为$1-\alpha$，而是说当取出多组样本值对同一个未知参数$\theta$反复使用置信区间$(\hat{\theta}_1,\hat{\theta}_2)$时，虽然不能保证每一次都有$\theta\in(\hat{\theta}_1,\hat{\theta}_2)$，但应该约$100\times(1-\alpha)\%$次使得参数真值$\theta$落入区间$(\hat{\theta}_1,\hat{\theta}_2)$，而不包含参数真值$\theta$的约占$100\alpha\%$. 于是$\alpha$表示由抽样误差引起错误判断情形时出现的概率，通常称之为显著性水平或误判风险.

因此对于给定的正数α，如何求出未知参数θ的置信区间，就是区间估计问题. 以下为它的一般步骤.

(1) 若$X_1,X_2,\cdots,X_n$是来自总体的样本，取一个关于参数θ的较优点估计$\hat{\theta}(X_1,X_2,\cdots,X_n)$，这个估计量希望是无偏的.

(2) 构造样本函数$W=W(X_1,X_2,\cdots,X_n,\theta)$，$W$的分布已知，且只含有唯一一个未知参数$\theta$，则$W$称为枢轴变量.

(3) 查表求得W的$1-\dfrac{\alpha}{2}$及$\dfrac{\alpha}{2}$分位点a,b使得$P\{a<W<b\}=1-\alpha$.

(4) 从不等式$a<W<b$中反解出θ，得出等价形式
$$\hat{\theta}_1(X_1,X_2,\cdots,X_n)<\theta<\hat{\theta}_2(X_1,X_2,\cdots,X_n).$$

这时可以得到$P\{\hat{\theta}_1<W<\hat{\theta}_2\}=1-\alpha$，而$(\hat{\theta}_1,\hat{\theta}_2)$为$\theta$的置信度$1-\alpha$的置信区间.

从上述步骤中可以看出，在进行区间估计时关键在于枢轴量，而确定一般分布的枢轴变量是比较困难的. 同时在实际问题中，比较常见的是正态分布，因此，我们主要考虑总体为正态分布时参数的区间估计.

6.3.2 正态总体参数的区间估计

下面就正态总体参数的区间估计的几种情况进行讨论. 对于非正态总体而言，一般针对大容量的样本进行研究，而根据中心极限定理可知，该种情形下，可以按照正态分布总体近似地进行区间估计.

1. 单个正态总体均值的区间估计

设$X_1,X_2,\cdots,X_n$是来自于总体X的一个样本，且总体$X\sim N(\mu,\sigma^2)$，在给定置信度$1-\alpha$，$0<\alpha<1$的条件下，对总体均值μ的置信区间进行研究.

(1) σ^2已知，总体均值μ的置信区间.

由 6.1 节内容可知，样本均值$\bar{X}$是μ的无偏估计量，且$\bar{X}\sim N\left(\mu,\dfrac{\sigma^2}{n}\right)$，故样本统计量

$$U = \frac{\overline{X} - \mu}{\sigma / \sqrt{n}} \sim N(0,1) ,$$

对于给定的置信度 $1-\alpha$，有 $P\{|U| < z_{\alpha/2}\} = 1-\alpha$，即

$$P\left\{ -z_{\alpha/2} < \frac{\overline{X} - \mu}{\sigma_0 / \sqrt{n}} < z_{\alpha/2} \right\} = 1-\alpha ,$$

也就是

$$P\left\{ \overline{X} - z_{\alpha/2} \frac{\sigma}{\sqrt{n}} < \mu < \overline{X} + z_{\alpha/2} \frac{\sigma}{n} \right\} = 1-\alpha .$$

于是得到了 μ 的置信度为 $1-\alpha$ 的置信区间

$$\left(\overline{X} - z_{\alpha/2} \frac{\sigma}{\sqrt{n}}, \overline{X} + z_{\alpha/2} \frac{\sigma}{\sqrt{n}} \right). \tag{6.15}$$

(2) σ^2 未知，总体均值 μ 的置信区间.

此时由抽样分布定理知道，σ^2 未知，样本函数 $T = \frac{\overline{X} - \mu}{S / \sqrt{n}} \sim t(n-1)$，对于给定的置信度 $1-\alpha$，有 $P\{|T| < t_{\alpha/2}(n-1)\} = 1-\alpha$，即

$$P\left\{ -t_{\alpha/2}(n-1) < \frac{\overline{X} - \mu}{S / \sqrt{n}} < t_{\alpha/2}(n-1) \right\} = 1-\alpha ,$$

也就是

$$P\left\{ \overline{X} - t_{\alpha/2}(n-1) \frac{S}{\sqrt{n}} < \mu < \overline{X} + t_{\alpha/2}(n-1) \frac{S}{\sqrt{n}} \right\} = 1-\alpha .$$

于是得到了 μ 的置信度为 $1-\alpha$ 的置信区间

$$\left(\overline{X} - t_{\alpha/2}(n-1) \frac{S}{\sqrt{n}}, \overline{X} + t_{\alpha/2}(n-1) \frac{S}{\sqrt{n}} \right). \tag{6.16}$$

例 6.3.1　设来自正态总体 $X \sim N(\mu, 0.9^2)$，容量为 9 的简单随机样本均值 $\overline{X} = 5$，求未知参数 μ 的置信度为 0.95 的双侧置信区间.

解　方差已知，

$$\overline{X} = 5, \quad n = 9, \quad Z_{\alpha/2} = z_{0.025} = 1.96 ,$$

故 μ 的置信度为 0.95 的双侧置信区间为

$$\left(5 - 1.960 \times \frac{0.9}{3}, 5 + 1.960 \times \frac{0.9}{3} \right) = (4.412, 5.588) .$$

例 6.3.2　已知某工厂生产的某种零件的重量近似服从正态分布，现从一批零件中随机地抽取 16 件，测得其重量(单位：克)如表 6.1 所示.

表 6.1

506	508	499	503	504	510	497	512
514	505	493	496	506	502	509	496

求此种零件的平均重量的置信度为 95%的双侧置信区间.

解　由题意得：方差 σ^2 未知，$\alpha = 0.05$，$\bar{X} = 503.75$，$S = 6.2022$，$t_{\alpha/2}(n-1) = t_{0.025}(15) = 2.131$，故 μ 的 95%的双侧置信区间为

$$\left(503.75 - \frac{6.2022}{\sqrt{16}} \times 2.131, 503.75 + \frac{6.2022}{\sqrt{16}} \times 2.131\right) \approx (500.4, 507.1).$$

2. 单个正态总体方差的区间估计

设 $X_1, X_2, \cdots, X_n$ 是来自于总体 X 的一个样本，且总体 $X \sim N(\mu, \sigma^2)$，在给定置信度 $1-\alpha$，$0 < \alpha < 1$ 的条件下，对总体方差 σ^2 的置信区间进行研究.

(1) μ 已知，总体均值 σ^2 的置信区间.

由于 $X \sim N(\mu, \sigma^2)$，故 $\dfrac{\sum\limits_{i=1}^{n}(X_i - \mu)^2}{\sigma^2} \sim \chi^2(n)$，可以考虑取一个关于 σ^2 的枢轴量

$$\chi^2 = \frac{\sum\limits_{i=1}^{n}(X_i - \mu)^2}{\sigma^2} \sim \chi^2(n),$$

于是，由

$$P\left\{\chi^2_{1-\alpha/2}(n) < \frac{\sum\limits_{i=1}^{n}(X_i - \mu)^2}{\sigma^2} < \chi^2_{\alpha/2}(n)\right\} = 1-\alpha$$

可得总体方差 σ^2 的置信度为 $1-\alpha$ 的置信区间为

$$\left(\frac{\sum\limits_{i=1}^{n}(X_i - \mu)^2}{\chi^2_{\alpha/2}(n)}, \frac{\sum\limits_{i=1}^{n}(X_i - \mu)^2}{\chi^2_{1-\alpha/2}(n)}\right). \tag{6.17}$$

(2) μ 未知，总体均值 σ^2 的置信区间.

由于 $X \sim N(\mu, \sigma^2)$，μ 未知，故可以取 $\chi^2 = \dfrac{(n-1)S^2}{\sigma^2} \sim \chi^2(n-1)$ 作为枢轴量，于是，由

$$P\left\{\chi^2_{1-\alpha/2}(n-1) < \frac{(n-1)S^2}{\sigma^2} < \chi^2_{\alpha/2}(n-1)\right\} = 1-\alpha$$

可得总体方差 σ^2 的置信度为 $1-\alpha$ 的置信区间为

$$\left(\frac{(n-1)S^2}{\chi^2_{\alpha/2}(n-1)},\frac{(n-1)S^2}{\chi^2_{1-\alpha/2}(n-1)}\right). \tag{6.18}$$

例 6.3.3　某车间生产零件，从中随机抽取 7 个，测得它们的长度（单位：mm）为

14.6,　15.2,　15.1,　14.9,　14.8,　15.0,　15.2.

若知道零件的长度是服从正态分布的，求总体方差 σ^2 的置信度为 0.95 的置信区间.

解　根据题意得到 $\alpha=0.05$, $n=7$, 计算可以得到样本方差 $S^2=0.22^2$, 查表得到

$$\chi^2_{1-\alpha/2}(n-1)=\chi^2_{0.975}(6)=1.24, \quad \chi^2_{\alpha/2}(n-1)=\chi^2_{0.025}(6)=14.45.$$

于是有

$$\frac{(n-1)S^2}{\chi^2_{\alpha/2}(6)}=\frac{6\times0.22^2}{14.45}\approx0.02,$$

$$\frac{(n-1)S^2}{\chi^2_{1-\alpha/2}(6)}=\frac{6\times0.22^2}{1.24}\approx0.23,$$

故而有总体方差 σ^2 的置信度为 0.95 的置信区间为 $(0.02, 0.23)$.

例 6.3.4　某公司生产一批螺栓，其长度（单位：cm）服从正态分布，随机抽取 5 个样品，测得样本均值为 13.0cm，样本方差为 0.1，求总体标准差 σ 的置信度为 0.95 的置信区间

解　$n=5$，$\alpha=0.05$，查表得到

$$\chi^2_{1-\alpha/2}(n-1)=\chi^2_{0.975}(4)=0.48,$$

$$\chi^2_{\alpha/2}(n-1)=\chi^2_{0.025}(4)=11.14.$$

因为 μ 未知，则总体标准差 σ^2 的置信度为 0.95 的置信区间，代入计算得到

$$\left(\sqrt{\frac{(n-1)S^2}{\chi^2_{\alpha/2}(n-1)}},\sqrt{\frac{(n-1)S^2}{\chi^2_{1-\alpha/2}(n-1)}}\right)=\left(\sqrt{\frac{4\times0.1}{11.14}},\sqrt{\frac{4\times0.1}{0.48}}\right)\approx(0.189,0.929),$$

故总体的标准差 σ 的 95% 置信区间为 $(0.189, 0.929)$.

3. 两个正态总体的区间估计

如果某产品有两条生产线，并已知该产品的使用寿命服从正态分布，由于不同生产线可能会引起总体的均值或方差不同，若想要了解这种改变有多大，这就需要对两个正态总体的均值差或方差比进行区间估计，也就是两个正态总体的区间估计问题.

设 $X_1, X_2, \cdots, X_{n_1}$ 是来自于总体 X 的一个样本，且总体 $X\sim N(\mu_1,\sigma_1^2)$；$Y_1, Y_2, \cdots, Y_{n_2}$

是来自于总体 Y 的一个样本，且总体 $Y \sim N(\mu_2, \sigma_2^2)$；$X$ 和 Y 相互独立，两个总体的样本均值分别为 $\overline{X}$ 和 $\overline{Y}$，样本方差分别为 S_1^2 和 S_2^2，在给定置信度 $1-\alpha$，$0 < \alpha < 1$ 的条件下，对两总体均值差 $\mu_1 - \mu_2$ 和方差比 $\dfrac{\sigma_1^2}{\sigma_2^2}$ 的置信区间进行研究.

(1) σ_1^2 和 σ_2^2 已知，两总体均值差 $\mu_1 - \mu_2$ 的置信区间.

由于样本均值 $\overline{X}$ 和 $\overline{Y}$ 是 μ_1 和 μ_2 的无偏估计量，故 $\overline{X} - \overline{Y}$ 是 $\mu_1 - \mu_2$ 的无偏估计量. 同时，$\overline{X} \sim N\left(\mu_1, \dfrac{\sigma_1^2}{n_1}\right)$，$\overline{Y} \sim N\left(\mu_2, \dfrac{\sigma_2^2}{n_2}\right)$，因为 $\overline{X}$ 和 $\overline{Y}$ 相互独立，所以有

$$\overline{X} - \overline{Y} \sim N\left(\mu_1 - \mu_2, \frac{\sigma_1^2}{n_1} + \frac{\sigma_2^2}{n_2}\right),$$

可以取一个枢轴量为

$$U = \frac{(\overline{X} - \overline{Y}) - (\mu_1 - \mu_2)}{\sqrt{\dfrac{\sigma_1^2}{n_1} + \dfrac{\sigma_2^2}{n_2}}} \sim N(0,1),$$

于是，可以得到两总体均值差 $\mu_1 - \mu_2$ 置信度为 $1-\alpha$ 的置信区间为

$$\left(\overline{X} - \overline{Y} - z_{\alpha/2}\sqrt{\frac{\sigma_1^2}{n_1} + \frac{\sigma_2^2}{n_2}}, \overline{X} - \overline{Y} + z_{\alpha/2}\sqrt{\frac{\sigma_1^2}{n_1} + \frac{\sigma_2^2}{n_2}}\right).$$

一般地，在实际问题中，两个总体方差 σ_1^2 和 σ_2^2 的信息往往是未知的，而在两个样本容量都较大的情况下，即 $n_1 \geqslant 30, n_2 \geqslant 30$ 时，可以采用两个样本的方差 S_1^2 和 S_2^2 代替 σ_1^2 和 σ_2^2，此时两总体均值差 $\mu_1 - \mu_2$ 置信度为 $1-\alpha$ 的置信区间可以近似为

$$\left(\overline{X} - \overline{Y} - z_{\alpha/2}\sqrt{\frac{S_1^2}{n_1} + \frac{S_2^2}{n_2}}, \overline{X} - \overline{Y} + z_{\alpha/2}\sqrt{\frac{S_1^2}{n_1} + \frac{S_2^2}{n_2}}\right).$$

(2) σ_1^2 和 σ_2^2 未知，但 $\sigma_1^2 = \sigma_2^2$ 时，两总体均值差 $\mu_1 - \mu_2$ 的置信区间.

此时，可以取一个枢轴量为

$$T = \frac{(\overline{X} - \overline{Y}) - (\mu_1 - \mu_2)}{S_w\sqrt{\dfrac{1}{n_1} + \dfrac{1}{n_2}}} \sim t(n_1 + n_2 - 2),$$

其中，$S_w^2 = \dfrac{(n_1 - 1)S_1^2 + (n_2 - 1)S_2^2}{n_1 + n_2 - 2}$，$S_w = \sqrt{S_w^2}$. 从而可以得到两总体均值差 $\mu_1 - \mu_2$ 置信度为 $1-\alpha$ 的置信区间为

$$\left(\overline{X} - \overline{Y} - t_{\alpha/2}(n_1 + n_2 - 2)S_w\sqrt{\frac{1}{n_1} + \frac{1}{n_2}}, \overline{X} - \overline{Y} + t_{\alpha/2}(n_1 + n_2 - 2)S_w\sqrt{\frac{1}{n_1} + \frac{1}{n_2}} \right).$$

(3) μ_1 和 μ_2 未知，两总体方差比 $\dfrac{\sigma_1^2}{\sigma_2^2}$ 的置信区间.

对于两总体方差比 $\dfrac{\sigma_1^2}{\sigma_2^2}$ 的置信区间，仅对 μ_1 和 μ_2 未知的情况进行讨论. 在前面的学习中，我们得到

$$F = \frac{\dfrac{S_1^2}{\sigma_1^2}}{\dfrac{S_2^2}{\sigma_2^2}} = \frac{S_1^2/S_2^2}{\sigma_1^2/\sigma_2^2} \sim F(n_1 - 1, n_2 - 1),$$

由此可见分布 $F(n_1 - 1, n_2 - 1)$ 不依赖任何未知参数，故可以取枢轴量为

$$F = \frac{S_1^2/S_2^2}{\sigma_1^2/\sigma_2^2} \sim F(n_1 - 1, n_2 - 1),$$

对给定置信度 $1 - \alpha$, $0 < \alpha < 1$, 有

$$P\left\{ F_{1-\alpha/2}(n_1 - 1, n_2 - 1) < \frac{S_1^2/S_2^2}{\sigma_1^2/\sigma_2^2} < F_{\alpha/2}(n_1 - 1, n_2 - 1) \right\} = 1 - \alpha,$$

即

$$P\left\{ \frac{S_1^2}{S_2^2} \frac{1}{F_{\alpha/2}(n_1 - 1, n_2 - 1)} < \frac{\sigma_1^2}{\sigma_2^2} < \frac{S_1^2}{S_2^2} \frac{1}{F_{1-\alpha/2}(n_1 - 1, n_2 - 1)} \right\} = 1 - \alpha,$$

从而可以得到两总体方差比 $\dfrac{\sigma_1^2}{\sigma_2^2}$ 置信度为 $1 - \alpha$ 的置信区间为

$$\left(\frac{S_1^2}{S_2^2} \frac{1}{F_{\alpha/2}(n_1 - 1, n_2 - 1)}, \frac{S_1^2}{S_2^2} \frac{1}{F_{1-\alpha/2}(n_1 - 1, n_2 - 1)} \right).$$

例 6.3.5 为了比较某工厂的两条自动化流水线生产的袋装火腿肠的重量(单位: 克)，现分别从两条生产线上随机地抽取了容量分别为 13 与 17 的两个样本 $\overline{X}$ 和 $\overline{Y}$, $\overline{X}$ 和 $\overline{Y}$ 相互独立，测得重量情况如下:

$$\overline{x} = 10.6, \quad \overline{y} = 9.5, \quad s_1^2 = 2.4, \quad s_2^2 = 4.7,$$

假定两条自动化流水线生产的袋装火腿肠的重量都服从正态分布且方差相等，求均值差 $\mu_1 - \mu_2$ 置信度为 95% 的置信区间.

解 由于题意得，两总体方差未知，但 $\sigma_1^2 = \sigma_2^2$, 且 $n_1 = 13$, $n_2 = 17$, $\alpha = 0.05$,

故均值差 $\mu_1 - \mu_2$ 置信度为 95%的置信区间为

$$\left(\bar{X} - \bar{Y} - t_{0.025}(n_1 + n_2 - 2)S_w\sqrt{\frac{1}{n_1} + \frac{1}{n_2}}, \bar{X} - \bar{Y} + t_{0.025}(n_1 + n_2 - 2)S_w\sqrt{\frac{1}{n_1} + \frac{1}{n_2}} \right),$$

且 $S_w^2 = \dfrac{(n_1 - 1)S_1^2 + (n_2 - 1)S_2^2}{n_1 + n_2 - 2}, S_w = \sqrt{S_w^2}$，查表可知：$t_{0.025}(28) = 2.048$，将所有已知信息带入公式计算，得到均值差 $\mu_1 - \mu_2$ 置信度为 95%的置信区间为

$$(-0.355, 2.555).$$

例 6.3.6 设市场上有两种类型香烟的焦油含量都服从正态分布，现分别随机地抽取容量为 9 和 11 的两个相互独立的样本 X 和 Y，测得焦油含量的样本方差分别为 $s_1^2 = 0.1186, s_2^2 = 0.2085$，其中，$\mu_1, \mu_2, \sigma_1^2, \sigma_2^2$ 均未知，求方差比 $\dfrac{\sigma_1^2}{\sigma_2^2}$ 置信度为 95%的置信区间.

解 由于 μ_1 和 μ_2 未知，且 $n_1 = 9, n_2 = 11, \alpha = 0.05$，故方差比 $\dfrac{\sigma_1^2}{\sigma_2^2}$ 置信度为 95%的置信区间为

$$\left(\frac{S_1^2}{S_2^2}\frac{1}{F_{0.025}(n_1 - 1, n_2 - 1)}, \frac{S_1^2}{S_2^2}\frac{1}{F_{0.975}(n_1 - 1, n_2 - 1)} \right),$$

查表可知 $F_{0.025}(8,10) = 3.85$，$F_{0.975}(8,10) = \dfrac{1}{F_{0.025}(10,8)} = 0.26$，将所有已知信息代入公式计算，得到方差比 $\dfrac{\sigma_1^2}{\sigma_2^2}$ 置信度为 95%的置信区间为 $(0.148, 2.443)$.

前面讨论的区间问题考虑的都是置信区间有两个有限端点的问题，这样的置信区间一般称为双侧置信区间，即有上限和下限. 但是实际生活中往往只关心某些参数的下限或者是上限，如买一批灯泡，希望寿命越长越好，因此关心的是它至少可以用多长时间也就是平均寿命的下限，这样就引出了单侧置信区间的概念.

6.3.3 单侧置信区间

定义 6.5 设 $(X_1, X_2, \cdots, X_n)$ 是来自总体 X 的一个样本，总体中含有未知参数 θ，若统计量 $\hat{\theta}_1 = \hat{\theta}_1(X_1, X_2, \cdots, X_n)$，$\hat{\theta}_2 = \hat{\theta}_2(X_1, X_2, \cdots, X_n)$ 是由样本确定的两个统计量，$\alpha(0 < \alpha < 1)$ 是任意实数. 如果对于总体中的未知参数 θ，有

$$P\{\theta > \hat{\theta}_1\} = 1 - \alpha \quad \text{及} \quad P\{\theta < \hat{\theta}_2\} = 1 - \alpha, \tag{6.19}$$

则分别称 $\hat{\theta}_1$ 和 $\hat{\theta}_2$ 为 θ 的单侧置信下限和单侧置信上限.

根据定义可以知道，单侧置信区间的估计与双侧置信区间的估计是完全类似的，

只需要将置信区间的一端换成∞，而将另一个端点中的 $\dfrac{\alpha}{2}$ 换成 α 即可. 因此前面所有求置信区间的方法均可以换到此处.

关于单侧置信区间，有以下结论.

(1) 总体 $X \sim N(\mu, \sigma^2)$，$\sigma^2 = \sigma_0^2$ 已知，求总体均值 μ 的单侧置信区间.

这时，由

$$P\left\{\frac{\bar{X} - \mu}{\sigma / \sqrt{n}} < z_\alpha\right\} = P\left\{\bar{X} - z_\alpha \frac{\sigma}{\sqrt{n}} < \mu\right\} = 1 - \alpha$$

得到 μ 的单侧置信下限为

$$\bar{X} - z_\alpha \frac{\sigma}{\sqrt{n}},$$

其单侧置信区间为

$$\left(\bar{X} - z_\alpha \frac{\sigma}{\sqrt{n}}, +\infty\right), \tag{6.20}$$

同理可得

$$P\left\{\frac{\bar{X} - \mu}{\sigma / \sqrt{n}} > -z_\alpha\right\} = P\left\{\bar{X} + z_\alpha \frac{\sigma}{\sqrt{n}} > \mu\right\} = 1 - \alpha,$$

因此 μ 的单侧置信上限为

$$\bar{X} + z_\alpha \frac{\sigma}{\sqrt{n}} n. \tag{6.21}$$

(2) 总体 $X \sim N(\mu, \sigma^2)$，σ^2 未知，总体均值 μ 的单侧置信区间.

这时，对于给定的正数 α，有

$$P\left\{\frac{\bar{X} - \mu}{S / \sqrt{n}} < t_\alpha(n-1)\right\} = P\left\{\mu > \bar{X} - t_\alpha(n-1) \frac{S}{\sqrt{n}}\right\} = 1 - \alpha,$$

得到 μ 的单侧置信下限为

$$\bar{X} - t_\alpha(n-1) \frac{S}{\sqrt{n}}, \tag{6.22}$$

同理可得其单侧置信上限为

$$\bar{X} + t_\alpha(n-1) \frac{S}{\sqrt{n}}. \tag{6.23}$$

(3) 总体 $X \sim N(\mu, \sigma^2)$，总体方差 σ^2 的置信区间.

这里只对 μ 未知的情况进行分析. 同上面讨论双侧置信区间一样，有

$$P\left\{\frac{(n-1)S^2}{\sigma^2} < \chi_\alpha^2(n-1)\right\} = P\left\{\sigma^2 > \frac{(n-1)S^2}{\chi_\alpha^2(n-1)}\right\} = 1-\alpha,$$

则 σ^2 的单侧置信下限为

$$\frac{(n-1)S^2}{\chi_\alpha^2(n-1)}, \tag{6.24}$$

同理可得其单侧置信上限为

$$\frac{(n-1)S^2}{\chi_{1-\alpha}^2(n-1)}. \tag{6.25}$$

例 6.3.7 为考察某厂生产的零件的直径(单位：mm)，随机地抽取 7 个零件，测得其直径数据如下所示：

$$43.4,\quad 43.7,\quad 41.2,\quad 42.5,\quad 40.3,\quad 41.4,\quad 44.5.$$

若已知其直径 $X \sim N(\mu, \sigma^2)$，给定 $\alpha = 0.1$，求解下列问题：

(1)若 $\sigma^2 = 2.0$，求 μ 的单侧置信下限；

(2)若 σ^2 未知，求 μ 的单侧置信下限；

(3)若 μ 未知，求 σ^2 的单侧置信上限.

解 (1)根据计算可以得到 $\bar{x} = 42.4$，$\alpha = 0.1$，σ^2 已知，查表可得 $z_{0.1} = 1.28$，则 μ 的单侧置信下限为

$$\bar{X} - z_\alpha \frac{\sigma}{\sqrt{n}} = 42.4 - 1.28 \times \frac{\sqrt{2}}{7} \approx 42.1,$$

即认为可以 90%的可靠度保证这种零件的直径不会低于 42.1mm.

(2)当 σ^2 未知时，经计算得 $s = 1.525$，查表可得 $t_{0.1}(6) = 1.440$，则 μ 的单侧置信下限为

$$\bar{X} - t_\alpha(n-1)\frac{s}{\sqrt{n}} = 42.4 - 1.440 \times 1.5257 \approx 42.1,$$

即在总体方差未知的情况下，认为可以 90%的可靠度保证这种零件的直径不会低于 42.1mm.

(3)当 μ 未知时，计算得 $s^2 = 2.326$，查表可得，$\chi_{1-\alpha}^2(n-1) = \chi_{0.9}^2(6) = 2.2$，于是可以得到 σ^2 的单侧置信上限为

$$\frac{(n-1)S^2}{\chi_{1-\alpha}^2(n-1)} = \frac{6 \times 2.326}{2.2} \approx 6.33,$$

即可以 90%的可靠度保证这批零件直径的方差不超过 6.33.

6.4 参数估计应用实例

学生作弊现象的调查与估计 学生作弊行为是一个严重违反校规的问题，为了

对某校的作弊问题有一个定量的认识，需要通过统计调查对该问题进行分析，由于作弊行为并不光彩，因此在进行调查时很有可能碰到学生并不配合，或者是估计答错的现象，因此需要设计合理的问卷对该问题进行调查.

实际上早在 1965 年 Warner 就提出采用"随机化选答"的方法来进行分析，而目前这种方法已经成为敏感问题调查的常用方法. 由于 Warner 早期提出的方法具有其一定的局限性，1967 年 Simmons 等对 Warner 提出的模型进行了修改，与之前模型最大的不同在于调查人员提出的是两个不相关的问题，其一为敏感问题，其二为一般问题. 通过这样的处理能，被调查者的合作态度得到进一步的提高，下面就Simmons 等提出的模型进行简单的介绍.

假定被调查的学生有 n 个人，供学生回答的问题有 2 个.

问题 1：你在考试中作过弊么？

问题 2：你的生日的月份是偶数么？

答题的规则是，调查者准备一套 13 张同花色的扑克，在选择回答上述问题之前，先要求被调查者随机地抽取一张扑克，若抽取到的是不超过 10 的数字则回答问题 1，若抽取到的是字母 J, Q, K，则回答问题 2.

假定收回了 400 份有效的答卷，其中有 $n_1 = 80$ 个人回答"是"，那么就这个问题给出该学校作弊人数比例的估计值.

要估计作弊人数的比例，首先引入随机变量

$$X_i = \begin{cases} 1, & \text{若第 } i \text{ 个被调查的学生回答"是"，} \\ 0, & \text{若第 } i \text{ 个被调查的学生回答"否".} \end{cases}$$

显然 $X_i (i = 1, 2, \cdots, n)$ 是独立同分布于两点分布，若进一步假设对问题 1 和问题 2 回答"是"的概率为 π，对问题 1 回答"是"的概率是 π_1，对问题 2 回答"是"的概率是 π_2，选答问题 1 的概率是 p_1，选答问题 2 的概率是 $1 - p_1$，则可以得到 $E(X_i) = \pi$，$D(X_i) = \pi(1 - \pi)$.

若认为每一个学生的回答是真实有效的，于是根据全概率公式可以得到

$$\pi = P(X_i = 1) = p_1 \pi_1 + (1 - p_1) \pi_2.$$

通过上式的变形可得对问题 1 回答"是"的概率的估计值 $\hat{\pi}_1 = \dfrac{\hat{\pi} - (1 - p_1)\pi_2}{p_1}$，可以检验估计值的无偏性

$$E(\hat{\pi}_1) = E\left(\frac{\hat{\pi} - (1 - p_1)\hat{\pi}_2}{p_1} \right)$$

$$= \frac{1}{p_1} E\left(\frac{1}{n} \sum_{i=1}^{n} X_i - (1 - p_1)\pi_2 \right)$$

$$= \frac{1}{p_1} (\pi - (1 - p_1)\pi_2) = \pi_1.$$

因此该比例的估计值具有无偏性，其方差为

$$D(\hat{\pi}_1) = D\left(\frac{\hat{\pi} - (1-p_1)\hat{\pi}_2}{p_1}\right) = \frac{1}{p_1^2}D\left(\frac{1}{n}\sum_{i=1}^{n}X_i\right) = \frac{\pi(1-\pi)}{np_1^2}.$$

由于问题 2 设置中 $\pi_2 = 1/2$，因此可将上式分解成

$$D(\hat{\pi}_1) = \frac{\pi_1(1-\pi_1)}{n} + \frac{1-p_1^2}{4np_1^2}.$$

第一部分 $\dfrac{\pi_1(1-\pi_1)}{n}$ 表示直接调查并真实回答"是"的概率估计值的方差，第二部分

$\dfrac{1-p_1^2}{4np_1^2}$ 表示随机选答机制带来的方差.

实际上，根据调查结果，可以得到，$\hat{\pi} = 1/5$，$p_1 = 10/13$，代入得到

$$\hat{\pi}_1 = \frac{\hat{\pi} - (1-p_1)\pi_2}{p_1} = 0.11, \qquad D(\hat{\pi}_1) = \frac{\pi(1-\pi)}{np_1^2} = 0.0007.$$

若用 2 倍标准差作为估计的精度，可认为有过作弊行为的学生的比例约为 11% ±5.2%.

当然在上述问题 2 中，其回答"是"的概率是已知的，若设计问题 2 为"你喜欢运动吗？"而且调查者不知道喜欢运动的学生的比例，那么就需要再设计方案，寻求另外的估计方法了.

习　题　6

1. 设总体 $X \sim \text{Exp}(\lambda)$，若测得 X 的一组观测值为

$$5.2, \quad 4.8, \quad 4.9, \quad 5.3, \quad 4.7, \quad 5.0, \quad 5.1, \quad 5.4, \quad 5.2, \quad 4.9,$$

求出 λ 的矩估计值.

2. 在一批零件中，随机抽取 8 个，测得长度(单位：mm)为

$$53.001, \quad 53.003, \quad 53.001, \quad 53.005, \quad 53.000, \quad 52.998, \quad 53.002, \quad 53.006,$$

设零件的长度测定值是服从正态分布的，求均值 μ 和方差 σ^2 的矩估计值.

3. 设 $x_1, x_2, \cdots, x_n$ 是来自总体的一组观测值，求下列概率密度函数中 θ 的矩估计量和极大似然估计量.

(1) $f(x, \theta) = \begin{cases} (\theta+1)x^\theta, & 0 < x < 1, \\ 0, & \text{其他}; \end{cases}$

(2) $f(x, \theta) = \begin{cases} \sqrt{\theta}x^{\sqrt{\theta}-1}, & 0 < x < 1, \theta > 0, \\ 0, & \text{其他}. \end{cases}$

4. 设总体 X 的概率密度函数为

$$f(x) = \begin{cases} \lambda e^{-\lambda x}, & x \geq 0, \lambda > 0, \\ 0, & x < 0. \end{cases}$$

(1) $X_1, X_2, \cdots, X_n$ 是来自总体 X 的样本，求未知参数 λ 的极大似然估计量和矩估计量 $\hat{\lambda}$.

(2) 今从 X 中抽取 10 个个体，得到数据如下：

　　　1050,　1100,　1080,　1200,　1300,　1250,　1340,　1060,　1150,　1150,

求未知参数 λ 的极大似然估计值.

5. 设 $x_1, x_2, \cdots, x_n$ 是来自总体的一组观测值，设 X 的密度函数为

$$f(x, \theta) = \begin{cases} e^{-(x-\theta)}, & x \geq \theta, \\ 0, & x < \theta, \end{cases}$$

其中 θ 未知，证明：θ 的极大似然估计值为 $\hat{\theta} = \min\limits_{1 \leq i \leq n} |x_i|$.

6. 设 X 具有分布律

X	1	2	3
P	θ^2	$2\theta(1-\theta)$	$(1-\theta)^2$

其中 θ 未知，$0 < \theta < 1$，已知取得一个样本值 $(x_1, x_2, x_3) = (1, 2, 1)$，求未知参数 θ 的极大似然估计量.

7. 假设有总体 $X \sim N(\mu, 1)$，其中 μ 未知，X_1, X_2, X_3 是来自于该总体的样本，试判断下列估计量

$$\hat{\mu}_1 = \frac{1}{5}X_1 + \frac{3}{10}X_2 + \frac{1}{2}X_3,$$

$$\hat{\mu}_2 = \frac{1}{3}X_1 + \frac{1}{4}X_2 + \frac{5}{12}X_3,$$

$$\hat{\mu}_3 = \frac{1}{3}X_1 + \frac{1}{6}X_2 + \frac{1}{2}X_3$$

是否是 μ 的无偏估计，谁最有效？

8. 设 $X_1, X_2, \cdots, X_n$ 是总体 X 的一组样本，且已知 $E(X) = a$，证明：$\hat{\sigma} = \frac{1}{n} \sum\limits_{i=1}^{n} (X_i - a)^2$ 是 $D(X) = \sigma^2$ 的无偏估计.

9. 设总体 $X \sim U(\theta, 2\theta)$，其中 θ 未知，$x_1, x_2, \cdots, x_n$ 是来自总体的一组观测值，求证 $\hat{\theta} = \frac{2}{3}\bar{x}$ 是参数 θ 的无偏估计.

10. 某工厂生产某种部件，其重量服从正态分布，今随机地抽取 9 个，测得重量(单位：kg)为

　　　14.6,　14.7,　15.1,　14.9,　14.8,　15.0,　15.1,　15.2,　14.8.

在(1)已知零件的标准差 $\sigma = 0.15 \text{kg}$；　(2)未知零件标准差 σ 的条件下，求其平均重量 μ 的置信度为 0.95 的置信区间.

11. 对某校的学生随机抽取 10 名，测得其体重(单位：kg)为

50.7，54.9，54.3，44.8，42.2，69.8，53.4，66.1，48.1，54.5，

设体重服从正态分布，求其标准差 σ 的置信度为 0.9 的置信区间.

12. 用某种仪器间接测量温度，重复测量 5 次，得到以下数据(单位：℃)：

1250，1265，1245，1260，1275，

假定重复测量所得温度服从正态分布 $N(\mu, \sigma^2)$. 求 μ 的置信度为 0.95 的置信区间.

13. 设晶体管的寿命 X 服从正态分布 $N(\mu, \sigma^2)$，从中随机抽取 100 个做寿命试验，测得其平均寿命为 $\bar{x} = 1000$ 小时，标准差 $s = 40$ 小时，求这批晶体管的平均寿命的置信度为 0.95 的置信区间.

14. 某种零件的加工时间 $X \sim N(\mu, \sigma^2)$，现进行 30 次独立试验，测得样本均值为 $\bar{x} = 5.5$ 秒，样本标准差 $s = 1.729$ 秒，若置信度为 0.95，试估计加工时间的数学期望和标准差的置信区间.

15. 用铂球测定引力常数(单位：$10^{-11} \mathrm{m}^3 \cdot \mathrm{kg}^{-1} \cdot \mathrm{s}^{-2}$)的测定值为

6.683，6.681，6.676，6.678，6.679，6.672.

设引力常数 $X \sim N(\mu, \ \sigma^2)$，$\mu$ 和 σ^2 均未知，求 σ^2 的置信度为 0.9 的置信区间.

16. 设某种清漆的干燥时间(单位：小时)$X \sim N(\mu, \ \sigma^2)$，现有 9 个样本观测值为

6.0，5.7，5.8，6.5，7.0，6.3，5.6，6.1，5.0.

(1)若已知 $\sigma = 0.6$(小时)；(2)若 σ 未知. 求 μ 的置信度为 0.95 的置信区间.

第7章 假设检验

假设检验是另一种有重要理论和应用价值的统计推断形式. 它的基本任务是在总体的分布函数完全未知或只知其形式但不知其参数的情况下, 为了推断总体的某些性质, 首先提出某些关于总体的假设, 然后根据样本所提供的信息对所提假设作出"接受"或"拒绝"的结论性判断. 假设检验有其独特的统计思想, 许多实际问题都可以作为假设检验问题而得以有效地解决.

7.1 假设检验的基本思想与概念

7.1.1 引例

某国原来的导弹制导系统是雷达系统, 其命中率为 $p_0 = \dfrac{1}{2}$, 后来又研发了红外线制导系统. 为了确定新导弹的制导系统的命中率, 试射了 18 枚红外制导的导弹, 结果有 12 枚击中目标. 现在该国国防部需要考虑是否有必要更换制导系统?

对于这个实际问题做如下分析:

(1) 这不是一个参数估计的问题.

(2) 这是一个在给定总体和样本的情况下, 要求对命题"是否更换制导系统"做出回答: "是"还是"否"? 这类问题称为统计假设检验问题, 简称假设检验问题.

(3) 命题"是否更换制导系统"的正确与否仅涉及参数 p (命中率), 因此可以提出两个对立的假设:

$$H_0: p \leqslant p_0 \text{(原假设)}, \qquad H_1: p > p_0 \text{(备择假设)}.$$

(4) 我们的任务是利用样本(试射了 18 枚红外制导的导弹, 结果有 12 枚击中目标)判断假设(命题) $H_0: p \leqslant p_0$ 是否成立. 这里的 "判断"在统计学中称为检验或检验法则.

检验结果有两种:

"假设不正确"——称为拒绝该假设;

"假设正确"——称为接受该假设.

(5) 根据样本可得红外线制导系统命中率的点估计值为 $\hat{p} = \dfrac{2}{3}$, 显然有 $\hat{p} > p_0$,

表面上看确实提高了命中率，但是在命中率为 $p = \dfrac{1}{2}$ 的条件下，也有可能出现试射 18 枚导弹，结果有 12 枚击中目标的情况，其概率为

$$C_{18}^{12} p^{12} (1-p)^6 = C_{18}^{12} \left(\frac{1}{2}\right)^{12} \left(1-\frac{1}{2}\right)^6 = 0.0708,$$

这个概率虽然不大，但在一次试验中发生了并非不可能. 要得到一个判断的决定，就必须指定一个阈值 α (如 $\alpha = 0.01, 0.05, 0.1$ 等)，只有在算出的概率小于 α 时，才认为结果是显著的(提供了不利于原假设的显著证据)，并导致否定原假设 H_0. 在此例中概率值为 0.0708，当 $\alpha = 0.05$ 时，则认为不显著；当 $\alpha = 0.1$ 时，则认为显著. α 值是约定的，α 称为检验的显著水平，因此可以看出 α 愈低获得显著结果愈难，所导致的否定原假设的结论愈加可信. 至于如何确定原假设以及如何约定显著水平 α，与事情的重要性及可能后果有关，本例中由于更换制导系统(即拒绝 H_0，接受 H_1) 是一件非常昂贵的事情，要做出此种判断需要更为充分的证据，所以通常把不能被轻易否定的命题作为原假设，同时显著水平 α 选择较小的值，比如 $\alpha = 0.05$ 或者 $\alpha = 0.01$.

以上处理方法的基本思想是小概率原理，即小概率事件在一次随机试验中几乎不可能发生. 也就是说在原假设 H_0 为真的条件下，如果计算得出一次试验的结果 (样本)发生的概率很小，那么就有理由怀疑原假设 H_0 的真实性.

7.1.2 假设检验的基本概念

通过下面的例子来说明假设检验的基本思想与检验过程.

例 7.1.1 某糖厂用自动包装机将糖装箱，每箱的标准重量规定为 100kg. 每天开工时，需要先检验一下包装机是否正常工作. 根据以往的经验知道，用自动包装机装箱，每箱重量 X 服从正态分布 $N(\mu, \sigma^2)$，方差 $\sigma^2 = 1.15^2$. 某日开工后，抽测了 9 箱，其重量(单位：kg)如下：

> 99, 98.6, 100.4, 101.2, 98.3, 99.7, 99.5, 102.1, 98.5,

试问此包装机工作是否正常？

解 若包装机正常工作，则均值应为 100kg，因此可作如下两个对立的假设：

$$H_0: \mu = 100, \quad H_1: \mu \neq 100.$$

由于本题要检验总体均值 μ，故利用样本均值 $\overline{X}$ 来作出判断. 因为 $\overline{X}$ 是 μ 的无偏估计，所以 $\overline{X}$ 的观察值 $\overline{x}$ 的大小在一定程度上反映了 μ 的大小. 即当原假设 H_0 为真时，样本值 $x_1, x_2, \cdots, x_n$ 确实来自于总体 $N(100, 1.15^2)$，则样本值 $\overline{x}$ 应与 $\mu_0 = 100$ 相差无多，即样本均值 $\overline{x}$ 应与 $\mu_0 = 100$ 的偏差 $|\overline{x} - 100|$ 一般不应太大，倘若偏差 $|\overline{x} - 100|$ 过大，则有理由怀疑原假设 H_0 正确性而拒绝原假设. 由题意知每箱重量 X 服从正态分

布 $N(\mu,\sigma^2)$ ，方差 $\sigma^2 = 1.15^2$ ，当 H_0 为真时，有 $\dfrac{\bar{X}-\mu_0}{\sigma/\sqrt{n}} \sim N(0,1)$ ．而衡量偏差 $|\bar{x}-100|$

的大小可归结为衡量 $\dfrac{|\bar{x}-\mu_0|}{\sigma/\sqrt{n}}$ 的大小．因此，我们可以选定一正数 k ，使得若观察值 $\bar{x}$

满足

$$\frac{|\bar{x}-\mu_0|}{\sigma/\sqrt{n}} \geq k,$$

就拒绝原假设 H_0 ，反之，若

$$\frac{|\bar{x}-\mu_0|}{\sigma/\sqrt{n}} < k,$$

就接受原假设 H_0 ．

为确定 k 值，需事先确定显著水平 α ，并使

$$P\{\text{拒绝 } H_0 | \text{当 } H_0 \text{ 为真}\} = P\left\{\frac{|\bar{x}-\mu_0|}{\sigma/\sqrt{n}} \geq k\right\} = \alpha$$

是一个小概率事件．由于 H_0 为真时， $U = \dfrac{\bar{X}-\mu_0}{\sigma/\sqrt{n}} \sim N(0,1)$ ，由标准正态分布（图 7.1）

可知

$$P\left\{\frac{|\bar{X}-\mu_0|}{\sigma/\sqrt{n}} \geq z_{\alpha/2}\right\} = \alpha ，\quad \text{即 } k = z_{\alpha/2}.$$

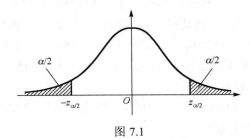

图 7.1

在本例中取 $\alpha = 0.05$ ，则有 $k = z_{0.05/2} = z_{0.025} = 1.96$ ，又已知 $n = 9, \sigma = 1.15$ ，样本
均值计算得 $\bar{x} = 99.7$ ，即有

$$\frac{|\bar{x}-\mu_0|}{\sigma/\sqrt{n}} = 0.7826 < 1.96 ，$$

因此可以认为原假设 H_0 为真，即均值应为 100kg，自动包装机工作正常．

当检验统计量取某个区域 W 中的值时，我们拒绝原假设 H_0 ，则称区域 W 为拒

绝域；一般将 $\overline{W}$ 称为**接受域**. 本例中拒绝域为 $\dfrac{|\overline{x} - \mu_0|}{\sigma / \sqrt{n}} \geqslant z_{\alpha/2}$，接受域为 $\dfrac{|\overline{x} - \mu_0|}{\sigma / \sqrt{n}} < z_{\alpha/2}$.

由上例我们发现，作出决策的依据的一个样本，实际上当 H_0 为真时，由于抽样的随机性，其取值有可能落在拒绝域，那么就作出拒绝 H_0 的决策(这种可能性是无法消除的)，这样就犯了一种错误，该种错误称为**第一类错误**，其发生的概率称为**犯第一类错误的概率**，或称为**拒真概率**，通常记为 α，即

$$\alpha = P\{拒绝\ H_0 | 当\ H_0\ 为真\}.$$

另一种错误是实际中 H_0 不真，却作出了接受 H_0 的决策，这种错误称为**第二类错误**，其发生的概率称为**犯第二类错误的概率**，或称为**取伪概率**，通常记为 β，即

$$\beta = P\{接受\ H_0 | 当\ H_1\ 为真\}.$$

表 7.1 列出了检验的各种情况及两类错误.

表 7.1　检验的两类错误

实际情况	决策情况	
	接受 H_0	接受 H_1
H_0 为真	正确	第一类错误
H_1 为真	第二类错误	正确

当 α 减小时，会导致 β 增大；同样地，当 β 减小时，会导致 α 增大. 这一现象说明：在样本量给定的条件下，α 与 β 中一个减小必然导致另外一个增大，所以在样本量一定的情况下，不可能找到一个使 α 与 β 都小的检验. 在此背景下，英国统计学家奈曼(Neyman)和皮尔逊提出水平为 α 的**显著性检验**，即控制犯第一类错误的概率 α，但也不能使得 α 过小(α 过小会导致 β 过大)，在适当控制 α 中制约 β，最常用的选择是 $\alpha = 0.05$，有时也选择 $\alpha = 0.10$ 或 $\alpha = 0.01$.

总结上述假设检验的分析过程，可以得出假设检验的主要内容如下.

(1)根据问题的具体情况提出原假设 H_0 以及备择假设 H_1.

例如：

(i) $H_0 : \mu = \mu_0$；　$H_1 : \mu \neq \mu_0$.

(ii) $H_0 : \mu \geqslant \mu_0$；　$H_1 : \mu < \mu_0$.

(iii) $H_0 : \mu \leqslant \mu_0$；　$H_1 : \mu > \mu_0$.

(iv) $H_0 : \sigma^2 = \sigma_0^2$；　$H_1 : \sigma^2 \neq \sigma_0^2$.

(v) $H_0 : F(x) = F_0(x)$；　$H_1 : F(x) \neq F_0(x)$.

上式中前四个为参数假设，最后一个为分布假设. 根据拒绝域的位置情况可分为双边检验和单边检验，上式中(i)和(iv)个的假设检验称为双边检验；(ii)和(iii)称为单边检验，其中(ii)为左边检验，(iii)为右边检验.

　　识别单边检验与双边检验有益于以后构造其拒绝域, 图7.2给出了几种常见的拒绝域的形式.

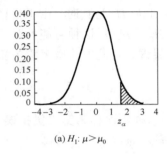
(a) $H_1: \mu > \mu_0$

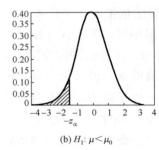
(b) $H_1: \mu < \mu_0$

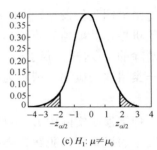
(c) $H_1: \mu \neq \mu_0$

图 7.2

　　(2)根据已知条件和原假设 H_0 的形式，构造一个适合的检验统计量，并确定统计量的分布.

　　例如上例中，σ 已知，原假设 $H_0: \mu = \mu_0$，检验统计量为 $\dfrac{\overline{X} - \mu_0}{\sigma / \sqrt{n}}$，其分布已知为标准正态分布.

　　(3)选择显著水平 α，并根据检验统计量的分布确定拒绝域.

　　(4)由样本观测值计算检验统计量的值，判断该值是在拒绝域还是在接受域，作出拒绝 H_0 或接受 H_0 的检验结论.

　　下面讨论单边检验的拒绝域.

　　设总体 $X \sim N(\mu, \sigma^2)$，σ 已知，$X_1, X_2, \cdots, X_n$ 是来自总体 X 的样本，给定显著水平，求检验问题 $H_0: \mu \leqslant \mu_0$；$H_1: \mu > \mu_0$ 的拒绝域.

　　我们知道样本均值 $\overline{X}$ 的取值一般与总体均值 μ 接近，如果 H_1 为真，观测值 $\overline{x}$ 往往比 μ_0 偏大，因此拒绝域的形式为：$\overline{x} \geqslant k$（k 为某一正常数），下面确定常数 k.

$$\alpha = P\{拒绝 H_0 \,|\, 当 H_0 为真\}$$
$$= P\{\overline{X} \geqslant k \,|\, 当 H_0 为真\}$$
$$= P\left\{\frac{\overline{X} - \mu_0}{\sigma / \sqrt{n}} \geqslant \frac{k - \mu_0}{\sigma / \sqrt{n}}\right\}$$
$$\leqslant P\left\{\frac{\overline{X} - \mu}{\sigma / \sqrt{n}} \geqslant \frac{k - \mu_0}{\sigma / \sqrt{n}}\right\},$$

由于 $\dfrac{\overline{X} - \mu}{\sigma / \sqrt{n}} \sim N(0,1)$，可得 $\dfrac{k - \mu_0}{\sigma / \sqrt{n}} = u_\alpha$，$k = \mu_0 + \dfrac{\sigma}{\sqrt{n}} u_\alpha$，即得该检验的拒绝域为

$$\overline{x} \geqslant \mu_0 + \frac{\sigma}{\sqrt{n}} u_\alpha.$$

类似地，可得左边检验 $(H_0 : \mu \geqslant \mu_0$；$H_1 : \mu < \mu_0)$ 的拒绝域为

$$\bar{x} \leqslant \mu_0 - \frac{\sigma}{\sqrt{n}} u_\alpha .$$

7.2　参数的假设检验

考虑到正态总体的广泛性，本节仅就正态总体的两个参数均值 μ 及方差 σ^2，详细地介绍几种常用的检验方法.

7.2.1　均值的检验

1. 方差已知，均值 μ 的检验（U 检验法）

设样本 $X_1, X_2, \cdots, X_n$ 来自于正态总体 $N(\mu, \sigma^2)$，总体方差 σ^2 已知，现欲检验假设 $H_0 : \mu = \mu_0$.

当 H_0 成立时，由于总体 $X \sim N(\mu_0, \sigma^2)$，统计量

$$U = \frac{\bar{X} - \mu_0}{\sigma / \sqrt{n}} \sim N(0, 1). \tag{7.1}$$

利用服从正态分布的统计量 U 进行的假设检验称为 **U 检验法**. 具体步骤如下.

(1) 提出假设 $H_0 : \mu = \mu_0$，对立假设 $H_1 : \mu \neq \mu_0$；

(2) 选取统计量 $U = \dfrac{\bar{X} - \mu_0}{\sigma / \sqrt{n}}$，当 H_0 成立时，$U \sim N(0, 1)$；

(3) 给定显著水平 α，查标准正态分布表，求出使 $P\{|U| \geqslant z_{\alpha/2}\} = \alpha$ 成立的临界值 $z_{\alpha/2}$；

(4) 根据样本观测值，计算统计量 U，当 $|U| < z_{\alpha/2}$ 时接受 H_0. 否则拒绝 H_0，接受 H_1.

例 7.2.1　某市历年来对 7 岁男孩的统计资料表明，他们的身高服从均值为 1.32 米、标准差为 0.12 米的正态分布. 现从各个学校随机抽取 25 个 7 岁男孩，测得他们平均身高 1.36 米，若已知今年全市 7 岁男孩身高的标准差仍为 0.12 米，问与历年 7 岁男孩的身高相比是否有显著差异（取 $\alpha = 0.05$）.

解　从题中已知，$\bar{x} = 1.36$ 米，$\mu_0 = 1.32$ 米，$\sigma = 0.12$ 米，$n = 25$.

待检验的假设为

$$H_0 : \mu = 1.32; \qquad H_1 : \mu \neq 1.32.$$

在 H_0 成立的条件下，统计量

$$U = \frac{\overline{X} - 1.32}{0.12 / \sqrt{25}} \sim N(0,1).$$

对给定的 $\alpha = 0.05$，查标准正态分布表可知 $P\{|U| \geqslant 1.96\} = 0.05$，得临界值 $z_{\alpha/2} = 1.96$. 由已知数据可算得统计量

$$U = \frac{1.36 - 1.32}{0.12 / \sqrt{25}} \approx 1.67.$$

因 $|U| = 1.67 < 1.96$，故接受假设 H_0，即认为今年 7 岁男孩平均身高与历年 7 岁男孩平均身高无显著差异.

例 7.2.2 已知某厂生产的灯泡寿命 X（单位：h）服从正态分布 $N(\mu, 200^2)$，根据经验，灯泡的平均寿命不超过 1500h，现抽取 25 只采用新工艺生产的灯泡，测试其寿命，得到寿命平均值为 1575h，试问新工艺是否提高了灯泡的寿命（显著水平 $\alpha = 0.05$）？

解 这是总体服从正态分布，并且方差 $\sigma^2 = 200^2$ 已知，对均值的右边检验问题. 根据题意提出假设

$$H_0 : \mu \leqslant 1500 ; \qquad H_1 : \mu > 1500 .$$

选择统计量 $U = \dfrac{\overline{X} - \mu}{\sigma / \sqrt{n}}$，在 H_0 为真时，检验统计量

$$U = \frac{\overline{X} - 1500}{\sigma / \sqrt{n}} \sim N(0,1),$$

当 $\alpha = 0.05$ 时，查表可得 $z_{0.05} = 1.645$，根据题意知样本值 $\bar{x} = 1575$，计算检验统计量的观测值为

$$u = \frac{\bar{x} - 1500}{\sigma / \sqrt{n}} = \frac{1575 - 1500}{200 / \sqrt{25}} = 1.875 > z_{0.05} = 1.645 ,$$

故应拒绝原假设 H_0，即在显著水平 $\alpha = 0.05$ 下，可以认为采用新工艺提高了灯泡的寿命.

2. 方差未知，均值 μ 的检验（t 检验法）

在许多实际问题中，总体的方差往往是未知的，要想检验 $H_0 : \mu = \mu_0$，这时由于 $U = \dfrac{\overline{X} - \mu_0}{\sigma / \sqrt{n}}$ 不再是统计量，比较自然的想法是用总体方差的无偏估计量样本方差代替总体方差，构造新的统计量——T 统计量，

$$T = \frac{\overline{X} - \mu_0}{S / \sqrt{n}}. \tag{7.2}$$

当 H_0 成立时，$T \sim t(n-1)$，因为这个 T 统计量服从 t 分布，所以称为 **t 检验法**. 具体步骤如下.

(1) 提出假设 $H_0: \mu = \mu_0$，对立假设 $H_1: \mu \neq \mu_0$.

(2) 选取统计量 $T = \dfrac{\overline{X} - \mu_0}{S/\sqrt{n}}$，当 H_0 成立时，$T \sim t(n-1)$.

(3) 给定显著水平 α，查 t 分布表，求出使 $P\{|T| \geqslant t_{\alpha/2}\} = \alpha$ 成立的临界值 $t_{\alpha/2}$.

(4) 根据样本观测值，计算统计量 T，当 $|T| < t_{\alpha/2}$ 时接受 H_0；否则拒绝 H_0，接受 H_1.

综上，关于单个正态总体方差未知时总体均值的检验问题可汇成表 7.2.

表 7.2 σ^2 未知时关于 μ 的检验法（t 检验法）

原假设	备择假设	检验统计量	H_0 为真时检验统计量的分布	拒绝域形式	拒绝域 C
$\mu = \mu_0$	$\mu \neq \mu_0$	$t = \dfrac{\overline{x} - \mu_0}{S/\sqrt{n}}$	$t(n-1)$	$\|t\| \geqslant K$	$\{\|t\| > t_{\alpha/2}(n-1)\}$
$\mu \leqslant \mu_0$	$\mu > \mu_0$	同上		$t \geqslant K$	$\{t > t_{\alpha}(n-1)\}$
$\mu \geqslant \mu_0$	$\mu < \mu_0$	同上		$t \leqslant -K$	$\{t < -t_{\alpha}(n-1)\}$

例 7.2.3 某工厂生产一批钢材时，已知这种钢材强度 X 服从正态分布，今从中抽取 6 件，测得数据（单位：kg/cm^2）为

$$48.5, \quad 49.0, \quad 53.5, \quad 49.5, \quad 56.0, \quad 52.5.$$

那么，能否认为这批钢材的平均强度为 $52 kg/cm^2$ $(\alpha = 0.05)$.

解 这里 $X \sim N(\mu, \sigma^2)$，方差 σ^2 未知，待检验的假设为

$$H_0: \mu = 52.$$

查 t 分布表，得 $t_{\alpha/2}(6-1) = t_{0.025}(5) = 2.571$.

又根据样本值算得

$$\overline{x} = 51.5, \quad s^2 = \frac{1}{n-1} \sum_{i=1}^{n} (x_i - \overline{x})^2 = 6.9,$$

并且

$$T = \frac{|\overline{x} - 52|}{S/\sqrt{6}} = \frac{|51.5 - 52|}{6.9/\sqrt{6}} \approx 0.41 < 2.571.$$

因此，接受 H_0，即可认为这批钢材的平均强度为 $52 kg/cm^2$.

注 假设检验时，若样本容量比较小，则需要给出统计量的精确分布，而对于样本容量较大的情形，则可利用统计量的极限分布作为近似. 本例中，当总体方差未知时检验均值，由于 $n = 6$，用 t 检验法是恰当的；随着样本容量 n 的增大，t 分布趋近于标准正态分布，所以在大样本情况下 $(n > 30)$，总体方差未知时，对均值 μ

的假设检验通常近似采用 U 检验法. 同样，大样本情况下非正态总体均值的检验也可用 U 检验法. 因为，根据大样本的抽样分布定理，总体分布形式不明或为非正态总体时，样本均值的分布趋近于正态分布. 这时，检验统计量 U 中的总体标准差 σ 用样本标准差 S 来代替.

3. 两个正态总体均值差的检验

设 $X_1, X_2, \cdots, X_m$ 是从正态总体 $N(\mu_1, \sigma^2_1)$ 中抽出的样本，$Y_1, Y_2, \cdots, Y_n$ 是从正态总体 $N(\mu_2, \sigma_2^2)$ 中抽出的样本，σ_1^2, σ_2^2 可以已知，也可以未知，要求检验假设 $H_0: \mu_1 = \mu_2$，即比较两个正态总体的均值是否有显著差异.

对此分两种情形讨论.

(1) 当总体方差 σ_1^2, σ_2^2 已知时，用 U 检验法.

由于 $\overline{X} \sim N\left(\mu_1, \dfrac{\sigma_1^2}{m}\right), \overline{Y} \sim N\left(\mu_2, \dfrac{\sigma_2^2}{n}\right)$，且 $\overline{X}$，$\overline{Y}$ 相互独立，故有

$$\overline{X} - \overline{Y} \sim N\left(\mu_1 - \mu_2, \frac{\sigma_1^2}{m} + \frac{\sigma_2^2}{n}\right).$$

将 $\overline{X} - \overline{Y}$ 标准化，得到

$$U = \frac{(\overline{X} - \overline{Y}) - (\mu_1 - \mu_2)}{\sqrt{\dfrac{\sigma_1^2}{m} + \dfrac{\sigma_2^2}{n}}} \sim N(0,1).$$

当 H_0 成立时，统计量

$$U = \frac{(\overline{X} - \overline{Y})}{\sqrt{\dfrac{\sigma_1^2}{m} + \dfrac{\sigma_2^2}{n}}} \tag{7.3}$$

服从 $N(0, 1)$ 分布.

对给定的水平 α，查标准正态分布表，求出临界值 $z_{\alpha/2}$，使其满足

$$P\{|U| \geqslant z_{\alpha/2}\} = \alpha.$$

由样本观测值 $x_1, x_2, \cdots, x_m$；$y_1, y_2, \cdots, y_n$ 计算统计量 U 的值，当 $|U| < z_{\alpha/2}$ 时，则接受 H_0（或认为 H_0 是相容的）；否则就拒绝 H_0，即认为两个正态总体的均值有显著差异.

例 7.2.4　由长期积累的资料知道，甲、乙两城市 20 岁男青年的体重都服从正态分布，并且标准差分别为 14.2kg 和 10.5kg，现各随机抽取 27 名 20 岁男青年，测得平均体重分别为 65.4kg 和 54.7kg，问甲、乙两城市 20 岁男青年平均体重有无显著差异（$\alpha = 0.05$）.

解 已知 $X \sim N(\mu_1, 14.2^2)$，$Y \sim N(\mu_2, 10.5^2)$，待检验假设为

$$H_0: \mu_1 = \mu_2.$$

将已知数据 $\bar{x} = 65.4\text{kg}$，$\bar{y} = 54.7\text{kg}$，$m = n = 27$ 代入统计量，得

$$U = \frac{\bar{x} - \bar{y}}{\sqrt{\dfrac{\sigma_1^2}{m} + \dfrac{\sigma_2^2}{n}}} = \frac{65.4 - 54.7}{\sqrt{\dfrac{14.2^2 + 10.5^2}{27}}} \approx 3.15.$$

对于 $\alpha = 0.05$，查表可得 $z_{\alpha/2} = 1.96$，因为 $3.15 > 1.96$，所以拒绝假设 H_0，即认为甲、乙两城市 20 岁男青年平均体重有显著差异.

(2) 当总体方差 σ_1^2，σ_2^2 未知，但 $\sigma_1^2 = \sigma_2^2 = \sigma^2$ 时，用 t 检验法.

由于

$$\frac{(\bar{X} - \bar{Y}) - (\mu_1 - \mu_2)}{\sqrt{\dfrac{\sigma_1^2}{m} + \dfrac{\sigma_2^2}{n}}} = \frac{(\bar{X} - \bar{Y}) - (\mu_1 - \mu_2)}{\sigma \cdot \sqrt{\dfrac{1}{m} + \dfrac{1}{n}}},$$

且 σ 未知，故用按自由度加权计算的样本方差均值

$$S_w^2 = \frac{(m-1)S_1^2 + (n-1)S_2^2}{m + n - 2}$$

来代替 σ^2，得到

$$T = \frac{(\bar{X} - \bar{Y}) - (\mu_1 - \mu_2)}{\sqrt{\dfrac{(m-1)S_1^2 + (n-1)S_2^2}{m + n - 2}} \cdot \sqrt{\dfrac{1}{m} + \dfrac{1}{n}}} \sim t(m + n - 2).$$

当 H_0 成立时，统计量

$$T = \frac{\bar{X} - \bar{Y}}{\sqrt{\dfrac{(m-1)S_1^2 + (n-1)S_2^2}{m + n - 2}} \cdot \sqrt{\dfrac{1}{m} + \dfrac{1}{n}}} \tag{7.4}$$

服从 $t(m + n - 2)$ 分布，同前面一样，给定水平 α，查 t 分布表得 $t_{\alpha/2}(m + n - 2)$，然后由样本观测值计算统计量 T 的值，比较 $|T|$ 与 $t_{\alpha/2}(m + n - 2)$ 的大小，若 $|T| \geqslant t_{\alpha/2}(m + n - 2)$，则拒绝假设 H_0.

例 7.2.5 为研究正常成年男女血液红细胞平均数的差别，检查某地成年男性 156 名、女性 74 名；计算得男性红细胞平均数为 465.13 万/mm³，子样方差为 3022.4144；女性红细胞平均数为 422.16 万/mm³，子样方差为 2453.7994；试检验该地正常成年人的红细胞的平均数是否与性别有关（$\alpha = 0.01$）.

解　设两个总体 X 表示正常成年男性的红细胞平均数，Y 表示正常成年女性的红细胞平均数. 由经验知，X, Y 均服从正态分布，且方差相同.

现要求检验 $H_0 : \mu_1 = \mu_2$；$H_1 : \mu_1 \neq \mu_2$. 由已知有

$$m = 156, \quad \overline{x} = 465.13, \quad s_1^2 = 3022.4144,$$

$$n = 74, \quad \overline{y} = 422.16, \quad s_2^2 = 2453.7994,$$

代入式 (7.4)，算得

$$T = \frac{\overline{x} - \overline{y}}{\sqrt{(m-1)s_1^2 + (n-1)s_2^2}} \cdot \sqrt{\frac{mn(m+n-2)}{m+n}} \approx 5.7 .$$

自由度 $m + n - 2 = 156 + 74 - 2 = 228$，用 EXCEL 软件计算得 $t_{0.005}(228) = 2.598$，由于

$$|t| = 5.73 > 2.598 = t_{\alpha/2}(m+n-2),$$

拒绝 H_0，即认为该地正常成年人红细胞的平均数与性别有关.

7.2.2　方差的检验

方差的检验包括一个正态总体的方差的检验和两个正态总体的方差比的检验. 在许多实际问题中，常常要求检验关于方差的假设. 如当一种产品的质量问题主要在于波动太大时，就可能需要检验方差. 方差比的检验可用于检验关于两个方差相等的假设(如前面对两个总体的均值进行检验的情形)是否合理等.

1. 一个正态总体方差的检验

设总体 $X \sim N(\mu, \sigma^2)$，其中 μ, σ^2 均未知，要检验的假设为 $H_0 : \sigma^2 = \sigma_0^2$.
构造检验统计量

$$\chi^2 = \frac{(n-1)S^2}{\sigma^2} \sim \chi^2(n-1) . \tag{7.5}$$

若显著水平为 α，则有

$$P\left\{ \chi_{1-\alpha/2}^2(n-1) \leqslant \frac{(n-1)S^2}{\sigma_0^2} \leqslant \chi_{\alpha/2}^2(n-1) \right\} = 1 - \alpha , \tag{7.6}$$

根据式 (7.6)，查自由度为 $n-1$ 的 χ^2 分布表，得两个临界值 $\chi_{1-\alpha/2}^2$ 及 $\chi_{\alpha/2}^2$，根据样本观测值，计算统计量 $\chi^2 = \frac{(n-1)S^2}{\sigma_0^2}$ 的值，当 $\chi_{1-\alpha/2}^2 < \chi^2 < \chi_{\alpha/2}^2$ 时，则接受 H_0，否则，就拒绝 H_0. 由于用到的统计量服从 χ^2 分布，故称这种方法为 χ^2 检验法.

综上，关于单个正态总体方差的检验问题可汇总成表 7.3.

表 7.3　关于 σ^2 的检验法(χ^2 检验法)

原假设	备择假设	检验统计量	H_0 为真时检验统计量的分布	拒绝域 C
$\sigma^2 = \sigma_0^2$	$\sigma^2 \neq \sigma_0^2$	$\chi^2 = \dfrac{(n-1)S^2}{\sigma_0^2}$		$\{\chi^2 \leqslant \chi_{1-\alpha/2}^2(n-1)\} \cup \{\chi^2 \geqslant \chi_{\alpha/2}^2(n-1)\}$
$\sigma^2 \leqslant \sigma_0^2$	$\sigma^2 > \sigma_0^2$	同上	$\chi^2(n-1)$	$\{\chi^2 \geqslant \chi_\alpha^2(n-1)\}$
$\sigma^2 \geqslant \sigma_0^2$	$\sigma^2 < \sigma_0^2$	同上		$\{\chi^2 \leqslant \chi_{1-\alpha}^2(n-1)\}$

例 7.2.6　已知维尼纶纤度在正常条件下服从正态分布 $N(1.405, 0.048^2)$,某日抽取 5 根纤维,测得其纤度如下:

$$1.32, \quad 1.55, \quad 1.36, \quad 1.40, \quad 1.44.$$

问这一天纤维的总标准差是否正常($\alpha = 0.10$)?

解　待检验假设为

$$H_0 : \sigma^2 = 0.048^2,$$

当 H_0 成立时,统计量

$$\chi^2 = \frac{(n-1)S^2}{\sigma_0^2} \sim \chi^2(n-1).$$

题中给定 $\alpha = 0.10$,查表得

$$\chi_{1-\alpha/2}^2(n-1) = \chi_{0.95}^2(4) = 0.71, \qquad \chi_{\alpha/2}^2(n-1) = \chi_{0.05}^2(4) = 9.49.$$

由题中数据,计算观察值

$$\bar{x} = \frac{1}{5}(1.32 + \cdots + 1.44) = 1.414,$$

$$s^2 = \frac{1}{4}[(1.32 - 1.414)^2 + \cdots + (1.44 - 1.414)^2] = 0.00778,$$

$$\chi^2 = \frac{(n-1)S^2}{\sigma_0^2} = \frac{4 \times 0.00778}{0.048^2} \approx 13.507.$$

由于 $\chi^2 = 13.507 > 9.49$,故拒绝假设 H_0,即认为总体标准差显著地不正常.

2. 两个正态总体方差比的检验

设总体 X, Y 相互独立,且 $X \sim N(\mu_1, \sigma_1^2)$,$Y \sim N(\mu_2, \sigma_2^2)$,从两个总体中分别抽取容量为 m, n 的样本 $(X_1, X_2, \cdots, X_m)$,$(Y_1, Y_2, \cdots, Y_n)$,其样本均值分别为 $\bar{X}$,$\bar{Y}$,样本方差为 S_1^2,S_2^2,要检验的假设为 $H_0 : \sigma_1^2 = \sigma_2^2$.

由第 5 章抽样分布定理知

$$F = \frac{S_1^2 / \sigma_1^2}{S_2^2 / \sigma_2^2} \sim F(m-1, n-1),$$

取统计量

$$F = \frac{S_1^2}{S_2^2}. \tag{7.7}$$

当 H_0 成立时它服从第一自由度为 $m-1$，第二自由度为 $n-1$ 的 F 分布.

给定 α，查表求出临界值 $F_{\alpha/2}$ 及 $F_{1-\alpha/2}$，使它们满足

$$P\{F > F_{\alpha/2}\} = P\{F < F_{1-\alpha/2}\} = \frac{\alpha}{2}. \tag{7.8}$$

然后根据样本观测值计算统计量 F 的值，若 $F_{1-\alpha/2} < F < F_{\alpha/2}$，则接受假设 H_0，否则拒绝 H_0. 由于检验中用到的统计量服从 F 分布，这种方法称为 **F 检验法**.

例 7.2.7　在例 7.2.5 中，我们假设男女红细胞数分布的方差相等，现在就来检验这一假设：$H_0: \sigma_1^2 = \sigma_2^2$；这里，$F = \dfrac{S_1^2}{S_2^2} = \dfrac{3022.4144}{2453.7994} \approx 1.25$.

若给定 $\alpha = 0.10$，自由度为 $(155, 73)$，查附表 5 得 $\left(\text{利用} \, F_{1-\alpha}(m, n) = \dfrac{1}{F_\alpha(n, m)}\right)$

$$F_{1-\alpha/2}(155, 73) \approx 0.719, \qquad F_{\alpha/2}(155, 73) \approx 1.43.$$

可见 $F_{1-\alpha/2} \approx 0.719 < F \leqslant 1.43 = F_{\alpha/2}(155, 73)$，故接受 H_0.

一般地，对于两个正态总体，如果它们的方差是未知的而且需要比较它们的均值是否相等时，可以先用 F 检验法检验它们的方差是否一致，如果检验结果是接受方差相等这一假设，则再用 t 检验法比较它们的均值.

例 7.2.8　从甲校新生中随机抽取 11 名学生，得知其平均成绩 $\overline{X}_1 = 78.3$ 分，方差 $S_1^2 = 53.14$. 从乙校新生中抽取 11 名学生，得知其平均成绩 $\overline{X}_2 = 80.0$ 分，方差 $S_2^2 = 60.22$. 在显著水平 $\alpha = 0.1$ 下，检验这两校新生平均成绩有无显著差异.

解　本例中，总体方差未知，可以先检验两总体的方差是否相等，即检验两总体的方差有无显著差异，然后检验两总体的均值有无显著差异.

(1)首先检验总体方差是否相等，待检验假设为

$$H_0: \sigma_1^2 = \sigma_2^2,$$

统计量 $F = \dfrac{S_1^2}{S_2^2} \sim F(10, 10)$，对于给定的 $\alpha = 0.10$，查 F 分布表(附表 5)，确定临界值

$$F_{\alpha/2} = 2.98, \qquad F_{1-\alpha/2} = \frac{1}{2.98} \approx 0.336.$$

由样本数据计算得 $F = \dfrac{S_1^2}{S_2^2} = \dfrac{53.14}{60.22} = 0.8824$ ，显然 $0.336 \leqslant F \leqslant 2.98$ ，故接受 H_0 ，即认为两校新生成绩方差无显著差异.

（2）检验总体均值，待检验假设为

$$H_0 : \mu_1 = \mu_2 ,$$

由样本数据计算统计量，得

$$T = \frac{\bar{X}_1 - \bar{X}_2}{(m-1)S_1^2 + (n-1)S_2^2} \cdot \sqrt{\frac{mn(m+n-2)}{m+n}} \approx -0.5277 .$$

对于水平 $\alpha = 0.10$ ，查自由度为 20 的 t 分布表，得临界值为 1.725，由于 $|T| < 1.725$ ，接受 H_0 ，即在显著水平 0.10 下，两校新生平均成绩无显著差异.

现将本节所介绍的检验方法列表如下（表 7.4）.

表 7.4　正态总体参数的假设检验

检验参数	假设 H_0	统计量	分布
均值 μ	$\mu = \mu_0$ $(\sigma = \sigma_0)$	$U = \dfrac{\bar{X} - \mu_0}{\sigma_0 / \sqrt{n}}$	$N(0, 1)$
	$\mu_1 = \mu_2$ $(\sigma_1, \sigma_2$ 已知$)$	$U = (\bar{X} - \bar{Y}) \Big/ \sqrt{\dfrac{\sigma_1^2}{m} + \dfrac{\sigma_2^2}{n}}$	
	$\mu = \mu_0$ $(\sigma^2$ 未知$)$	$T = \dfrac{\bar{X} - \mu_0}{S / \sqrt{n}}$	$t(n-1)$
	$\mu_1 = \mu_2$ $\sigma_1 = \sigma_2$ 未知	$T = \dfrac{\bar{X} - \bar{Y}}{\sqrt{(m-1)S_1^2 + (n-1)S_2^2}} \sqrt{\dfrac{mn(m+n-2)}{m+n}}$	$t(m+n-2)$
方差 σ^2	$\sigma^2 = \sigma_0^2$	$\chi^2 = \dfrac{(n-1)S^2}{\sigma_0^2}$	$\chi^2(n-1)$
	$\sigma_1^2 = \sigma_2^2$	$F = \dfrac{S_1^2}{S_2^2}$	$F(m-1, n-1)$

7.3　分布的假设检验

前面讨论的关于正态总体参数的检验，都是先假定总体的分布已知且服从正态分布，然而在许多情况下，事先并不知道总体分布的类型，需要根据样本对总体是否服从某种分布的假设进行检验. 分布拟合检验就是为了检验观测到的一批数据是否与某种理论分布符合. 例如，我们考察某一产品的质量指标而打算采用正态分布模型，或考察一种元件的寿命而打算采用指数分布模型，可能事先有一些理论或经验上的根据，但这究竟是否可行？有时就需要通过样本去进行检验. 又如，抽取若干产品测定其质量指标，得 $X_1, X_2, \cdots, X_n$ ，然后依据它们以决定"总体分布是正态

分布"这样的原假设能否被接受. 再如, 有人制造了一个骰子, 他声称是质地均匀

的, 即出现各面的概率都是 $\frac{1}{6}$. 骰子质地是否均匀单凭审视骰子外形是难以进行判

断的, 于是把骰子投掷若干次, 记下其出现 1 点, 2 点, $\cdots$, 6 点的次数, 再来检

验投掷结果与 "各面概率都是 $\frac{1}{6}$" 的说法能否吻合.

　　分布拟合检验在数理统计应用上很重要, 在数理统计学发展史上也占有一定的

地位. 19 世纪统计学是正态分布占统治地位的时代, 许多统计学家认为在分析和解

释统计数据时正态分布是唯一可用的, 然而到 19 世纪末, 皮尔逊对此提出疑问, 他

指出有些数据有显著的偏态, 不适于用正态模型. 于是他提出了一个包罗甚广的、

日后以他的名字命名的分布族, 其中包含正态分布, 但也有很多偏态的分布. 皮尔逊认

为: 第一步是根据数据去从这一大族分布中挑出一个最能反映所得数据性态的分布;

第二步就是要检验所得数据与这个分布的拟合如何. 他为此引进了著名的 χ^2 检验法.

后来, 费希尔对 χ^2 检验法就总体分布中含有未知参数的情形作了重要的修正.

7.3.1　χ^2 检验法

　　下面就总体的理论分布已知且只取有限个值的情况, 介绍 χ^2 检验法的基本概念.

　　设总体 X 是仅取 k 个值 $a_1, a_2, \cdots, a_k$ 的离散型随机变量, 假设其概率分布为

$$H_0 : P\{X = a_i\} = p_i, \quad i = 1, \cdots, k , \tag{7.9}$$

其中 a_i, p_i, $i = 1, \cdots, k$ 都已知, 且 $p_i > 0$, $i = 1, \cdots, k$.

　　从该总体中抽取样本 $X_1, X_2, \cdots, X_n$ (或称对 X 进行 n 次观测, 得到 $X_1, X_2, \cdots, X_n$),

样本观测值记为 $(x_1, x_2, \cdots, x_n)$. 现要根据它们来检验式 (7.9) 中的原假设 H_0 是否

成立.

　　记 n_i 为观测值 $(x_1, x_2, \cdots, x_n)$ 中取值为 a_i 的个数, 即事件 $\{X = a_i\}$ 出现的频数,

相应地得到 $n_1, n_2, \cdots, n_k$. 当观测次数 (或样本数) n 足够大时, 由伯努利大数定律,

事件 $\{X = a_i\}$ 的频率 $\frac{n_i}{n}$ 与其概率 p_i 有较大偏差的可能性很小, 即应有 $\frac{n_i}{n} \approx p_i$. 很自然

地, 频率 $\frac{n_i}{n}$ 与概率 p_i 的差异越小, 则 H_0 越可能是成立的, 我们也就更乐于接受它.

因而问题就归结为要找出一个适当的量来反映这种差异, 皮尔逊首先提出用下面的

统计量来衡量它们的差异程度

$$\chi^2 = \sum_{i=1}^{k} \frac{(n_i - np_i)^2}{np_i} , \tag{7.10}$$

这个统计量称为皮尔逊 χ^2 统计量, 以后简称为 χ^2 统计量.

　　将这个统计量改写如下:

$$\chi^2 = \sum_{i=1}^{k} \left(\frac{n_i}{n} - p_i \right)^2 \cdot \frac{n}{p_i}. \tag{7.11}$$

因为当 H_0 成立时，$\left| \dfrac{n_i}{n} - p_i \right|$ 应该比较小，于是统计量 χ^2 也应该比较小. 式 (7.11) 中的因子 $\dfrac{n}{p_i}$ 起一种"平衡"的作用，如果没有这一因子，则当 p_i 很小时，即使频率 $\dfrac{n_i}{n}$ 与概率 p_i 的差异相对于 p_i 来说很大，$\left(\dfrac{n_i}{n} - p_i \right)^2$ 也仍然会很小，这就导致小概率部分的吻合程度的好坏得不到充分的反映，从而影响检验的可靠性.

1900 年皮尔逊证明了如下的定理.

定理 7.1　设总体 X 是仅取 k 个值 $a_1, a_2, \cdots, a_k$ 的离散型随机变量，假设其概率分布为

$$H_0 : P\{X = a_i\} = p_i, \quad i = 1, \cdots, k,$$

其中 a_i，p_i，$i = 1, \cdots, k$ 都已知，且 $p_i > 0$，$i = 1, \cdots, k$.

当原假设 H_0 成立时，则

$$\chi^2 = \sum_{i=1}^{k} \frac{(n_i - np_i)^2}{np_i} \sim \chi^2(k-1), \tag{7.12}$$

即统计量 χ^2 的分布趋近于自由度为 $k-1$ 的 χ^2 分布.

用以上定理就可以检验 H_0. 当样本容量 n 足够大时，可以近似地认为式 (7.10) 中的统计量 $\chi^2 \sim \chi^2(k-1)$，给定显著水平 α，查表求出临界值 $C = \chi_\alpha^2(k-1)$，再由样本观测值计算出统计量 χ^2 的值，若 $\chi^2 \geq C$ 时，则拒绝假设 H_0.

例 7.3.1　某工厂近 5 年来共发生了 63 次事故，按星期几分类如下：

星期	一	二	三	四	五	六
次数	9	10	11	8	13	12

问事故发生是否与星期几有关 $(\alpha = 0.10)$.

解　设某一随机变量 X，$X = i$ 表示事故发生在星期 i，$i = 1, 2, \cdots, 6$，若事故发生与星期几无关，则应有 $p\{X = i\} = \dfrac{1}{6}$，因而要检验的假设为

$$H_0 : p\{X = i\} = \frac{1}{6}, \quad i = 1, 2, \cdots, 6,$$

在 H_0 成立的条件下，由式 (7.12)，统计量

$$\chi^2 = \sum_{i=1}^{6} \left(n_i - \frac{n}{6} \right)^2 \Big/ \frac{n}{6} \sim \chi^2(5).$$

由已知，$n = 63$，$\alpha = 0.10$，$\chi^2_{0.90}(5) = 9.24$ 计算可得 $\chi^2 = 1.67 < 9.24$，即接受 H_0，不能认为事故与星期几有关.

7.3.2　总体分布为连续型的分布拟合检验

χ^2 检验法也可用来检验总体分布为连续型的情形. 设样本 $X_1, X_2, \cdots, X_n$ 来自分布函数为 $F(x)$ 的总体，要检验的假设为

$$H_0: \text{总体 } X \text{ 的分布函数为 } F(x), \tag{7.13}$$

其中 $F(x)$ 可以完全已知，也可以带有未知参数. 检验办法是，通过区间划分把它转化为前面讨论过的情形. 设 $F(x)$ 为连续函数，在实数轴上取 $k-1$ 个点 $a_1 < a_2 < \cdots < a_{k-1}$，将 $(-\infty, +\infty)$ 划分为 $-\infty < a_1 < a_2 < \cdots < a_{k-1} < +\infty$，一共得到 k 个区间，记为

$$I_1 = (-\infty, a_1], \ I_2 = (a_1, a_2], \ \cdots, \ I_{k-1} = (a_{k-2}, a_{k-1}], \ I_k = (a_{k-1}, +\infty).$$

用 n_i 表示观测值 $(x_1, x_2, \cdots, x_n)$ 落在区间 I_i 内的频数，$i = 1, 2, \cdots, k$，而 $\dfrac{n_i}{n}$ 为相应的频率. 当假设 H_0 成立时，记总体 X 在区间 I_i 内取值的概率为 p_i，则有

$$p_1 = P\{X \leqslant a_1\} = F(a_1),$$
$$p_2 = P\{a_1 < X \leqslant a_2\} = F(a_2) - F(a_1),$$
$$\cdots\cdots \tag{7.14}$$
$$p_{k-1} = P\{a_{k-2} < X \leqslant a_{k-1}\} = F(a_{k-1}) - F(a_{k-2}),$$
$$p_k = P\{X \geqslant a_{k-1}\} = 1 - F(a_{k-1}).$$

接下来的讨论与 X 为离散型的情形完全一样. 若 $F(x)$ 中带有未知参数，不妨设 $F(x)$ 中有 r 个未知参数 $\theta_1, \theta_2, \cdots, \theta_r$，这时将很难算出式 (7.14) 中的概率，相应地，χ^2 统计量也就无法算出，上述检验方法不能直接运用，需要进行修改. 很自然的想法是在式 (7.14) 中用未知参数的估计量 $\hat{\theta}_1, \hat{\theta}_2, \cdots, \hat{\theta}_r$ 来代替未知参数 $\theta_1, \theta_2, \cdots, \theta_r$ (一般采用极大似然估计).

定理 7.2　设样本 $X_1, X_2, \cdots, X_n$ 来自分布函数为 $F(x)$ 的总体，H_0: 总体 X 的分布函数为 $F(x)$，$F(x)$ 中有 r 个未知参数 $\theta_1, \theta_2, \cdots, \theta_r$. 若原假设 H_0 成立，则当样本容量 $n \to +\infty$ 时，

$$\chi^2 = \sum_{i=1}^{k} \frac{(n_i - np_i)^2}{np_i} \sim \chi^2(k-1-r), \tag{7.15}$$

即统计量 χ^2 趋近于自由度为 $k-1-r$ 的 χ^2 分布.

与定理 7.1 相比，差别在于自由度减少了 r 个，即减少的个数正好等于要估计的参数个数.

此时，将 $\hat{\theta}_1, \hat{\theta}_2, \cdots, \hat{\theta}_r$ 代入式 (7.14) 中得到 $\hat{p}_1, \hat{p}_2, \cdots, \hat{p}_k$，且式 (7.10) 中的统计量变成

$$\chi^2 = \sum_{i=1}^{k} \frac{(n_i - n\hat{p}_i)^2}{n\hat{p}_i}. \tag{7.16}$$

例 7.3.2 随机抽取了某地 50 名新生男婴体重的资料 (表 7.5).

表 7.5 50 名新生男婴体重数据 （单位：g）

2520	3540	2600	3320	3120	3400	2900	2420	3280	3100
2980	3160	3100	3460	2740	3060	3700	3460	3500	1600
3100	3700	3280	2880	3120	3800	3740	2940	3580	2980
3700	3460	2940	3300	2980	3480	3220	3060	3400	2680
3340	2500	2960	2900	4600	2780	3340	2500	3300	3640

试在显著水平 $\alpha = 0.05$ 下检验某地新生男婴体重是否服从正态分布.

解 要检验的假设为 H_0：总体 X 服从正态分布.

这里，由于假设没有给出 X 的均值与方差，而仅说明它服从正态分布，因此需要先求出正态分布的两个参数 μ，σ^2 的估计量. 在应用上，常使用更易于计算的估计量，如用样本均值和样本方差来估计总体均值和方差，即采用

$$\hat{\mu} = \overline{X}, \qquad \hat{\sigma}^2 = S^2.$$

根据测量数据计算得 $\overline{x} = 3160$，$s^2 = 465.3^2$.

在 χ^2 检验中，一般要求对数据分组时每组中的观测个数不少于 5 个，现在我们选取 6 个数：2450，2700，2950，3200，3450，3700，将 $(-\infty, +\infty)$ 分为 7 个区间，相应地将数据分为 7 组，得到各组的频数如表 7.6 所示.

表 7.6 各组频数表

组号	1	2	3	4
区间界限	$(-\infty, 2450]$	$(2450, 2700]$	$(2700, 2950]$	$(2950, 3200]$
频数	2	5	7	12

组号	5	6	7
区间界限	$(3200, 3450]$	$(3450, 3700]$	$(3700, +\infty)$
频数	10	11	3

下面计算相应的 $\hat{p}_i$，$i = 1, 2, \cdots, 7$.

当 H_0 成立时，X 近似服从分布 $N(3160, 465.5^2)$，故

$$\hat{p}_1 = F(2450) = \Phi\left(\frac{2450 - 3160}{465.5}\right) = \Phi(-1.53) = 0.0630;$$

$$\hat{p}_2 = F(2700) - F(2450) = \varPhi\left(\frac{2700-3160}{465.5}\right) - \varPhi\left(\frac{2450-3160}{465.5}\right) = 0.0981;$$

$$\hat{p}_3 = F(2950) - F(2700) = \varPhi\left(\frac{2950-3160}{465.5}\right) - \varPhi\left(\frac{2700-3160}{465.5}\right) = 0.1653;$$

$$\hat{p}_4 = F(3200) - F(2950) = \varPhi\left(\frac{3200-3160}{465.5}\right) - \varPhi\left(\frac{2950-3160}{465.5}\right) = 0.2095;$$

$$\hat{p}_5 = F(3450) - F(3200) = \varPhi\left(\frac{3450-3160}{465.5}\right) - \varPhi\left(\frac{3200-3160}{465.5}\right) = 0.1965;$$

$$\hat{p}_6 = F(3700) - F(3450) = \varPhi\left(\frac{3700-3160}{465.5}\right) - \varPhi\left(\frac{3450-3160}{465.5}\right) = 0.1446;$$

$$\hat{p}_7 = 1 - F(3700) = 1 - \varPhi\left(\frac{3700-3160}{465.5}\right) = 0.1230.$$

将以上计算结果代入式(7.16)，计算得统计量 $\chi^2 = 4.38$，自由度为 7–1–2 = 4，对水平 $\alpha = 0.05$，查表得临界值 $\chi^2_{0.05}(4) = 9.49$.

由于 $\chi^2 = 4.38 < 9.49$，故接受假设 H_0，即认为试验结果与正态分布这一假设无显著差异，可以认为新生男婴的体重服从正态分布.

习　题　7

1. 某种产品的重量 $X \sim N(12, 1)$（单位：g），更新设备后，从新生产的产品中，随机地抽取 100 个，测得样本均值 $\bar{x} = 12.5$g. 如果方差没有变化，问设备更新后产品的平均重量是否有显著变化（$\alpha = 0.1$）.

2. 某高校大一新生进行数学期中考试，测得平均成绩为 75.6 分，标准差为 7.4 分. 从该校某专业抽取 50 名学生，测得数学平均成绩为 78 分，试问该专业学生与全校学生数学成绩有无明显差异（$\alpha = 0.05$）.

3. 某种零件的长度服从正态分布，但参数均未知，现随机抽取 6 件测得长度（单位：cm）为
36.4,　38.2,　36.6,　36.9,　37.8,　37.6.
在显著性水平 $\alpha = 0.01$ 下，能否认为该种零件的平均长度为 37cm？

4. 某饲料公司用自动打包机打包，每包标准重量为 100kg，每天开工后需检验一次打包机是否正常工作，某日开工后测得 9 包重量为
99.3,　98.7,　100.5,　101.2,　98.3,　99.7,　99.5,　102.1,　100.5.
假设每包的重量服从正态分布. 在显著性水平为 $\alpha = 0.05$ 下，打包机工作是否正常？

5. 测定某种溶液中的水分，它的 10 个测定值给出 $s = 0.037\%$，设测定值总体服从正态分布 $N(\mu, \sigma^2)$，μ，σ^2 均未知，试在显著性水平 $\alpha = 0.05$ 下检验假设

$$H_0:\ \sigma \geqslant 0.04\%; \qquad H_1:\ \sigma < 0.04\%.$$

6. 有甲、乙两台机床加工同样产品，从这两台机床生产的产品中随机抽取若干件，测得产品直径(单位：mm)为

机床甲　20.5,　19.8,　19.7,　20.4,　20.1,　20.0,　19.0,　19.9;

机床乙　19.7,　20.8,　20.5,　19.8,　19.4,　20.6,　19.2.

假定两台机床加工的产品直径都服从正态分布，且总体方差相等，问甲、乙两台机床加工的产品直径有无显著差异($\alpha = 0.05$).

7. 某汽车配件厂在新工艺下，对加工好的 25 个活塞的直径进行测量，得样本方差 $S^2 = 0.00066$. 已知老工艺生产的活塞直径的方差为 0.00040. 问新工艺下方差有无显著变化(取 $\alpha = 0.05$).

8. 某纺织厂生产的某种产品的纤度用 X 表示，在稳定生产时，可假定 $X \sim N(\mu, \sigma^2)$，其标准差 $\sigma = 0.048$，现在随机抽取 5 根纤维，测得其纤度为

$$1.32,\quad 1.55,\quad 1.36,\quad 1.40,\quad 1.44.$$

问总体 X 的方差有无显著变化($\alpha = 0.05$).

9. 在正常生产条件下，某产品的测试指标总体 $X \sim N(\mu, 0.023^2)$，后来改变生产水平，出了新产品，此时产品的测试指标总体 $X \sim N(\mu, \sigma^2)$. 现从新产品中抽取 10 件测试，计算出样本标准差为 $\alpha = 0.033$，若显著水平为 $\alpha = 0.05$，问方差有没有显著变化.

10. 从两个教学班各随机选取 14 名学生进行数学测验，第一教学班与第二教学班的数学成绩都服从正态分布，其方差分别 57 和 53，14 名学生的平均成绩分别为 90.9 分和 92 分，在显著水平 $\alpha = 0.05$ 下，分析两教学班的数学测验成绩有无明显差异.

11. 一计算机程序用来产生在区间 $(0, 10)$ 均匀分布的随机变量的简单随机样本值，即产生区间 $(0, 10)$ 上的随机数，以下是相继得到的 250 个数据的分布情况.

数据区间	(0, 1.99)	(2, 3.99)	(4, 5.99)	(6, 7.99)	(8, 10)
频数	38	55	54	41	62

试取显著性水平 $\alpha = 0.05$，检验这些数据是否来自均匀分布 $U(0, 10)$ 的总体，即检验这一程序是否符合要求.

12. 在 10 块土地上试种甲、乙两种作物，所得产量分别为 $(x_1, x_2, \cdots, x_{10})$，$(y_1, y_2, \cdots, y_{10})$，假设作物产量服从正态分布(假设标准差相同)，并计算得 $\bar{x} = 30.97$，$\bar{y} = 21.79$，$s_x = 26.7$，$s_y = 12.1$. 取显著性水平 0.01，问是否可认为两个品种的产量没有显著性差别.

13. 两个工厂生产的蓄电池中，分别取 10 个蓄电池测得其电容量(单位：安培·时)如下：

甲厂　140,　141,　135,　142,　140,　143,　138,　137,　142,　137;

乙厂　141,　143,　139,　139,　140,　141,　138,　140,　142,　138.

试比较两台机床加工的精度有无显著差异($\alpha = 0.05$).

14. 检查了一本书的 100 页，记录各页中的印刷错误的个数，结果如下表所示：

错误个数	0	1	2	3	4	5	6
频数	14	27	26	20	7	3	3

问能否认为一页的印刷错误个数服从泊松分布(取显著性水平 $\alpha = 0.05$)？

15. 1 小时内电话交换台呼叫次数按每分钟统计如下:

每分钟呼叫次数   0, 1, 2, 3, 4, 5, 6;

频数   8, 16, 17, 10, 6, 2, 1.

用 χ^2 检验法检验每分钟内电话呼唤次数是否服从泊松分布($\alpha = 0.05$).

16. 对某型号电缆进行耐压测试试验，记录 43 根电缆的最低击穿电压，数据如下:

测试电压   3.8, 3.9, 4.0, 4.1, 4.2, 4.3, 4.4, 4.5, 4.6, 4.7, 4.8;

击穿频数   1, 1, 1, 2, 7, 8, 8, 4, 6, 4, 1.

试检验电缆耐压数据是否服从正态分布($\alpha = 0.05$).

第 8 章　回　归　分　析

在实际问题中人们常常会遇到多个变量同处于一个过程之中，它们互相联系、互相制约. 有的变量间有完全确定的函数关系，例如，圆的面积 A 与半径 r 有函数关系式 $A = \pi r^2$. 另外还有一些变量，它们之间也有一定的关系，然而这种关系并不能完全确定，例如，人的体重与身高有关，一般而言，较高的人体重较重，但同样身高的人体重却不会都相同；又如，一个人的收入水平与其受教育程度有关，但受教育程度相同的人，他们的收入水平往往不同，他们之间并不能用一个确定的函数关系式表达出来，这种变量之间的关系在统计上称为相关关系. 为深入了解事物的本质，往往需要我们去寻找这些变量间的数学关系表达式. 回归分析就是寻找这类具有相关关系的变量间的数量关系式并进行统计推断的一种方法，具体来说，回归分析主要解决以下三方面的问题：

(1) 从一组样本数据出发，确定出一个特定变量 Y(称为因变量)和其他可能与 Y 有关的一个或几个变量(称为自变量)之间的数学关系式(常称为回归方程)；

(2) 对由此得到的关系式的可信程度进行统计检验，并从影响 Y 的诸多自变量中找出哪些变量的影响是显著的，哪些是不显著的；

(3) 利用回归方程，根据自变量的取值来估计或预测因变量的取值，并给出这种估计或预测的可靠程度.

关于回归分析的内容，可以从不同的角度来划分. 按照变量的个数划分，有一元回归分析和多元回归分析. 一元回归分析研究两个变量之间的相关关系，多元回归分析则研究多个变量之间的相关关系. 按照变量之间相关关系的表现形式划分，有线性(直线)回归和非线性(曲线)回归. 本章着重讨论一元线性回归分析.

8.1　回归分析的基本概念

8.1.1　一元线性回归模型

例 8.1.1　金属导线的含碳量是影响其电阻的一个重要因素，为了找出它们之间的关系，现安排了一批试验，获得了一组数据如表 8.1 所示.

表 8.1　金属导线含碳量与电阻数据

含碳量 x/%	0.09	0.10	0.30	0.40	0.55	0.70	0.80	0.95
电阻 y/μΩ	13	15	18	19	21	22.6	23.8	26

　　若我们去重复这些试验,在同一含碳量 x 下,所获得的电阻 y 不完全一致,这表明 x 与 y 之间不能用一个完全确定的函数关系来表达. 为了了解它们之间是否有关,若有关,又是什么样的关系,通常将上述数据记为 (x_i, y_i) $(i = 1, 2, \cdots, 8)$,绘在平面直角坐标系 xOy 平面上得到一张"散点图"(图 8.1). 从图中我们发现,随着含碳量 x 的增加,电阻 y 也增加,且这些点 (x_i, y_i) $(i = 1, 2, \cdots, 8)$ 近似在一条直线附近,但又不完全在一条直线上. 引起这些点 (x_i, y_i) 与直线偏离的原因是在生产过程和测试过程中还存在着一些不可控的因素,它们都在影响着试验结果 y_i.

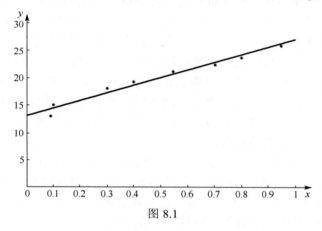

图 8.1

　　这样我们可以把试验结果 Y 看成是由两部分叠加而成的,一部分是由 x 线性函数引起的,记为 $\beta_0 + \beta_1 x$,另一部分是由随机因素引起的,记为 ε,即

$$Y = \beta_0 + \beta_1 x + \varepsilon. \tag{8.1}$$

由于我们把 ε 看成是随机误差,一般来讲,假定 $\varepsilon \sim N(0, \sigma^2)$ 是合理的,这就意味着假定

$$Y \sim N(\beta_0 + \beta_1 x, \sigma^2),$$

则称

$$E(Y) = \beta_0 + \beta_1 x \tag{8.2}$$

为 Y 关于 x 的一元线性回归函数.

　　在式 (8.1) 中,假定 x 是一般变量,它可以精确测量或加以控制,Y 是可观测其值的随机变量,β_0, β_1 是未知参数,称为回归系数,ε 是不可观测的随机变量,假定它服从 $N(0, \sigma^2)$,为了获得 β_0, β_1 的估计,我们就要进行若干次独立试验,设所得结果为

$$(x_i, y_i), \quad i = 1, 2, \cdots, n,$$

则由式 (8.1) 知

$$y_i = \beta_0 + \beta_1 x_i + \varepsilon_i, \quad i = 1, 2, 3, \cdots, n.$$

这里 $\varepsilon_1, \varepsilon_2, \cdots, \varepsilon_n$ 是独立随机变量, 它们均服从 $N(0, \sigma^2)$, 这就是一元线性回归模型, 它常表示为

$$\begin{cases} y_i = \beta_0 + \beta_1 x_i + \varepsilon_i, \quad i = 1, 2, 3, \cdots, n, \\ \text{各 } \varepsilon_i \text{ 相互独立, 且都服从 } N(0, \sigma^2). \end{cases} \tag{8.3}$$

若记 $\hat{\beta}_0$, $\hat{\beta}_1$ 为 β_0, β_1 的估计, 则称

$$\hat{y} = \hat{\beta}_0 + \hat{\beta}_1 x \tag{8.4}$$

为 Y 关于 x 的一元线性回归方程, 由于一元线性回归方程的图形是一条直线, 因此也称为回归直线, 对于给定的 x 值, 式 (8.4) 实际上是作为式 (8.2) 所代表的直线的一种估计.

记

$$\begin{cases} \bar{x} = \dfrac{1}{n} \sum_{i=1}^{n} x_i, \quad \bar{y} = \dfrac{1}{n} \sum_{i=1}^{n} y_i, \\ l_{xx} = \sum_{i=1}^{n} (x_i - \bar{x})^2 = \sum_{i=1}^{n} x_i^2 - n\bar{x}^2, \\ l_{xy} = \sum_{i=1}^{n} (x_i - \bar{x})(y_i - \bar{y}) = \sum_{i=1}^{n} x_i y_i - n\bar{x}\,\bar{y}. \end{cases} \tag{8.5}$$

由式 (8.5) 解得 β_0 和 β_1 的估计值

$$\hat{\beta}_1 = \frac{l_{xy}}{l_{xx}}, \quad \hat{\beta}_0 = \hat{y} - \hat{\beta}_1 \hat{x}. \tag{8.6}$$

用这种方法求出参数 β_0, β_1 的估计 $\hat{\beta}_0$, $\hat{\beta}_1$ 称为最小二乘估计.

现在我们利用上述结论来求例 8.1.1 中的最小二乘估计.

解 根据所给出数据计算如下:

$$\sum_{i=1}^{8} x_i = 3.89, \quad \sum_{i=1}^{8} y_i = 158.4, \quad \sum_{i=1}^{8} x_i y_i = 86.78, \quad \sum_{i=1}^{8} x_i^2 = 2.6031,$$

$$\bar{x} = \frac{1}{8} \sum_{i=1}^{8} x_i = 0.48625, \quad \bar{y} = \frac{1}{8} \sum_{i=1}^{8} y_i = 19.8,$$

从而

$$l_{xx} = \sum_{i=1}^{8} x_i^2 - 8\bar{x}^2 = 0.711588, \quad l_{xy} = \sum_{i=1}^{8} x_i y_i - 8\bar{x}\,\bar{y} = 9.758.$$

由式 (8.6) 得

$$\hat{\beta}_1 = \frac{l_{xy}}{l_{xx}} = 13.713, \quad \hat{\beta}_0 = \overline{y} - \hat{\beta}_1 \overline{x} = 13.13205,$$

代入 (8.4) 的回归方程得

$$\hat{y} = 13.13205 + 13.713x.$$

8.1.2　参数估计：最小二乘法

对于一元线性回归模型，样本观测值 $y_1, y_2, \cdots, y_n$ 满足

$$y_i = \beta_0 + \beta_1 x_i + \varepsilon_i, \quad i = 1, 2, \cdots, n,$$

其中 $\varepsilon_1, \varepsilon_2, \cdots, \varepsilon_n$ 相互独立，且均服从正态分布 $N(0, \sigma^2)$. 将上式改写成

$$\varepsilon_i = y_i - \beta_0 - \beta_1 x_i, \quad i = 1, 2, \cdots, n,$$

最小二乘法的原理即使全部误差的平方和 $\sum\limits_{i=1}^{n} \varepsilon_i^2$ 取最小，此时的 $\hat{\beta}_0, \hat{\beta}_1$ 为所求 β_0, β_1 的参数估计值 (具体推导过程不作赘述，大多数统计软件可直接求得回归系数的值).

例 8.1.2　某建材试验室在做陶粒混凝土强度试验中，考察每立方米混凝土的水泥用量 x(kg) 对 28 天后的混凝土强度 y(kg/cm^2) 的影响，测得数据如表 8.2 所示.

表 8.2　每立方米混凝土水泥用量与 28 天后混凝土强度数据

x	150	160	170	180	190	200	210	220	230	240
y	56.9	58.3	61.6	64.6	68.1	71.3	74.1	77.4	80.2	82.6

求 y 对 x 的线性回归方程，并问：每立方米混凝土中每增加 1kg 水泥时，可提高的抗压强度是多少？

解　经计算得

$$\sum x_i = 1950, \quad \sum x_i^2 = 388500, \quad \sum y_i = 695.1,$$
$$\sum y_i^2 = 49061.89, \quad \sum x_i y_i = 138021,$$
$$n = 10, \quad \overline{x} = 195, \quad \overline{y} = 69.5.$$

从而由公式得

$$l_{xx} = \sum x_i^2 - \frac{1}{n}\left(\sum x_i\right)^2 = 388500 - \frac{1}{10} \times (1950)^2 = 82500,$$
$$l_{xy} = \sum x_i y_i - \frac{1}{n}\left(\sum x_i\right)\left(\sum y_i\right) = 138021 - \frac{1}{10} \times 1950 \times 695.1 = 2476.5,$$
$$l_{yy} = \sum y_i^2 - \frac{1}{n}\left(\sum y_i\right)^2 = 49061.89 - \frac{1}{10} \times (695.1)^2 = 745.489,$$

故

$$\hat{\beta}_1 = \frac{l_{xy}}{l_{xx}} = \frac{2476.5}{8250} \approx 0.300182,$$

$$\hat{\beta}_0 = \overline{y} - \hat{\beta}_1 \overline{x} = 69.51 - 0.300182 \times 295 = 10.97455.$$

得 y 对 x 的回归方程为

$$\hat{y} = 10.97455 + 0.300182x,$$

这里 $\hat{\beta}_1 = 0.300182$，表示每立方米混凝土中每增加 1kg 水泥时，可提高抗压强度是 0.300182.

8.1.3　显著性检验

前面假设随机变量 Y 与非随机变量 $x_1, x_2, \cdots, x_k$ 之间有线性相关关系，然后用最小二乘法求出回归系数，可得回归方程. 但是，当 Y 与 $x_1, x_2, \cdots, x_k$ 之间没有线性相关关系时，形式地求出线性回归方程是没有意义的. 因此，对于给定的观测数据，我们需要判断 Y 与 $x_1, x_2, \cdots, x_k$ 之间是否真的存在线性相关关系.

1．可决系数

回归方程 $\hat{y} = \hat{\beta}_0 + \hat{\beta}_1 x$ 只反映了由于 x 的变化所引起的 Y 的变化，而没有包含随机因素 ε 的影响，所以回归值 $\hat{y}_i = \hat{\beta}_0 + \hat{\beta}_1 x_i$ 只是观测值 y_i 中受 x_i 影响的那一部分. 而 $y_i - \hat{y}_i$ 则是除去 x_i 影响后，受其他各种随机因素 ε 影响的部分，故通常称 $y_i - \hat{y}_i$ 为残差，如图 8.2 所示.

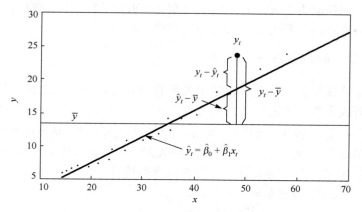

图 8.2　回归方程的偏差和残差

显然，观测值 y_i 可以分解为回归值与残差之和，即

$$y_i = \hat{y}_i + (y_i - \hat{y}_i),$$

且 y_i 与其均值 $\overline{y}$ 的偏差可分解成

$$y_i - \overline{y} = (y_i - \overline{y}) + (y_i - \hat{y}_i).$$

两边平方求和可得

$$\sum (y_i - \overline{y})^2 = \sum (y_i - \hat{y}_i)^2 + \sum (y_i - \overline{y})^2 .$$

记

$$\text{TSS} = \sum (y_i - \overline{y})^2 \text{ 为总平方和;}$$

$$\text{ESS} = \sum (y_i - \hat{y}_i)^2 \text{ 为残差平方和;}$$

$$\text{RSS} = \sum (y_i - \overline{y})^2 \text{ 为回归平方和.}$$

总平方和 TSS = 残差平方和 ESS + 回归平方和 RSS.

拟合优度是指样本回归线对样本数据的拟合程度. 一般情况下, 不可能出现全部观测点都落在样本回归线上. 显然观测值离回归线近, 则拟合程度好; 反之则拟合程度差. 因此, 一个直观的评判标准是: 残差平方和在总平方和中所占的比例越小, 则拟合得越好.

显然 ESS 越小, RSS 越大, 回归直线与样本点的拟合优度越高, 解释变量对被解释变量的解释能力就越强, 用 RSS 占 TSS 的比重大小来衡量回归直线的拟合优度, 定义可决系数为

$$r^2 = \frac{\text{RSS}}{\text{TSS}} = 1 - \frac{\text{ESS}}{\text{TSS}}. \tag{8.7}$$

可决系数 r^2 是一个非负系数, $0 \leqslant r^2 \leqslant 1$. r^2 越大, 拟合优度越好, 解释变量对被解释变量的解释能力越强; $r^2 = 1$, Y 的变化 100%可由 x 作出解释; $r^2 = 0$, x 不能解释 Y 的任何变化, 解释变量与被解释变量没有线性关系.

2. 方程的显著性检验——F 检验

方程的显著性检验, 旨在对模型中被解释变量与解释变量之间的线性关系在总体上是否显著成立作出推断.

在模型 $Y = \beta_0 + \beta_1 x_1 + \cdots + \beta_k x_k + \varepsilon$ 中, 如果 $\beta_1 = \beta_2 = \cdots = \beta_k = 0$, 则说明线性回归模型不能描述 Y 与 $x_1, x_2, \cdots, x_k$ 之间的相关关系. 为了判断 Y 与 $x_1, x_2, \cdots, x_k$ 之间是否存在线性相关关系, 需要进行方程的显著性检验. 检验的步骤如下:

(1)提出假设 $H_0: \beta_1 = \beta_2 = \cdots = \beta_k = 0$;

(2)构造统计量 $F = \dfrac{\text{RSS}/k}{\text{ESS}/(n-k-1)}$, 可以证明, 当假设 H_0 成立时, $F \sim F(k, n-k-1)$;

(3)给定显著性水平 α, 查 F 分布表, 得临界值 $C = F_\alpha(k, n-k-1)$;

(4)由样本值计算统计量 F 的值, 若 $F \geqslant C$, 则拒绝假设 H_0, 即认为 Y 与

$x_1, x_2, \cdots, x_k$ 之间存在显著线性相关关系；若 $F < C$，则接受假设 H_0，即认为 Y 与 $x_1, x_2, \cdots, x_k$ 之间不存在显著线性相关关系.

3. 变量的显著性检验——t 检验

方程的总体线性关系显著不代表每个解释变量对被解释变量的影响都是显著的. 因此，必须对每个解释变量进行显著性检验，以决定是否作为解释变量被保留在模型中. 检验的步骤如下：

（1）提出假设 $H_0: \beta_i = 0$，$i = 1, 2, \cdots, k$.

（2）构造统计量 $t = \dfrac{\hat{\beta}_i - \beta_i}{S_{\hat{\beta}_i}}$，可以证明，当假设 H_0 成立时，$t \sim t(n-k-1)$，其中 $S_{\hat{\beta}_i}$ 为 $\hat{\beta}_i$ 的标准差.

（3）给定显著性水平 α，查 t 分布表，得临界值 $C = t_{\alpha/2}(n-k-1)$；

（4）由样本值计算统计量 t 的值，若 $|t| \geqslant C$，则拒绝假设 H_0，即认为 x_i 对 Y 有显著影响；若 $|t| < C$，则不能拒绝假设 H_0，即认为 x_i 对 Y 没有显著影响.

8.2　一元线性回归分析实例

凯恩斯消费理论认为，居民收入是决定居民消费的主要因素，两者呈同向变化，并且随着居民收入水平的提高，居民消费支出增量占其收入增量的比重却呈逐步降低趋势. 现有 2019 年我国 31 个省份居民人均可支配收入 x_i 与居民人均消费支出 y_i，数据来源于《中国统计年鉴 2020》，具体数据如表 8.3 所示.

表 8.3　我国 2019 年 31 个省份居民人均可支配收入与人均消费支出

省份	人均可支配收入 x_i /元	人均消费支出 y_i /元	省份	人均可支配收入 x_i /元	人均消费支出 y_i /元
北京	67755.9	43038.3	湖北	28319.5	21567.0
天津	42404.1	31853.6	湖南	27679.7	20478.9
河北	25664.7	17987.2	广东	39014.3	28994.7
山西	23828.5	15862.6	广西	23328.2	16148.3
内蒙古	30555.0	20743.4	海南	26679.5	19554.9
辽宁	31819.7	22202.8	重庆	28920.4	20773.9
吉林	24562.9	18075.4	四川	24703.1	19338.3
黑龙江	24253.6	18111.5	贵州	20397.4	14780.0
上海	69441.6	45605.1	云南	22082.4	15779.8
江苏	41399.7	26697.3	西藏	19501.3	13029.2

续表

省份	人均可支配收入 x_i /元	人均消费支出 y_i /元	省份	人均可支配收入 x_i /元	人均消费支出 y_i /元
浙江	49898.8	32025.8	陕西	24666.3	17464.9
安徽	26415.1	19137.4	甘肃	19139.0	15879.1
福建	35616.1	25314.3	青海	22617.7	17544.8
江西	26262.4	17650.5	宁夏	24411.9	18296.8
山东	31597.0	20427.5	新疆	23103.4	17396.6
河南	23902.7	16331.8			

资料来源：国家统计局. 中国统计年鉴-2020[M]. 北京：中国统计出版社，2020.

利用 EXCEL 软件进行数据分析，首先绘制解释变量与被解释变量的散点图，如图 8.3 所示，观测点近似服从线性关系，建立一元线性回国模型如下：

$$y_i = \beta_0 + \beta_1 x_i + \varepsilon_i, \quad i = 1, 2, 3, \cdots, 31.$$

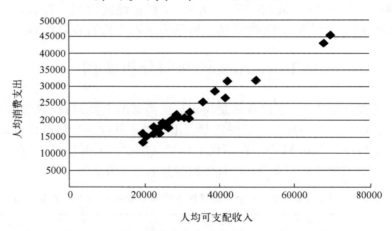

图 8.3　人均可支配收入与人均消费支出的散点图

接着利用 EXCEL 软件进行回归分析，操作步骤如下：在 EXCEL 中录入数据，从主菜单上单击"工具"键，选"数据分析"——"回归"，如图 8.4 所示，选定 Y 值所在区域，X 值所在区域，以及选定输出区域，单击"确定".

EXCEL 估计结果如图 8.5 所示，下面分析输出结果，先看输出结果的第一部分，R Square 即为可决系数 r^2，本例中 $r^2 = 0.9758$ 表示自变量对被解释变量的解释能力较强. 第二部分为方程的显著性检验——F 检验，F 统计量的值 $F = 1167.434$，F 分布的临界值为 $F_{0.05}(1, 29) = 4.18$，显然有 $F > F_{0.05}(1, 29)$，即认为 x 与 y 存在显著的线性相关关系.第三部分为变量的显著性检验——t 检验，变量 x 的 t 统计量 $t = 34.1677$，t 分布的临界值为 $t_{0.025}(29) = 2.045$，显然有 $|t| > t_{0.025}(29)$，即认为人均

可支配收入 x 对人均消费支出 y 具有显著影响. Coefficients 为回归系数，Intercept 为截距项，即 $\hat{\beta}_0 = 2824.5156$，人均可支配收入 x 的回归系数为 $\hat{\beta}_1 = 0.6111$.

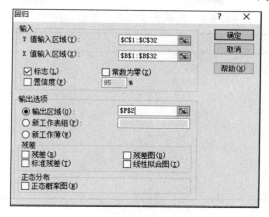

图 8.4   EXCEL 回归对话框

SUMMARY OUTPUT						
回归统计						
Multiple R	0.987806306					
R Square	0.975761298					
Adjusted R	0.97492548					
标准误差	1211.544782					
观测值	31					
方差分析						
	df	SS	MS	F	Significance F	
回归分析	1	1.714E+09	1.71E+09	1167.434	5.58939E-25	
残差	29	42567382	1467841			
总计	30	1.756E+09				
	Coefficients	标准误差	t Stat	P-value	Lower 95%	Upper 95%
Intercept	2824.515631	589.70093	4.789743	4.55E-05	1618.441804	4030.58946
x（元）	0.611123391	0.017886	34.16773	5.59E-25	0.57454245	0.64770433

图 8.5   EXCEL 输出结果

根据 EXCEL 输出结果，可以写出回归方程如下：

$$y_i = 2824.5156 + 0.6111x, \quad r^2 = 0.9758.$$

8.3   多元线性回归分析实例

一家电器销售公司的管理人员认为，月销售收入是广告费用的函数. 并想通过广告费用对月销售收入作出估计. 表 8.4 是近 8 个月的月销售收入与广告费用数据，试根据数据建立二元线性回归模型，并考虑电视广告费用为 4 万元，报纸广告费用为 2 万元时对月销售收入进行预测.

表 8.4　月销售收入与广告费用数据

月销售收入 y/万元	电视广告费用 x_1/万元	报纸广告费用 x_2/万元
96	5.0	1.5
90	2.0	2.0
95	4.0	1.5
92	2.5	2.5
95	3.0	3.3
94	3.5	2.3
94	2.5	4.2
94	3.0	2.5

1. 回归分析

首先建立散点图考察 y 与 x_1 和 x_2 之间的线性关系，如图 8.6 和图 8.7 所示.

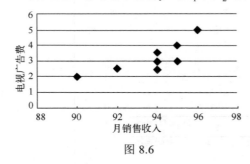

图 8.6

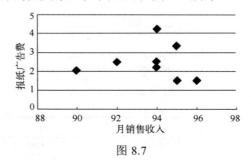

图 8.7

建立线性回归方程如下：

$$y_i = \beta_0 + \beta_1 x_{1i} + \beta_2 x_{2_i} + \varepsilon_i.$$

EXCEL 估计结果如图 8.8 所示. 下面分析输出结果，可决系数 $r^2 = 0.9190$ 表示自变量对被解释变量的解释能力较强. 方程的显著性检验——F 检验，统计量 $F = 28.378$，F 分布的临界值为 $F_{0.05}(2,5) = 5.79$，显然有 $F > F_{0.05}(2,5)$，即认为 x_1 和 x_2 与 y 存在显著的线性相关关系. 变量的显著性检验——t 检验，变量 x_1 的 t 统计量 $t = 7.532$，t 分布的临界值为 $t_{0.025}(5) = 2.571$，显然有 $|t| > t_{0.025}(5)$，即认为 x_1 对 y 具有显著影响；变量 x_2 的 t 统计量 $t = 4.057$，显然有 $|t| > t_{0.025}(5)$，即认为 x_2 对 y 具有显著影响.

根据 EXCEL 输出结果，可以写出回归方程如下：

$$\hat{y} = 83.2301 + 2.2902 x_1 + 1.3010 x_2, \quad r^2 = 0.9190.$$

SUMMARY OUTPUT						
回归统计						
Multiple R	0.958663444					
R Square	0.9190356					
Adjusted R Square	0.88664984					
标准误差	0.642587303					
观测值	8					
方差分析						
	df	SS	MS	F	Significance F	
回归分析	2	23.43541	11.7177	28.37777	0.001865242	
残差	5	2.064592	0.412918			
总计	7	25.5				
	Coefficients	标准误差	t Stat	P-value	Lower 95%	Upper 95%
Intercept	83.23009169	1.573869	52.88248	4.57E-08	79.18433275	87.2758506
电视广告费	2.290183621	0.304065	7.531899	0.000653	1.508560796	3.07180645
报纸广告费	1.300989098	0.320702	4.056697	0.009761	0.476599398	2.1253788

图 8.8　EXCEL 输出结果

2. 预测

考虑电视广告费用为 4 万元, 报纸广告费用为 2 万元, 对月销售收入进行预测.

$$\hat{y} = 83.2301 + 2.2902 \times 4 + 1.3010 \times 2 = 94.9929 .$$

电视广告费用为 4 万元, 报纸广告费用为 2 万元, 月销售收入的预测值为 94.9929 万元.

8.4　非线性回归问题的线性化处理

实际问题中, 变量之间的相关关系不一定是线性的, 有时表现为曲线形式, 这时就需要建立曲线回归模型. 一般地, 可通过散点图所显示的曲线形状来选择一条曲线拟合散点图上这些点, 但要想直接求出回归曲线则很困难.

在多数情况下, 对曲线回归问题, 可以通过适当的变量替换, 将其化成线性回归问题, 然后再用前面介绍的线性回归的方法来解决.

8.4.1　几种常见的可线性化的曲线类型

1. 指数函数 $Y = a\mathrm{e}^{bx}\,(a > 0)$ (图 8.9)

对其两边取自然对数, 得

$$\ln Y = \ln a + bx ,$$

令 $z = \ln Y$, 则 $z = \ln a + bx.$

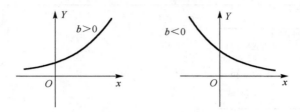

图 8.9　指数函数曲线示意图

2. 幂函数 $Y = ax^b (a > 0)$ (图 8.10)

同样，对 $Y = ax^b$ 两边取对数，得

$$\ln Y = \ln a + b \ln x,$$

令 $z = \ln Y$，$t = \ln x$，则得

$$z = \ln a + bt.$$

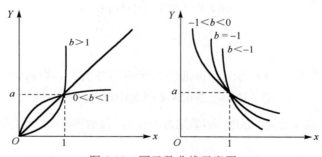

图 8.10　幂函数曲线示意图

3. 双曲线函数 $\dfrac{1}{Y} = a + \dfrac{b}{x}$ (图 8.11)

令 $z = \dfrac{1}{Y}$，$t = \dfrac{1}{x}$，则得 $z = a + bt$.

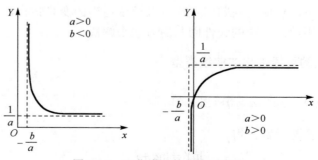

图 8.11　双曲线函数曲线示意图

4. 对数函数 $Y = a + b\ln x$(图 8.12)

令 $t = \ln x$,则得 $Y = a + bt$.

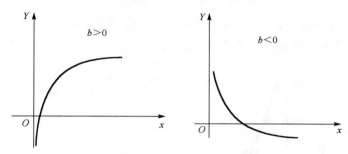

图 8.12 对数函数曲线示意图

5. S 形曲线 $Y = \dfrac{1}{a + b\mathrm{e}^{-x}}$ (图 8.13)

令 $z = \dfrac{1}{Y}$, $t = \mathrm{e}^{-x}$,则得 $z = a + bt$.

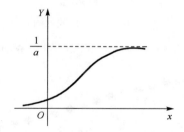

图 8.13 S 形曲线示意图

8.4.2 非线性回归分析实例

为了检验 X 射线的杀菌作用,用 220kV 的 X 射线照射杀菌,每次照射 6min,照射次数为 x,照射后所剩下的细菌数为 Y,表 8.5 为试验记录,试给出 Y 关于 x 的曲线回归方程.

表 8.5 试验记录数据

x	1	2	3	4	5	6	7	8	9	10
Y	783	621	433	431	287	251	175	154	129	103
x	11	12	13	14	15	16	17	18	19	20
Y	72	50	43	31	28	20	16	12	9	7

利用 EXCEL 软件进行数据分析，根据散点图 8.14，Y 关于 x 呈指数关系，于是采用指数模型：

$$Y = \alpha e^{\beta x} e^{\varepsilon}, \quad \varepsilon \sim N(0, \sigma^2).$$

将其线性化：$\ln Y = \ln \alpha + \beta x + \varepsilon,\ \varepsilon \sim N(0, \sigma^2)$. 根据图 8.15，$x$ 与 $\ln Y$ 近似服从线性关系，所以建立线性回归模型.

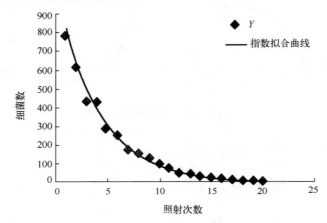

图 8.14　x 与 Y 散点图

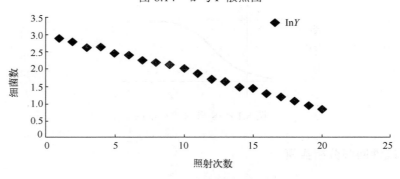

图 8.15　x 与 $\ln Y$ 的散点图

EXCEL 估计结果如图 8.16 所示，下面分析输出结果，可决系数 $r^2 = 0.9972$ 表示自变量对被解释变量的解释能力较强. 方程的显著性检验——F 检验，统计量 $F = 6418.741$，F 分布的临界值为 $F_{0.05}(1,18) = 4.41$，显然有 $F > F_{0.05}(1,18)$，即认为 x 与 $\ln Y$ 存在显著的线性相关关系. 变量的显著性检验——t 检验，变量 x 的 t 统计量 $t = -80.117$，t 分布的临界值为 $t_{0.025}(18) = 2.101$，显然有 $|t| > t_{0.025}(18)$，即认为 x 对 $\ln Y$ 具有显著影响.

根据 EXCEL 输出结果，可以写出回归方程如下：

$$\ln Y = 3.022 - 0.1074x, \quad r^2 = 0.9972,$$

即

$$Y = e^{3.022}e^{-0.1074x}, \qquad \hat{\alpha} = e^{3.022}, \qquad \hat{\beta} = -0.1074.$$

SUMMARY OUTPUT						
	回归统计					
Multiple R	0.998600798					
R Square	0.997203554					
Adjusted R Square	0.997048196					
标准误差	0.03457354					
观测值	20					
方差分析						
	df	SS	MS	F	Significance F	
回归分析	1	7.672512	7.672512	6418.741	1.94214E-24	
残差	18	0.021516	0.001195			
总计	19	7.694028				
	Coefficients	标准误差	t Stat	P-value	Lower 95%	Upper 95%
Intercept	3.021905548	0.01606	188.1577	4.19E-31	2.988163696	3.0556474
x	-0.107413279	0.001341	-80.117	1.94E-24	-0.110229995	-0.1045966

图 8.16 EXCEL 输出结果

习 题 8

1. 某班 12 个学生某门课程期中成绩 x 和期末成绩 y 如下.

x	65	63	67	64	68	62	70	66	68	67	69	71
y	68	66	68	65	69	66	68	65	71	67	68	70

(1) 构造一个散点图;

(2) 求 y 关于 x 的回归方程 $\hat{y} = \hat{a} + \hat{b}x$.

2. 测得某种物质在不同温度 x 下吸附另一种物质的重量 y, 数据如下.

温度 $x/℃$	1.5	1.8	2.4	3.0	3.5	3.9	4.4	4.8	5.0
重量 y/mg	4.8	5.7	7.0	8.3	10.9	12.4	13.1	13.6	15.3

求回归方程 $\hat{y} = \hat{a} + \hat{b}x$.

3. 考察硫酸铜在水中的溶解度 y 与温度 x 的关系时, 做了 9 组试验, 其数据如下.

温度 $x/℃$	0	10	20	30	40	50	60	70	80
溶解度 y/g	14.0	17.5	21.2	26.1	29.2	33.3	40.0	48.0	54.8

求：(1)回归方程 $\hat{y} = \hat{a} + \hat{b}x$；

(2)相关系数 r，并说明 r 在题中表示的意义.

4. 下面列出了 12 名妇女的年龄和心脏收缩的数据.

x(年龄)	56	42	72	36	63	47	55	49	38	42	68	60
y(血压)	147	125	160	118	149	128	150	145	115	140	152	155

求：(1)回归方程 $\hat{y} = \hat{a} + \hat{b}x$；

(2)相关系数 r.

5. 某市场连续 12 天卖出黄瓜的价格和销售量的调查数据如下.

x/元	1	0.9	0.8	0.7	0.7	0.7	0.7	0.65	0.6	0.6	0.55	0.5
y/斤[①]	55	70	90	100	90	105	80	110	125	115	130	130

求：(1)销售量对价格的回归方程 $\hat{y} = \hat{a} + \hat{b}x$；

(2)相关系数 r；

(3)检验回归的显著性($\alpha = 0.05$).

6. 以家庭为单位，某种商品年需求量与该商品价格之间的一组调查数据如下.

x(价格)	5	2	2	2.3	2.5	2.6	2.8	3	3.3	3.5
y(需求量)	1	3.5	3	2.7	2.4	2.5	2	1.5	1.2	1.2

(1)求回归方程 $\hat{y} = \hat{a} + \hat{b}x$；

(2)求相关系数 r；

(3)检验回归的显著性($\alpha = 0.05$).

7. 为确定广告费用与销售额的关系，现作一统计，得如下资料.

广告费 x/万元	40	25	20	30	40	40	25	20	50	20	50	50
销售量 y/万元	490	395	420	475	385	525	480	400	560	365	510	540

求：(1)销售量对广告费的回归方程 $\hat{y} = \hat{a} + \hat{b}x$；

(2)检验回归的显著性($\alpha = 0.05$)；

(3)确定当广告费为 43 万元时，销售额的预测值.

8. 下表列出了六个工业发达国家在 1979 年的失业率与国民经济增长率的数据.

国家	国民经济增长率 x/%	失业率 y/%	国家	国民经济增长率 x/%	失业率 y/%
美国	3.2	5.8	西德	4.5	3.0
日本	5.6	2.1	意大利	4.9	3.9
法国	3.5	6.1	英国	1.4	5.7

① 1 斤 = 0.5kg.

(1)建立 y 关于 x 的回归方程;

(2)检验回归的显著性($\alpha = 0.05$);

(3)若一工业发达国家的国民经济增长率 $x = 3\%$,求其失业率的预测值.

9. 一家大型商业银行在多个地区设有分行,其业务主要是进行基础设施建设、国家重点项目建设、固定资产投资等项目的贷款. 近年来,该银行的贷款额平稳增长,但不良贷款额也有较大比例的提高,这给银行业务的发展带来较大压力.下表是该银行下属的 25 家分行 2020 年的有关业务数据.

分行编号	不良贷款 y /亿元	各项贷款余额 x_1/亿元	本年累计应收贷款 x_2/亿元	贷款项目个数 x_3/个	本年固定资产投额 x_4/亿元
1	0.9	67.3	6.8	5	51.9
2	1.1	111.3	19.8	16	90.9
3	4.8	173	7.7	17	73.7
4	3.2	80.8	7.2	10	14.5
5	7.8	199.7	16.5	19	63.2
6	2.7	16.2	2.2	1	2.2
7	1.6	107.4	10.7	17	20.2
8	12.5	185.4	27.1	18	43.8
9	1	96.1	1.7	10	55.9
10	2.6	72.8	9.1	14	64.3
11	0.3	64.2	2.1	11	42.7
12	4	132.2	11.2	23	76.7
13	0.8	58.6	6	14	22.8
14	3.5	174.6	12.7	26	117.1
15	10.2	263.5	15.6	34	146.7
16	3	79.3	8.9	15	29.9
17	0.2	14.8	0.6	2	42.1
18	0.4	73.5	5.9	11	25.3
19	1	24.7	5	4	13.4
20	6	19.4	7.2	28	64.3
21	11.6	368.2	16.8	32	163.9
22	1.6	95.7	3.8	10	44.5
23	1.2	109.6	10.3	14	67.9
24	7.2	196.2	15.8	16	39.7
25	3.2	102.2	12	10	97.1

为弄清楚不良贷款形成的原因,管理者希望利用银行业务的有关数据做些定量分析,以便找出控制不良贷款的办法.

10. 某农场通过试验取得早稻收货量与春季降雨量和春季温度的数据如下：

收获量 $y/(\text{kg/hm}^2)$	降雨量 x_1/mm	温度 $x_2/℃$
2250	25	6
3450	33	8
4500	45	10
6750	105	13
7200	110	14
7500	115	16
8250	120	17

(1) 试确定早稻收获量对春季降雨量和春季温度的二元线性回归方程；

(2) 解释回归系数的实际意义.

参 考 文 献

陈骑兵，李秋敏. 2013. 工程数学. 重庆：重庆大学出版社

工程类数学教材编写组. 2003. 工程数学. 北京：高等教育出版社

郭跃华，朱月萍. 2011. 概率论与数理统计. 北京：高等教育出版社

何书元. 2006. 概率论与数理统计. 北京：高等教育出版社

李裕奇，赵联文，王沁，等. 2014. 概率论与数理统计. 4 版. 成都：国防工业出版社

刘增玉. 2009. 高等数学. 天津：天津科学技术出版社

龙永红. 2009. 概率论与数理统计. 3 版. 北京：高等教育出版社

茆诗松，程依明，濮晓龙. 2004. 概率论与数理统计教程. 2 版. 北京：高等教育出版社

牟谷芳，张秋燕，陈骑兵，等. 2012. 数学实验. 北京：高等教育出版社

同济大学应用数学系. 2003. 工程数学：概率统计简明教程. 北京：高等教育出版社

王国政，李秋敏，余步雷，等. 2010. 概率论与数理统计. 北京：高等教育出版社

徐全智，吕恕. 2004. 概率论与数理统计. 北京：高等教育出版社

张从军，刘亦农，肖丽华，等. 2006. 概率论与数理统计. 上海：复旦大学出版社

张建华. 2008. 概率论与数理统计. 北京：高等教育出版社

赵秀恒，米立民. 2008. 概率论与数理统计. 北京：高等教育出版社

部分习题参考答案

习 题 1

1. (1) $\{x|x \geqslant 0, x \in \mathbf{Z}\}$；

(2) $\{10, 11, 12, \cdots\}$；

(3) $\left\{\dfrac{i}{n} \,\middle|\, i = 0, 1, \cdots, 100n\right\}$，其中 n 为班级人数；

(4) {一等品，二等品，三等品，不合格品}；

(5) $\{(m, n) \mid 1 \leqslant m \leqslant 10, 1 \leqslant n \leqslant 10, m \neq n\}$.

2. (1) ABC；　(2) $\overline{A}\,\overline{B}\,\overline{C}$；　(3) $AB\overline{C}$；　(4) $A\overline{B}\,\overline{C}$；　(5) $A \cup B \cup C$；

(6) $\overline{A}B\overline{C} \cup A\overline{B}\,\overline{C} \cup \overline{A}\,\overline{B}\,\overline{C} \cup \overline{A}\,\overline{B}\,\overline{C}$ 或 $\overline{AB \cup BC \cup AC}$；

(7) $AB\overline{C} \cup A\overline{B}C \cup \overline{A}BC$；　(8) $\overline{ABC}$；　(9) $\overline{AB}$；　(10) $\overline{A} \cup \overline{B}$.

4. (1) √；　(2) √；　(3) √；　(4) ×.

5. $\dfrac{1}{30}$.

6. (1) $\dfrac{113}{126}$；　(2) $\dfrac{1}{12}$.

7. (1) 0.6；　(2) 0.8；　(3) 0.2；　(4) 0.9.

8. 0.7, 0.5.

9. $\dfrac{5}{8}$.

10. $\dfrac{1}{2}$.

11. $\dfrac{7}{12}$.

12. $\dfrac{1}{3}$.

13. $\dfrac{8}{15}$.

14. 0.785.

15. $\dfrac{2}{35}$.

16. $\dfrac{20}{21}$.

17. (1) $\dfrac{3}{20}$; (2) $\dfrac{1}{2}$.

18. 0.58, 0.12.

19. (1) 0.3; (2) 0.5; (3) 0.7.

20. $\dfrac{3}{5}$.

21. (1) 0.72; (2) 0.98; (3) 0.26.

22. (1) 0.504; (2) 0.496; (3) 0.902.

23. 0.09693.

习　题　2

1.

X	3	4	5
P	$\dfrac{1}{10}$	$\dfrac{3}{10}$	$\dfrac{6}{10}$

$P\{x \leqslant 4\} = \dfrac{4}{10}$.

2. (1) $X \sim B\left(4, \dfrac{1}{5}\right)$; (2) $P\{X = k\} = \dfrac{C_5^k C_{20}^{4-k}}{C_{25}^4}$, $k = 0, 1, 2, 3, 4$.

3. $a = \dfrac{1}{6}$, $b = \dfrac{5}{6}$.

4. $a = 1.1$.

5. (1)

X	0	1	2
P	0.04	0.32	0.64

(2) $F(x) = \begin{cases} 0, & x < 0 \\ 0.04, & 0 \leqslant x < 1, \\ 0.36, & 1 \leqslant x < 2, \\ 1, & x \geqslant 2; \end{cases}$

(3) 0.32, 0.64.

6. 0.384.

7. $\dfrac{19}{27}$.

8. (1) 0.1067; (2) 0.0135. (2) 方案的效率更高.

9. (1) $A = \dfrac{1}{2}$，$B = \dfrac{1}{\pi}$； (2) $\dfrac{1}{2}$； (3) $f(x) = \dfrac{1}{\pi} \cdot \dfrac{1}{1 + x^2}$，$x \in \mathbf{R}$.

10. (1) $a = 2$； (2) $\dfrac{7}{8}$.

11. (1) $F(x) = \begin{cases} 0, & x < 0, \\ 3x^2 - 2x^3, & 0 \leqslant x < 1, \\ 1, & 1 \leqslant x; \end{cases}$ (2) $b = \dfrac{1}{2}$.

12. (1) $\dfrac{2}{3}$； (2) $\dfrac{1}{6}$； (3) 0.

13. $\dfrac{3}{5}$.

14. $\dfrac{2}{5}$.

15. $\dfrac{7}{27}$.

16. (1) $1 - e^{-\frac{1}{2}}$； (2) $e^{-\frac{5}{12}} - e^{-\frac{5}{6}}$.

17. 分布律：$P\{Y = k\} = C_5^k (e^{-2})^k (1 - e^{-2})^{5-k}$，$k = 0, 1, 2, 3, 4, 5$；$P\{Y \geqslant 1\} = 1 - (1 - e^{-2})^5$.

18. (1) 0.5328； (2) 0.9710； (3) 0.6977； (4) 0.5； (5) 3.

19. (1) 0.3383，0.5952； (2) 129.74.

20. 0.6826.

21.

$Y = \dfrac{2}{3}X + 2$	2	$\dfrac{1}{3}\pi + 2$	$\dfrac{2}{3}\pi + 2$
P	$\dfrac{1}{4}$	$\dfrac{1}{2}$	$\dfrac{1}{4}$

$Y = \sin X$	0	1
P	$\dfrac{1}{2}$	$\dfrac{1}{2}$

22. (1) $f(y) = \begin{cases} \dfrac{y^2}{18}, & -3 < y < 3, \\ 0, & \text{其他}; \end{cases}$ (2) $f(y) = \begin{cases} \dfrac{3}{2}(3 - y)^2, & 2 < y < 4, \\ 0, & \text{其他}; \end{cases}$

(3) $f(y) = \begin{cases} \dfrac{3}{2}\sqrt{y}, & 0 < y < 1, \\ 0, & \text{其他}. \end{cases}$

23. (1) $f_Y(y) = \begin{cases} \dfrac{1}{y\sqrt{2\pi}} e^{-\frac{(\ln y)^2}{2}}, & y > 0, \\ 0, & y \leqslant 0; \end{cases}$

(2) $f_Y(y) = \begin{cases} \dfrac{1}{2\sqrt{\pi(y-1)}}\mathrm{e}^{-\frac{y-1}{4}}, & y > 1, \\ 0, & y \leqslant 1; \end{cases}$

(3) $f_Y(y) = \begin{cases} \sqrt{\dfrac{2}{\pi}}\mathrm{e}^{-\frac{y^2}{2}}, & y > 0, \\ 0, & y \leqslant 0. \end{cases}$

24. $E(X) = \dfrac{7}{12}$, $D(X) = \dfrac{755}{144}$.

25. 0, 2.

26. 1, $\dfrac{1}{6}$.

27. $\dfrac{1}{\lambda}$.

28. 4, $\dfrac{2}{9}$, $\dfrac{146}{9}$.

29. $\dfrac{1}{\lambda}(1 - \mathrm{e}^{-\lambda})$.

30. 0, $\dfrac{1}{2}$.

31. 2, $\dfrac{1}{3}$.

32. $\dfrac{35}{3}$.

33. 9.

34. $\mu \approx 10.9$.

35. 21.

习　题　3

1. (1) $F_X(x) = \begin{cases} 1 - \mathrm{e}^{-0.01x}, & x \geqslant 0, \\ 0, & \text{其他}, \end{cases}$ $\quad F_Y(y) = \begin{cases} 1 - \mathrm{e}^{-0.01y}, & y \geqslant 0, \\ 0, & \text{其他}. \end{cases}$

(2) 0.5117.

2.

Y \ X	0	1	2	3
0	0	0	$\dfrac{3}{35}$	$\dfrac{2}{35}$
1	0	$\dfrac{6}{35}$	$\dfrac{12}{35}$	$\dfrac{2}{35}$
2	$\dfrac{1}{35}$	$\dfrac{6}{35}$	$\dfrac{3}{35}$	0

3.

Y＼X	0	1	2	3	$p_{\cdot j}$
0	$\dfrac{1}{27}$	$\dfrac{3}{27}$	$\dfrac{3}{27}$	$\dfrac{1}{27}$	$\dfrac{8}{27}$
1	$\dfrac{3}{27}$	$\dfrac{6}{27}$	$\dfrac{3}{27}$	0	$\dfrac{12}{27}$
2	$\dfrac{3}{27}$	$\dfrac{3}{27}$	0	0	$\dfrac{6}{27}$
3	$\dfrac{1}{27}$	0	0	0	$\dfrac{1}{27}$
$p_{i\cdot}$	$\dfrac{8}{27}$	$\dfrac{12}{27}$	$\dfrac{6}{27}$	$\dfrac{1}{27}$	1

不独立.

4.

Y＼X	-1	1
-1	$\dfrac{1}{4}$	0
1	$\dfrac{1}{2}$	$\dfrac{1}{4}$

5. (1) $c=\dfrac{5}{4}$;　(2) $\dfrac{79}{256}$;　(3) 0.

6. (1) $\dfrac{21}{4}$;　(2) $f_X(x)=\begin{cases}\dfrac{21x^2(1-x^4)}{8}, & -1\leqslant x\leqslant 1,\\[2mm] 0, & 其他.\end{cases}$　(3) 0.15.

7. (1) $F(x,y)=\begin{cases}(1-\mathrm{e}^{-3x})(1-\mathrm{e}^{-4y}), & x>0,y>0,\\ 0, & 其他;\end{cases}$　(2) 0.9499.

8. $\dfrac{\pi}{6}$.

9. (1) $\dfrac{1}{4}$;　(2) $\dfrac{5}{8}$.

10. (1) $f(x,y)=f_X(x)f_Y(y)=\begin{cases}\dfrac{1}{2}\mathrm{e}^{-\frac{y}{2}}, & 0<x<1,y>0,\\[2mm] 0, & 其他;\end{cases}$

(2) $P\{\Delta\geqslant 0\}=P\{Y\leqslant X^2\}=\displaystyle\int_0^1\int_0^{x^2}2y\,\mathrm{d}y\,\mathrm{d}x=\int_0^1 y^2\Big|_0^{x^2}\,\mathrm{d}x=\int_0^1 x^4\,\mathrm{d}x=\dfrac{1}{5}$.

11. (1) $a=\dfrac{1}{6}$;

(2)

Y \\ X	-1	$\dfrac{1}{2}$	1	$p_{\cdot j}$
0	$\dfrac{1}{12}$	$\dfrac{1}{4}$	$\dfrac{1}{6}$	$\dfrac{1}{2}$
1	$\dfrac{1}{12}$	$\dfrac{1}{6}$	$\dfrac{1}{24}$	$\dfrac{7}{24}$
2	$\dfrac{1}{24}$	$\dfrac{1}{12}$	$\dfrac{1}{12}$	$\dfrac{5}{24}$
$p_{i\cdot}$	$\dfrac{5}{24}$	$\dfrac{1}{2}$	$\dfrac{7}{24}$	

(3) X 与 Y 不相互独立.

12. 0.89.

13. 独立.

14. 不独立.

15. (1) $\dfrac{1}{2}(1-\mathrm{e}^{-2})$;   (2) $\dfrac{1}{2}\mathrm{e}^{-1}$.

16.

$X+Y$	2	3	4	5	6	
P	$\dfrac{1}{4}$	$\dfrac{3}{8}$	$\dfrac{1}{4}$	$\dfrac{1}{8}$	0	

$X-Y$	-2	-1	0	1	2	
P	$\dfrac{1}{8}$	$\dfrac{1}{4}$	$\dfrac{1}{4}$	$\dfrac{1}{4}$	$\dfrac{1}{8}$	

$2X$	2	4	6			
P	$\dfrac{5}{8}$	$\dfrac{1}{8}$	$\dfrac{1}{4}$			

XY	1	2	3	4	6	9
P	$\dfrac{1}{4}$	$\dfrac{3}{8}$	$\dfrac{1}{4}$	0	$\dfrac{1}{8}$	0

17. $f_Z(z)=\begin{cases} 1-\mathrm{e}^{-z}, & 0<z<1, \\ (\mathrm{e}-1)\mathrm{e}^{-z}, & z\geqslant 1, \\ 0, & \text{其他.} \end{cases}$

18. $1-(1-\mathrm{e}^{-2})^5$.

19. $f_Z(z)=\begin{cases} z^2, & 0<z<1, \\ z(2-z), & 1\leqslant z<2, \\ 0, & \text{其他.} \end{cases}$

20. $\dfrac{4}{5}$, $\dfrac{3}{5}$, $\dfrac{1}{2}$, $\dfrac{16}{15}$.

21. 2，$\dfrac{11}{3}$．

22. $c = 8$，$\text{Cov}(X, Y) = \dfrac{4}{225}$，$\rho_{XY} = \dfrac{2\sqrt{66}}{33}$．

23. 0．

24. $2\sigma^2$，$2\sigma^2$，0．

25. 12，85，37．

26. (1) $\dfrac{1}{3}$，3； (2) 0； (3) 相互独立．

习 题 4

1. $\geqslant \dfrac{13}{16}$．

2. $\geqslant \dfrac{3}{4}$．

3. 0.9406．

4. (1) 0.1802；(2) 443．

5. 0.2119．

6. 0.9525．

7. $n \geqslant 35$．

8. 0.3483．

9. 近似于 0．

10. 0.8164．

11. $\dfrac{3}{4}$．

12. 二项分布 $P\{X \geqslant 1\} = 1 - P\{X = 0\} = 1 - (0.98)^{100} = 0.8674$，

泊松分布 $P\{X \geqslant 1\} = 1 - P\{X = 0\} = 1 - \mathrm{e}^{-2} \approx 0.8647$，

中心极限定理

$$P\{X \geqslant 1\} = 1 - \Phi\left(\frac{1 - 100 \times 0.02}{\sqrt{100 \times 0.02 \times 0.98}}\right) = 1 - \Phi\left(\frac{-1}{1.4}\right)$$
$$= 1 - \Phi(-0.7143) = 0.764.$$

13. (1) $X \sim B(100, 0.2)$，

$$P\{X = k\} = \mathrm{C}_{100}^{k} 0.2^k 0.8^{100-k}, \quad k = 0, 1, 2, \cdots, 100;$$

(2) 0.927．

14. $P\{Y \geqslant 85\} = 1 - \Phi\left(\dfrac{85 - 90}{\sqrt{9}}\right) = \Phi\left(\dfrac{5}{3}\right) = 0.9525.$

15. 提示：

$$P\left\{-0.5 \le \frac{1}{n}\sum_{i=1}^{n}X_i - d \le 0.5\right\} = P\left\{-0.5\frac{\sqrt{n}}{2} \le Z_n \le 0.5\frac{\sqrt{n}}{2}\right\}$$

$$= \Phi\left(\frac{\sqrt{n}}{4}\right) - \Phi\left(-\frac{\sqrt{n}}{4}\right)$$

$$= 2\Phi\left(\frac{\sqrt{n}}{4}\right) - 1.$$

习 题 5

1. 18.31，3.94.

2. $\left(\dfrac{1}{\sqrt{2\pi}\sigma}\right)^{n} \mathrm{e}^{-\frac{\sum\limits_{i=1}^{n}(x_i-\mu)^2}{2\sigma^2}}$.

3. $\mathrm{e}^{-n\lambda}\dfrac{\lambda^{\sum\limits_{i=1}^{n}x_i}}{\prod\limits_{i=1}^{n}(x_i)!}$.

4. (1)，(2).

5. 1.812，−1.812.

6. 0.19.

7. 0.99.

8. (1) 3.33；(2) 6.27.

9. $C = \dfrac{1}{3}$.

12. 0.975.

13. 0.8293.

14. 3.82，21.92.

15. $\chi^2(2)$.

习 题 6

1. 0.1980.

2. $\hat{\mu} = 53.002$ ，$\hat{\sigma}^2 = 6\times10^{-6}$.

3. (1) 矩估计量：$\hat{\theta} = \dfrac{2\bar{X}-1}{1-\bar{X}}$；极大似然估计量：$\hat{\theta} = -\left(1 + \dfrac{n}{\sum\limits_{i=1}^{n}\ln(X_i)}\right)$；

(2) 矩估计量：$\hat{\theta} = \left(\dfrac{\bar{X}}{1-\bar{X}}\right)^2$；极大似然估计量：$\hat{\theta} = \dfrac{n^2}{\left(\sum\limits_{i=1}^{n}\ln(X_i)\right)^2}$.

4. (1) $\dfrac{1}{\bar{X}}$，$\dfrac{1}{\bar{X}}$；(2) 0.00086.

6. $\hat{\theta} = \dfrac{5}{6}$.

7. $\hat{\mu}_2$ 最有效.

10. (1) $(14.81, 15.01)$；(2) $(14.75, 15.07)$.

11. $(6.28, 14.15)$.

12. $(1244, 1273)$.

13. $(922.06, 1007.84)$.

14. $(4.84, 6.16)$，$(1.35, 2.28)$.

15. $(6.78 \times 10^{-6}, 6.52 \times 10^{-5})$.

16. (1) $(5.61, 6.39)$；(2) $(5.56, 6.44)$.

习　题　7

1. 有显著变化.

2. 有显著差异.

3. 能.

4. 正常.

5. 接受 H_0.

6. 无显著差异.

7. 有显著差异.

8. 有显著变化.

9. 无显著变化.

10. 无明显差异.

11. 是.

12. 无显著差异.

13. 有显著差异.

14. 能.

15. 是.

16. 是.

习 题 8

1. (2) $\hat{y} = 35.8248 + 0.4764x$.

2. $\hat{y} = 0.2569 + 2.9303x$.

3. (1) $\hat{y} = 11.60 + 0.4992x$；   (2) $r = 0.9874$.

4. (1) $\hat{y} = 80.7777 + 1.1380x$；   (2) $r = 0.8961$.

5. (1) $\hat{y} = 210.4444 - 157.7778x$；   (2) $r = 0.9429$；   (3) 销售量与价格显著线性相关.

6. (1) $\hat{y} = 4.4951 - 0.8259x$；   (2) $r = 0.8627$；   (3) 需求量与价格显著线性相关.

7. (1) $\hat{y} = 319.0863 + 4.1853x$；   (2) 回归显著；   (3) 499.

8. (1) $\hat{y} = 7.94 - 0.91x$；   (2) 回归显著；   (3) 5.21.

9. $\hat{y} = -1.293 + 0.023x_1 + 0.178x_2 + 0.128x_3 - 0.023x_4$.

10. (1) $\hat{y} = -0.591 + 22.386x_1 + 327.6718x_2$.

附　表

附表 1　泊松分布表

$$P\{X \geqslant x\} = \sum_{k=x}^{\infty} \frac{\lambda^k}{k!} \mathrm{e}^{-\lambda}, \; \lambda = np$$

x	$\lambda = 0.2$	$\lambda = 0.3$	$\lambda = 0.4$	$\lambda = 0.5$	$\lambda = 0.6$
0	1.0000000	1.0000000	1.0000000	1.0000000	1.000000
1	0.1812692	0.2591818	0.3296800	0.323469	0.451188
2	0.0175231	0.0369363	0.0615519	0.090204	0.121901
3	0.0011485	0.0035995	0.0079263	0.014388	0.023115
4	0.0000568	0.0002658	0.0007763	0.001752	0.003358
5	0.0000023	0.0000158	0.0000612	0.000172	0.000394
6	0.0000001	0.0000008	0.0000040	0.000014	0.000039
7			0.0000002	0.0000001	0.000003

x	$\lambda = 0.7$	$\lambda = 0.8$	$\lambda = 0.9$	$\lambda = 1.0$	$\lambda = 1.2$
0	1.000000	1.000000	1.000000	1.000000	1.000000
1	0.503415	0.550671	0.593430	0.632121	0.698806
2	0.155805	0.191208	0.227518	0.264241	0.337373
3	0.034142	0.047423	0.062857	0.080301	0.120513
4	0.005753	0.009080	0.013459	0.018988	0.033769
5	0.000786	0.001411	0.002344	0.003660	0.007746
6	0.000090	0.000184	0.000343	0.000594	0.001500
7	0.000009	0.000210	0.000043	0.000083	0.000251
8	0.000001	0.000002	0.000005	0.000010	0.000037
9				0.000001	0.000005
10					0.000001

x	$\lambda = 1.4$	$\lambda = 1.6$	$\lambda = 1.8$	$\lambda = 2.0$	$\lambda = 2.2$
0	1.000000	1.000000	1.000000	1.000000	1.000000
1	0.753403	0.798103	0.834701	0.864665	0.889197
2	0.408167	0.475069	0.537163	0.593994	0.645430
3	0.166502	0.216642	0.269379	0.323324	0.377286
4	0.053725	0.078813	0.108708	0.142877	0.180648
5	0.014253	0.023682	0.036407	0.052653	0.072496
6	0.003201	0.006040	0.010378	0.016564	0.024910
7	0.000622	0.001336	0.002569	0.004534	0.007461
8	0.000107	0.000260	0.000562	0.001097	0.001978
9	0.000016	0.000045	0.000110	0.000237	0.000470
10	0.000002	0.000007	0.000019	0.000046	0.000101
11		0.000001	0.000003	0.000008	0.000020

续表

x	$\lambda=2.5$	$\lambda=3.0$	$\lambda=3.5$	$\lambda=4.0$	$\lambda=4.5$	$\lambda=5.0$
0	1.000000	1.000000	1.000000	1.000000	1.000000	1.000000
1	0.917915	0.950213	0.969803	0.981684	0.988891	0.993262
2	0.712703	0.800852	0.864121	0.908422	0.938901	0.959572
3	0.456187	0.576810	0.679153	0.761897	0.826422	0.875348
4	0.242424	0.352768	0.463367	0.566530	0.657704	0.734974
5	0.108822	0.184737	0.274555	0.371163	0.467896	0.559507
6	0.042021	0.083918	0.142386	0.214870	0.297070	0.384039
7	0.014187	0.033509	0.065288	0.110674	0.168949	0.237817
8	0.004247	0.011905	0.026739	0.051134	0.086586	0.133372
9	0.001140	0.003803	0.009874	0.021363	0.040257	0.068094
10	0.000277	0.001102	0.003315	0.008132	0.017093	0.031828
11	0.000062	0.000292	0.001019	0.002840	0.006669	0.013695
12	0.000013	0.000071	0.000289	0.000915	0.002404	0.005453
13	0.000002	0.000016	0.000076	0.000274	0.000805	0.002019
14		0.000003	0.000019	0.000076	0.000252	0.000698
15		0.000001	0.000004	0.000020	0.000074	0.000226
16			0.000001	0.000005	0.000020	0.000069
17				0.000001	0.000050	0.000020
18					0.000001	0.000001

附表 2　　标准正态分布表

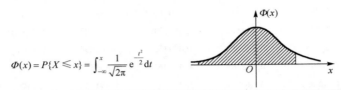

$$\Phi(x) = P\{X \leq x\} = \int_{-\infty}^{x} \frac{1}{\sqrt{2\pi}} \mathrm{e}^{-\frac{t^2}{2}} \mathrm{d}t$$

x	0	1	2	3	4	5	6	7	8	9
0.0	0.5000	0.5040	0.5080	0.5120	0.5160	0.5199	0.5239	0.5279	0.5319	0.5359
0.1	0.5398	0.5438	0.5478	0.5517	0.5557	0.5596	0.5636	0.5675	0.5714	0.5753
0.2	0.5793	0.5832	0.5871	0.5910	0.5948	0.5987	0.6026	0.6064	0.6103	0.6141
0.3	0.6179	0.6217	0.6255	0.6293	0.6331	0.6368	0.6404	0.6443	0.6480	0.6517
0.4	0.6554	0.6591	0.6628	0.6664	0.6700	0.6736	0.6772	0.6808	0.6844	0.6879
0.5	0.6915	0.6950	0.6985	0.7019	0.7054	0.7088	0.7123	0.7157	0.7190	0.7224
0.6	0.7257	0.7291	0.7324	0.7357	0.7389	0.7422	0.7454	0.7486	0.7517	0.7549
0.7	0.7580	0.7611	0.7642	0.7673	0.7703	0.7734	0.7764	0.7794	0.7823	0.7852
0.8	0.7881	0.7910	0.7939	0.7967	0.7995	0.8023	0.8051	0.8078	0.8106	0.8133
0.9	0.8159	0.8186	0.8212	0.8238	0.8264	0.8289	0.8355	0.8340	0.8365	0.8389
1.0	0.8413	0.8438	0.8461	0.8485	0.8508	0.8531	0.8554	0.8577	0.8599	0.8621
1.1	0.8643	0.8665	0.8686	0.8708	0.8729	0.8749	0.8770	0.8790	0.8810	0.8830
1.2	0.8849	0.8869	0.8888	0.8907	0.8925	0.8944	0.8962	0.8980	0.8997	0.9015
1.3	0.9032	0.9049	0.9066	0.9082	0.9099	0.9115	0.9131	0.9147	0.9162	0.9177
1.4	0.9192	0.9207	0.9222	0.9236	0.9251	0.9265	0.9279	0.9292	0.9306	0.9319
1.5	0.9332	0.9345	0.9357	0.9370	0.9382	0.9394	0.9406	0.9418	0.9430	0.9441
1.6	0.9452	0.9463	0.9474	0.9484	0.9495	0.9505	0.9515	0.9525	0.9535	0.9535
1.7	0.9554	0.9564	0.9573	0.9582	0.9591	0.9599	0.9608	0.9616	0.9625	0.9633
1.8	0.9641	0.9648	0.9656	0.9664	0.9672	0.9678	0.9686	0.9693	0.9700	0.9706
1.9	0.9713	0.9719	0.9726	0.9732	0.9738	0.9744	0.9750	0.9756	0.9762	0.9767
2.0	0.9772	0.9778	0.9783	0.9788	0.9793	0.9798	0.9803	0.9808	0.9812	0.9817
2.1	0.9821	0.9826	0.9830	0.9834	0.9838	0.9842	0.9846	0.9850	0.9854	0.9857
2.2	0.9861	0.9864	0.9868	0.9871	0.9874	0.9878	0.9881	0.9884	0.9887	0.9890
2.3	0.9893	0.9896	0.9898	0.9901	0.9904	0.9906	0.9909	0.9911	0.9913	0.9916
2.4	0.9918	0.9920	0.9922	0.9925	0.9927	0.9929	0.9931	0.9932	0.9934	0.9936
2.5	0.9938	0.9940	0.9941	0.9943	0.9945	0.9946	0.9948	0.9949	0.9951	0.9952
2.6	0.9953	0.9955	0.9956	0.9957	0.9959	0.9960	0.9961	0.9962	0.9963	0.9964
2.7	0.9965	0.9966	0.9967	0.9968	0.9969	0.9970	0.9971	0.9972	0.9973	0.9974
2.8	0.9974	0.9975	0.9976	0.9977	0.9977	0.9978	0.9979	0.9979	0.9980	0.9981
2.9	0.9981	0.9982	0.9982	0.9983	0.9984	0.9984	0.9985	0.9985	0.9986	0.9986
3.0	0.9987	0.9990	0.9993	0.9995	0.9997	0.9998	0.9998	0.9999	0.9999	1.0000

注：表中末行是函数值 $\Phi(3.0), \Phi(3.1), \cdots, \Phi(3.9)$.

附表 3　χ^2 分布表

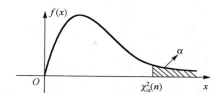

$P\{\chi^2(n) > \chi^2_\alpha(n)\} = \alpha$

n	$\alpha = 0.995$	0.99	0.975	0.95	0.9	0.75
1	—	—	—	—	0.02	0.1
2	0.01	0.02	0.02	0.1	0.21	0.58
3	0.07	0.11	0.22	0.35	0.58	1.21
4	0.21	0.3	0.48	0.71	1.06	1.92
5	0.41	0.55	0.83	1.15	1.61	2.67
6	0.68	0.87	1.24	1.64	2.2	3.45
7	0.99	1.24	1.69	2.17	2.83	4.25
8	1.34	1.65	2.18	2.73	3.4	5.07
9	1.73	2.09	2.7	3.33	4.17	5.9
10	2.16	2.56	3.25	3.94	4.87	6.74
11	2.6	3.05	3.82	4.57	5.58	7.58
12	3.07	3.57	4.4	5.23	6.3	8.44
13	3.57	4.11	5.01	5.89	7.04	9.3
14	4.07	4.66	5.63	6.57	7.79	10.17
15	4.6	5.23	6.27	7.26	8.55	11.04
16	5.14	5.81	6.91	7.96	9.31	11.91
17	5.7	6.41	7.56	8.67	10.09	12.79
18	6.26	7.01	8.23	9.39	10.86	13.68
19	6.84	7.63	8.91	10.12	11.65	14.56
20	7.43	8.26	9.59	10.85	12.44	15.45
21	8.03	8.9	10.28	11.59	13.24	16.34
22	8.64	9.54	10.98	12.34	14.04	17.24
23	9.26	10.2	11.69	13.09	14.85	18.14
24	9.89	10.86	12.4	13.85	15.66	19.04
25	10.52	11.52	13.12	14.61	16.47	19.94
26	11.16	12.2	13.84	15.38	17.29	20.84
27	11.81	12.88	14.57	16.15	18.11	21.75
28	12.46	13.56	15.31	16.93	18.94	22.66
29	13.12	14.26	16.05	17.71	19.77	23.57
30	13.79	14.95	16.79	18.49	20.6	24.48
40	20.71	22.16	24.43	26.51	29.05	33.66
50	27.99	29.71	32.36	34.76	37.69	42.94

n	$\alpha = 0.25$	0.1	0.05	0.025	0.01	0.005
1	1.32	2.71	3.84	5.02	6.63	7.88
2	2.77	4.61	5.99	7.38	9.21	10.6
3	4.11	6.25	7.81	9.35	11.34	12.84
4	5.39	7.78	9.49	11.14	13.28	14.86
5	6.63	9.24	11.07	12.83	15.09	16.75
6	7.84	10.64	12.59	14.45	16.81	18.55
7	9.04	12.02	14.07	16.01	18.48	20.28
8	10.22	13.36	15.51	17.53	20.09	21.96
9	11.39	14.68	16.92	19.02	21.67	23.59
10	12.55	15.99	18.31	20.48	23.21	25.19
11	13.7	17.28	19.68	21.92	24.72	26.76
12	14.85	18.55	21.03	23.34	26.22	28.3
13	15.98	19.81	22.36	24.74	27.69	29.82
14	17.12	21.06	23.68	26.12	29.14	31.32
15	18.25	22.31	25	27.49	30.58	32.8
16	19.37	23.54	26.3	28.85	32	34.27
17	20.49	24.77	27.59	30.19	33.41	35.72
18	21.6	25.99	28.87	31.53	34.81	37.16
19	22.72	27.2	30.14	32.85	36.19	38.58
20	23.83	28.41	31.41	34.17	37.57	40
21	24.93	29.62	32.67	35.48	38.93	41.4
22	26.04	30.81	33.92	36.78	40.29	42.8
23	27.14	32.01	35.17	38.08	41.64	44.18
24	28.24	33.2	36.42	39.36	42.98	45.56
25	29.34	34.38	37.65	40.65	44.31	46.93
26	30.43	35.56	38.89	41.92	45.64	48.29
27	31.53	36.74	40.11	43.19	46.96	49.64
28	32.62	37.92	41.34	44.46	48.28	50.99
29	33.71	39.09	42.56	45.72	49.59	52.34
30	34.8	40.26	43.77	46.98	50.89	53.67
40	45.62	51.8	55.76	59.34	63.69	66.77
50	56.33	63.17	67.5	71.42	76.15	79.49

附表 4　 t 分布表

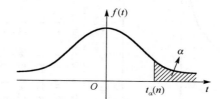

$P\{t(n) > t_\alpha(n)\} = \alpha$

n	α = 0.25	0.1	0.05	0.025	0.01	0.005
1	1.000	3.078	6.314	12.71	31.82	63.66
2	0.816	1.886	2.920	4.303	6.965	9.925
3	0.765	1.638	2.353	3.182	4.541	5.841
4	0.741	1.533	2.132	2.776	3.747	4.604
5	0.727	1.476	2.015	2.571	3.365	4.032
6	0.718	1.440	1.943	2.447	3.143	3.707
7	0.711	1.415	1.895	2.365	2.998	3.499
8	0.706	1.397	1.860	2.306	2.896	3.355
9	0.703	1.383	1.833	2.262	2.821	3.250
10	0.700	1.372	1.812	2.228	2.764	3.169
11	0.697	1.363	1.796	2.201	2.718	3.106
12	0.695	1.356	1.782	2.179	2.681	3.055
13	0.694	1.350	1.771	2.160	2.650	3.012
14	0.692	1.345	1.761	2.145	2.624	2.977
15	0.691	1.341	1.753	2.131	2.602	2.947
16	0.690	1.337	1.746	2.120	2.583	2.921
17	0.689	1.333	1.740	2.110	2.567	2.898
18	0.688	1.330	1.734	2.101	2.552	2.878
19	0.688	1.328	1.729	2.093	2.539	2.861
20	0.687	1.325	1.725	2.086	2.528	2.845
21	0.686	1.323	1.721	2.080	2.518	2.831
22	0.686	1.321	1.717	2.074	2.508	2.819
23	0.685	1.319	1.714	2.069	2.500	2.807
24	0.685	1.318	1.711	2.064	2.492	2.797
25	0.684	1.316	1.708	2.060	2.485	2.787
26	0.684	1.315	1.706	2.056	2.479	2.779
27	0.684	1.314	1.703	2.052	2.473	2.771
28	0.683	1.313	1.701	2.048	2.467	2.763
29	0.683	1.311	1.699	2.045	2.462	2.756
30	0.683	1.310	1.697	2.042	2.457	2.750
40	0.681	1.303	1.684	2.021	2.423	2.704
50	0.679	1.299	1.676	2.009	2.403	2.678
60	0.679	1.296	1.671	2.000	2.390	2.660
80	0.678	1.292	1.664	1.990	2.374	2.639
100	0.677	1.290	1.660	1.984	2.364	2.626

附表 5　F 分布表

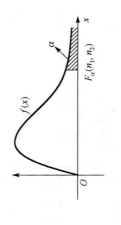

$$P\{F(n_1, n_2) > F_\alpha(n_1, n_2)\} = \alpha$$

$$\alpha = 0.10$$

n_2 \ n_1	1	2	3	4	5	6	7	8	9	10	12	15	20	24	30	40	60	120	∞
1	39.86	49.50	53.59	55.83	57.24	58.20	58.91	59.44	59.86	60.19	60.71	61.22	61.74	62.00	62.26	62.53	62.79	63.06	63.33
2	8.53	9.00	9.16	9.24	9.29	9.33	9.35	9.37	9.38	9.39	9.41	9.42	9.44	9.45	9.46	9.47	9.47	9.48	9.49
3	5.54	5.46	5.39	5.34	5.31	5.28	5.27	5.25	5.24	5.23	5.22	5.20	5.18	5.18	5.17	5.16	5.15	5.14	5.13
4	4.54	4.32	4.19	4.11	4.05	4.01	3.98	3.95	3.94	3.92	3.90	3.87	3.84	3.83	3.82	3.80	3.79	3.78	3.76
5	4.06	3.78	3.62	3.52	3.45	3.40	3.37	3.34	3.32	3.30	3.27	3.24	3.21	3.19	3.17	3.16	3.14	3.12	3.10
6	3.78	3.46	3.29	3.18	3.11	3.05	3.01	2.98	2.96	2.94	2.90	2.87	2.84	2.82	2.80	2.78	2.76	2.74	2.72
7	3.59	3.26	3.07	2.96	2.88	2.83	2.78	2.75	2.72	2.70	2.67	2.63	2.59	2.58	2.56	2.54	2.51	2.49	2.47
8	3.46	3.11	2.92	2.81	2.73	2.67	2.62	2.59	2.56	2.54	2.50	2.46	2.42	2.40	2.38	2.36	2.34	2.32	2.29
9	3.36	3.01	2.81	2.69	2.61	2.55	2.51	2.47	2.44	2.42	2.38	2.34	2.30	2.28	2.25	2.23	2.21	2.18	2.16
10	3.29	2.92	2.73	2.61	2.52	2.46	2.41	2.38	2.35	2.32	2.28	2.24	2.20	2.18	2.16	2.13	2.11	2.08	2.06
11	3.23	2.86	2.66	2.54	2.45	2.39	2.34	2.30	2.27	2.25	2.21	2.17	2.12	2.10	2.08	2.05	2.03	2.00	1.97
12	3.18	2.81	2.61	2.48	2.39	2.33	2.28	2.24	2.21	2.19	2.15	2.10	2.06	2.04	2.01	1.99	1.96	1.93	1.90
13	3.14	2.76	2.56	2.43	2.35	2.28	2.23	2.20	2.16	2.14	2.10	2.05	2.01	1.98	1.96	1.93	1.90	1.88	1.85
14	3.10	2.73	2.52	2.39	2.31	2.24	2.19	2.15	2.12	2.10	2.05	2.01	1.96	1.94	1.91	1.89	1.86	1.83	1.80

续表

n_1 n_2	1	2	3	4	5	6	7	8	9	10	12	15	20	24	30	40	60	120	∞
15	3.07	2.70	2.49	2.36	2.27	2.21	2.16	2.12	2.09	2.06	2.02	1.97	1.92	1.90	1.87	1.85	1.82	1.79	1.76
16	3.05	2.67	2.46	2.33	2.24	2.18	2.13	2.09	2.06	2.03	1.99	1.94	1.89	1.87	1.84	1.81	1.78	1.75	1.72
17	3.03	2.64	2.44	2.31	2.22	2.15	2.10	2.06	2.03	2.00	1.96	1.91	1.86	1.84	1.81	1.78	1.75	1.72	1.69
18	3.01	2.62	2.42	2.29	2.20	2.13	2.08	2.04	2.00	1.98	1.93	1.89	1.84	1.81	1.78	1.75	1.72	1.69	1.66
19	2.99	2.61	2.40	2.27	2.18	2.11	2.06	2.02	1.98	1.96	1.91	1.86	1.81	1.79	1.76	1.73	1.70	1.67	1.63
20	2.97	2.59	2.38	2.25	2.16	2.09	2.04	2.00	1.96	1.94	1.89	1.84	1.79	1.77	1.74	1.71	1.68	1.64	1.61
21	2.96	2.57	2.36	2.23	2.14	2.08	2.02	1.98	1.95	1.92	1.87	1.83	1.78	1.75	1.72	1.69	1.66	1.62	1.59
22	2.95	2.56	2.35	2.22	2.13	2.06	2.01	1.97	1.93	1.90	1.86	1.81	1.76	1.73	1.70	1.67	1.64	1.60	1.57
23	2.94	2.55	2.34	2.21	2.11	1.05	1.99	1.95	1.92	1.89	1.84	1.80	1.74	1.72	1.69	1.66	1.62	1.59	1.55
24	2.93	2.54	2.33	2.19	2.10	2.04	1.98	1.94	1.91	1.88	1.83	1.78	1.73	1.70	1.67	1.64	1.61	1.57	1.53
25	2.92	2.53	2.32	2.18	2.09	2.02	1.97	1.93	1.89	1.87	1.82	1.77	1.72	1.69	1.66	1.63	1.59	1.56	1.52
26	2.91	2.52	2.31	2.17	2.08	2.01	1.96	1.92	1.88	1.86	1.81	1.76	1.71	1.68	1.65	1.61	1.58	1.54	1.50
27	2.90	2.51	2.30	2.17	2.07	2.00	1.95	1.91	1.87	1.85	1.80	1.75	1.70	1.67	1.64	1.60	1.57	1.53	1.49
28	2.89	2.50	2.29	2.16	2.06	2.00	1.94	1.90	1.87	1.84	1.79	1.74	1.69	1.66	1.63	1.59	1.56	1.52	1.48
29	2.89	2.50	2.28	2.15	2.06	1.99	1.93	1.89	1.86	1.83	1.78	1.73	1.68	1.65	1.62	1.58	1.55	1.51	1.47
30	2.88	2.49	2.28	2.14	2.05	1.98	1.93	1.88	1.85	1.82	1.77	1.72	1.67	1.64	1.61	1.57	1.54	1.50	1.46
40	2.84	2.44	2.23	2.09	2.00	1.93	1.87	1.83	1.79	1.76	1.71	1.66	1.61	1.57	1.54	1.51	1.47	1.42	1.38
60	2.79	2.39	2.18	2.04	1.95	1.87	1.82	1.77	1.74	1.71	1.66	1.60	1.54	1.51	1.48	1.44	1.40	1.35	1.29
120	2.75	2.35	2.13	1.99	1.90	1.82	1.77	1.72	1.68	1.65	1.60	1.55	1.48	1.45	1.41	1.37	1.32	1.26	1.19
∞	2.71	2.30	2.08	1.94	1.85	1.77	1.72	1.67	1.63	1.60	1.55	1.49	1.42	1.38	1.34	1.30	1.24	1.17	1.00

续表

α = 0.05

n_1 / n_2	1	2	3	4	5	6	7	8	9	10	12	15	20	24	30	40	60	120	∞
1	161.4	199.5	215.7	224.6	230.2	234.0	236.8	238.9	240.5	241.9	243.9	245.9	248.0	249.1	250.1	251.1	252.2	253.3	254.3
2	18.51	19.00	19.16	19.25	19.30	19.33	19.35	19.37	19.38	19.40	19.41	19.43	19.45	19.45	19.46	19.47	19.48	19.49	19.50
3	10.13	9.55	9.28	9.12	9.01	8.94	8.89	8.85	8.81	8.79	8.74	8.70	8.66	8.64	8.62	8.59	8.57	8.55	8.53
4	7.71	6.94	6.59	6.39	6.26	6.16	6.09	6.04	6.00	5.96	5.91	5.86	5.80	5.77	5.75	5.72	5.69	5.66	5.63
5	6.61	5.79	5.41	5.19	5.05	4.95	4.88	4.82	4.77	4.74	4.68	4.62	4.56	4.53	4.50	4.46	4.43	4.40	4.36
6	5.99	5.14	4.76	4.53	4.39	4.28	4.21	4.15	4.10	4.06	4.00	3.94	3.87	3.84	3.81	3.77	3.74	3.70	3.67
7	5.59	4.74	4.35	4.12	3.97	3.87	3.79	3.73	3.68	3.64	3.57	3.51	3.44	3.41	3.38	3.34	3.30	3.27	3.23
8	5.32	4.46	4.07	3.84	3.69	3.58	3.50	3.44	3.39	3.35	3.28	3.22	3.15	3.12	3.08	3.04	3.01	2.97	2.93
9	5.12	4.26	3.86	3.63	3.48	3.37	3.29	3.23	3.18	3.14	3.07	3.01	2.94	2.90	2.86	2.83	2.79	2.75	2.71
10	4.96	4.10	3.71	3.48	3.33	3.22	3.14	3.07	3.02	2.98	2.91	2.85	2.77	2.74	2.70	2.66	2.62	2.58	2.54
11	4.84	3.98	3.59	3.36	3.20	3.09	3.01	2.95	2.90	2.85	2.79	2.72	2.65	2.61	2.57	2.53	2.49	2.45	2.40
12	4.75	3.89	3.49	3.26	3.11	3.00	2.91	2.85	2.80	2.75	2.69	2.62	2.54	2.51	2.47	2.43	2.38	2.34	2.30
13	4.67	3.81	3.41	3.18	3.03	2.92	2.83	2.77	2.71	2.67	2.60	2.53	2.46	2.42	2.38	2.34	2.30	2.25	2.21
14	4.60	3.74	3.34	3.11	2.96	2.85	2.76	2.70	2.65	2.60	2.53	2.46	2.39	2.35	2.31	2.27	2.22	2.18	2.13
15	4.54	3.68	3.29	3.06	2.90	2.79	2.71	2.64	2.59	2.54	2.48	2.40	2.33	2.29	2.25	2.20	2.16	2.11	2.07
16	4.49	3.63	3.24	3.01	2.85	2.74	2.66	2.59	2.54	2.49	2.42	2.35	2.28	2.24	2.19	2.15	2.11	2.06	2.01
17	4.45	3.59	3.20	2.96	2.81	2.70	2.61	2.55	2.49	2.45	2.38	2.31	2.23	2.19	2.15	2.10	2.06	2.01	1.96
18	4.41	3.55	3.16	2.93	2.77	2.66	2.58	2.51	2.46	2.41	2.34	2.27	2.19	2.15	2.11	2.06	2.02	1.97	1.92
19	4.38	3.52	3.13	2.90	2.74	2.63	2.54	2.48	2.42	2.38	2.31	2.23	2.16	2.11	2.07	2.03	1.98	1.93	1.88
20	4.35	3.49	3.10	2.87	2.71	2.60	2.51	2.45	2.39	2.35	2.28	2.20	2.12	2.08	2.04	1.99	1.95	1.90	1.84
21	4.32	3.47	3.07	2.84	2.68	2.57	2.49	2.42	2.37	2.32	2.25	2.18	2.10	2.05	2.01	1.96	1.92	1.87	1.81
22	4.30	3.44	3.05	2.82	2.66	2.55	2.46	2.40	2.34	2.30	2.23	2.15	2.07	2.03	1.98	1.94	1.89	1.84	1.78
23	4.28	3.42	3.03	2.80	2.64	2.53	2.44	2.37	2.32	2.27	2.20	2.13	2.05	2.01	1.96	1.91	1.86	1.81	1.76
24	4.26	3.40	3.01	2.78	2.62	2.51	2.42	2.36	2.30	2.25	2.18	2.11	2.03	1.98	1.94	1.89	1.84	1.79	1.73

续表

n_2＼n_1	1	2	3	4	5	6	7	8	9	10	12	15	20	24	30	40	60	120	∞
25	4.24	3.39	2.99	2.76	2.60	2.49	2.40	2.34	2.28	2.24	2.16	2.09	2.01	1.96	1.92	1.87	1.82	1.77	1.71
26	4.23	3.37	2.98	2.74	2.59	2.47	2.39	2.32	2.27	2.22	2.15	2.07	1.99	1.95	1.90	1.85	1.80	1.75	1.69
27	4.21	3.35	2.96	2.73	2.57	2.46	2.37	2.31	2.25	2.20	2.13	2.06	1.97	1.93	1.88	1.84	1.79	1.73	1.67
28	4.20	3.34	2.95	2.71	2.56	2.45	2.36	2.29	2.24	2.19	2.12	2.04	1.96	1.91	1.87	1.82	1.77	1.71	1.65
29	4.18	3.33	2.93	2.70	2.55	2.43	2.35	2.28	2.22	2.18	2.10	2.03	1.94	1.90	1.85	1.81	1.75	1.70	1.64
30	4.17	3.32	2.92	2.69	2.53	2.42	2.33	2.27	2.21	2.16	2.09	2.01	1.93	1.89	1.84	1.79	1.74	1.68	1.62
40	4.08	3.23	2.84	2.61	2.45	2.34	2.25	2.18	2.12	2.08	2.00	1.92	1.84	1.79	1.74	1.69	1.64	1.58	1.51
60	4.00	3.15	2.76	2.53	2.37	2.25	2.17	2.10	2.04	1.99	1.92	1.84	1.75	1.70	1.65	1.59	1.53	1.47	1.39
120	3.92	3.07	2.68	2.45	2.29	2.17	2.09	2.02	1.96	1.91	1.83	1.75	1.66	1.61	1.55	1.50	1.43	1.35	1.25
∞	3.84	3.00	2.60	2.37	2.21	2.10	2.01	1.94	1.88	1.83	1.75	1.67	1.57	1.52	1.46	1.39	1.32	1.22	1.00

$\alpha = 0.025$

n_2＼n_1	1	2	3	4	5	6	7	8	9	10	12	15	20	24	30	40	60	120	∞
1	647.8	799.5	864.2	899.6	921.8	937.1	948.2	956.7	963.3	968.6	976.7	984.9	993.1	997.2	1001	1006	1010	1014	1018
2	38.51	39.00	39.17	39.25	39.30	39.33	39.36	39.37	39.39	39.40	39.41	39.43	39.45	39.46	39.46	39.47	39.48	39.49	39.50
3	17.44	16.04	15.44	15.10	14.88	14.73	14.62	14.54	14.47	14.42	14.34	14.25	14.17	14.12	14.08	14.04	13.99	13.95	13.90
4	12.22	10.65	9.98	9.60	9.36	9.20	9.07	8.98	8.90	8.84	8.75	8.66	8.56	8.51	8.46	8.41	8.36	8.31	8.26
5	10.01	8.43	7.76	7.39	7.15	6.98	6.85	6.76	6.68	6.62	6.52	6.43	6.33	6.28	6.23	6.18	6.12	6.07	6.02
6	8.81	7.26	6.60	6.23	5.99	5.82	5.70	5.60	5.52	5.46	5.37	5.27	5.17	5.12	5.07	5.01	4.96	4.90	4.85
7	8.07	6.54	5.89	5.52	5.29	5.12	4.99	4.90	4.82	4.76	4.67	4.57	4.47	4.42	4.36	4.31	4.25	4.20	4.14
8	7.57	6.06	5.42	5.05	4.82	4.65	4.53	4.43	4.36	4.30	4.20	4.10	4.00	3.95	3.89	3.84	3.78	3.73	3.67
9	7.21	5.71	5.08	4.72	4.48	4.32	4.20	4.10	4.03	3.96	3.87	3.77	3.67	3.61	3.56	3.51	3.45	3.39	3.33
10	6.94	5.46	4.83	4.47	4.24	4.07	3.95	3.85	3.78	3.72	3.62	3.52	3.42	3.37	3.31	3.26	3.20	3.14	3.08
11	6.72	5.26	4.63	4.28	4.04	3.88	3.76	3.66	3.59	3.53	3.43	3.33	3.23	3.17	3.12	3.06	3.00	2.94	2.88
12	6.55	5.10	4.47	4.12	3.89	3.73	3.61	3.51	3.44	3.37	3.28	3.18	3.07	3.02	2.96	2.91	2.85	2.79	2.72
13	6.41	4.97	4.35	4.00	3.77	3.60	3.48	3.39	3.31	3.25	3.15	3.05	2.95	2.89	2.84	2.78	2.72	2.66	2.60
14	6.30	4.86	4.24	3.89	3.66	3.50	3.38	3.29	3.21	3.15	3.05	2.95	2.84	2.79	2.73	2.67	2.61	2.55	2.49

续表

n_2 \ n_1	1	2	3	4	5	6	7	8	9	10	12	15	20	24	30	40	60	120	∞
15	6.20	4.77	4.15	3.80	3.58	3.41	3.29	3.20	3.12	3.06	2.96	2.86	2.76	2.70	2.64	2.59	2.52	2.46	2.40
16	6.12	4.69	4.08	3.73	3.50	3.34	3.22	3.12	3.05	2.99	2.89	2.79	2.68	2.63	2.57	2.51	2.45	2.38	2.32
17	6.04	4.62	4.01	3.66	3.44	3.28	3.26	3.06	2.98	2.92	2.82	2.72	2.62	2.56	2.50	2.44	2.38	2.32	2.25
18	5.98	4.56	3.95	3.61	3.38	3.22	3.10	3.01	2.93	2.87	2.77	2.67	2.56	2.50	2.44	2.38	2.32	2.26	2.19
19	5.92	4.51	3.90	3.56	3.33	3.17	3.05	2.96	2.88	2.82	2.72	2.62	2.51	2.45	2.39	2.33	2.27	2.20	2.13
20	5.87	4.46	3.86	3.51	3.29	3.13	3.01	2.91	2.84	2.77	2.68	2.57	2.46	2.41	2.35	2.29	2.22	2.16	2.09
21	5.83	4.42	3.82	3.48	3.25	3.09	2.97	2.87	2.80	2.73	2.64	2.53	2.42	2.37	2.31	2.25	2.18	2.11	2.04
22	5.79	4.38	3.78	3.44	3.22	3.05	2.73	2.84	2.76	2.70	2.60	2.50	2.39	2.33	2.27	2.21	2.14	2.08	2.00
23	5.75	4.35	3.75	3.41	3.18	3.02	2.90	2.81	2.73	2.67	2.57	2.47	2.36	2.30	2.24	2.18	2.11	2.04	1.97
24	5.72	4.32	3.72	3.38	3.15	2.99	2.87	2.78	2.70	2.64	2.54	2.44	2.33	2.27	2.21	2.15	2.08	2.01	1.94
25	5.69	4.29	3.69	3.35	3.13	2.97	2.85	2.75	2.68	2.61	2.51	2.41	2.30	2.24	2.18	2.12	2.05	1.98	1.91
26	5.66	4.27	3.67	3.33	3.10	2.94	2.82	2.73	2.65	2.59	2.49	2.39	2.28	2.22	2.16	2.09	2.03	1.95	1.88
27	5.63	4.24	3.65	3.31	3.08	2.92	2.80	2.71	2.63	2.57	2.47	2.36	2.25	2.19	2.13	2.07	2.00	1.93	1.85
28	5.61	4.22	3.63	3.29	3.06	2.90	2.78	2.69	2.61	2.55	2.45	2.34	2.23	2.17	2.11	2.05	1.98	1.91	1.83
29	5.59	4.20	3.61	3.27	3.04	2.88	2.76	2.67	2.59	2.53	2.43	2.32	2.21	2.15	2.09	2.03	1.96	1.89	1.81
30	5.57	4.18	3.59	3.25	3.03	2.87	2.75	2.65	2.57	2.51	2.41	2.31	2.20	2.14	2.07	2.01	1.94	1.87	1.79
40	5.42	4.05	3.46	3.13	3.90	2.74	2.62	2.53	2.45	2.39	2.29	2.18	2.07	2.01	1.94	1.88	1.80	1.72	1.64
60	5.29	3.93	3.34	3.01	2.79	2.63	2.51	2.41	2.33	2.27	3.17	2.06	1.94	1.88	1.82	1.74	1.67	1.58	1.48
120	5.15	3.80	3.23	2.89	2.67	2.52	2.39	2.30	2.22	2.16	2.05	1.94	1.82	1.76	1.69	1.61	1.53	1.43	1.31
∞	5.02	3.69	3.12	2.79	2.57	2.41	2.29	2.19	2.11	2.05	1.94	1.83	1.71	1.64	1.57	1.48	1.39	1.27	1.00

续表

$\alpha = 0.01$

n_1 / n_2	1	2	3	4	5	6	7	8	9	10	12	15	20	24	30	40	60	120	∞
1	4052	4999.5	5403	5625	5764	5859	5928	5982	6022	6056	6106	6157	6209	6235	6261	6287	6313	6339	6366
2	98.50	99.00	99.17	99.25	99.30	99.33	99.36	99.37	99.39	99.40	99.42	99.43	99.45	99.46	99.47	99.47	99.48	99.49	99.50
3	34.12	30.82	29.46	28.71	28.24	27.91	27.67	27.49	27.35	27.23	27.05	26.87	26.69	26.60	26.50	26.41	26.32	26.22	26.13
4	21.20	18.00	16.69	15.98	15.52	15.21	14.98	14.80	14.66	14.55	14.37	14.20	14.02	13.93	13.84	13.75	13.65	13.56	13.46
5	16.26	13.27	12.06	11.39	10.97	10.67	10.46	10.29	10.16	10.05	9.89	9.72	9.55	9.47	9.38	9.29	9.20	9.11	9.02
6	13.75	10.93	9.78	9.15	8.75	8.47	8.26	8.10	7.98	7.87	7.72	7.56	7.40	7.31	7.23	7.14	7.06	6.97	6.88
7	12.25	9.55	8.45	7.85	7.46	7.19	6.99	6.84	6.72	6.62	6.47	6.31	6.16	6.07	5.99	5.91	5.82	5.74	5.65
8	11.26	8.65	7.59	7.01	6.63	6.37	6.18	6.03	5.91	5.81	5.67	5.52	5.36	5.28	5.20	5.12	5.03	4.95	4.86
9	10.56	8.02	6.99	6.42	6.06	5.80	5.61	5.47	5.35	5.26	5.11	4.96	4.81	4.73	4.65	4.57	4.48	4.40	4.31
10	10.04	7.56	6.55	5.99	5.64	5.39	5.20	5.06	4.94	4.85	4.71	4.56	4.41	4.33	4.25	4.17	4.08	4.00	3.91
11	9.65	7.21	6.22	5.67	5.32	5.07	4.89	4.74	4.63	4.54	4.40	4.25	4.10	4.02	3.94	3.86	3.78	3.69	3.60
12	9.33	6.93	5.95	5.41	5.06	4.82	4.64	4.50	4.39	4.30	4.16	4.01	3.86	3.78	3.70	3.62	3.54	3.45	3.36
13	9.07	6.70	5.74	5.21	4.86	4.62	4.44	4.30	4.19	4.10	3.96	3.82	3.66	3.59	3.51	3.43	3.34	3.25	3.17
14	8.86	6.51	5.56	5.04	4.69	4.46	4.28	4.14	4.03	3.94	3.80	3.66	3.51	3.43	3.35	3.27	3.18	3.09	3.00
15	8.68	6.36	5.42	4.89	4.56	4.32	4.14	4.00	3.89	3.80	3.67	3.52	3.37	3.29	3.21	3.13	3.05	2.96	2.87
16	8.53	6.23	5.29	4.77	4.44	4.20	4.03	3.89	3.78	3.69	3.55	3.41	3.26	3.18	3.10	3.02	2.93	2.84	2.75
17	8.40	6.11	5.18	4.67	4.34	4.10	3.93	3.79	3.68	3.59	3.46	3.31	3.16	3.08	3.00	2.92	2.83	2.75	2.65
18	8.29	6.01	5.09	4.58	4.25	4.01	3.84	3.71	3.60	3.51	3.37	3.23	3.08	3.00	2.92	2.84	2.75	2.66	2.57
19	8.18	5.93	5.01	4.50	4.17	3.94	3.77	3.63	3.52	3.43	3.30	3.15	3.00	2.92	2.84	2.76	2.67	2.58	2.49
20	8.10	5.85	4.94	4.43	4.10	3.87	3.70	3.56	3.46	3.37	3.23	3.09	2.94	2.86	2.78	2.69	2.61	2.52	2.42
21	8.02	5.78	4.87	4.37	4.04	3.81	3.64	3.51	3.40	3.31	3.17	3.03	2.88	2.80	2.72	2.64	2.55	2.46	2.36
22	7.95	5.72	4.82	4.31	3.99	3.76	3.59	3.45	3.35	3.26	3.12	2.98	2.83	2.75	2.67	2.58	2.50	2.40	2.31
23	7.88	5.66	4.76	4.26	3.94	3.71	3.54	3.41	3.30	3.21	3.07	2.93	2.78	2.70	2.62	2.54	2.45	2.35	2.26
24	7.82	5.61	4.72	4.22	3.90	3.67	3.50	3.36	3.26	3.17	3.03	2.89	2.74	2.66	2.58	2.49	2.40	2.31	2.21

续表

n_1 / n_2	1	2	3	4	5	6	7	8	9	10	12	15	20	24	30	40	60	120	∞
25	7.77	5.57	4.68	4.18	3.85	3.63	3.46	3.32	3.22	3.13	2.99	2.85	2.70	2.62	2.54	2.45	2.36	2.27	2.17
26	7.72	5.53	4.64	4.14	3.82	3.59	3.42	3.29	3.18	3.09	2.96	2.81	2.66	2.58	2.50	2.42	2.33	2.23	2.13
27	7.68	5.49	4.60	4.11	3.78	3.56	3.39	3.26	3.15	3.06	2.93	2.78	2.63	2.55	2.47	2.38	2.29	2.20	2.10
28	7.64	5.45	4.57	4.07	3.75	3.53	3.36	3.23	3.12	3.03	2.90	2.75	2.60	2.52	2.44	2.35	2.26	2.17	2.06
29	7.60	5.42	4.54	4.04	3.73	3.50	3.33	3.20	3.09	3.00	2.87	2.73	2.57	2.49	2.41	2.33	2.23	2.14	2.03
30	7.56	5.39	4.51	4.02	3.70	3.47	3.30	3.17	3.07	2.98	2.84	2.70	2.55	2.47	2.39	2.30	2.21	2.11	2.01
40	7.31	5.18	4.31	3.83	3.51	3.29	3.12	2.99	2.89	2.80	2.66	2.52	2.37	2.29	2.20	2.11	2.02	1.92	1.80
60	7.08	4.98	4.13	3.65	3.34	3.12	2.95	2.82	2.72	2.63	2.50	2.35	2.20	2.12	2.03	1.94	1.84	1.73	1.60
120	6.85	4.79	3.95	3.48	3.17	2.96	2.79	2.66	2.56	2.47	2.34	2.19	2.03	1.95	1.86	1.76	1.66	1.53	1.38
∞	6.63	4.61	3.78	3.32	3.02	2.80	2.64	2.51	2.41	2.32	2.18	2.04	1.88	1.79	1.70	1.59	1.47	1.32	1.00

$\alpha = 0.005$

n_1 / n_2	1	2	3	4	5	6	7	8	9	10	12	15	20	24	30	40	60	120	∞
1	16211	20000	21615	22500	23056	23437	23715	23925	24091	24224	24426	24630	24836	24940	25044	25148	35253	25359	25465
2	198.5	199.0	199.2	199.2	199.3	199.3	199.4	199.4	199.4	199.4	199.4	199.4	199.4	199.5	199.5	199.5	199.5	199.5	199.5
3	55.55	49.80	47.47	46.19	45.39	44.84	44.43	44.13	43.88	43.69	43.39	43.08	42.78	42.62	42.47	42.31	42.15	41.99	41.83
4	31.33	26.28	24.26	23.15	22.46	21.97	21.62	21.35	21.14	20.97	20.70	20.44	20.17	20.03	19.89	19.75	19.61	19.47	19.32
5	22.78	18.31	16.53	15.56	14.94	14.51	14.20	13.96	13.77	13.62	13.38	13.15	12.90	12.78	12.66	12.53	12.40	12.27	12.14
6	18.63	14.54	12.92	12.03	11.46	11.07	10.79	10.57	10.39	10.25	10.03	9.81	9.59	9.47	9.36	9.24	9.12	9.00	8.88
7	16.24	12.40	10.88	10.05	9.52	9.16	8.89	8.68	8.51	8.38	8.18	7.97	7.75	7.65	7.53	7.42	7.31	7.19	7.08
8	14.69	11.04	9.60	8.81	8.30	7.95	7.69	7.50	7.34	7.21	7.01	6.81	6.61	6.50	6.40	6.29	6.18	6.06	5.95
9	13.61	10.11	8.72	7.96	7.47	7.13	6.88	6.69	6.54	6.42	6.23	6.03	5.83	5.73	5.62	5.52	5.41	5.30	5.19
10	12.83	9.43	8.08	7.34	6.87	6.54	6.30	6.12	5.97	5.85	5.66	5.47	5.27	5.17	5.07	4.97	4.86	4.75	4.64
11	12.23	8.91	7.60	6.88	6.42	6.10	5.86	5.68	5.54	5.42	5.24	5.05	4.86	4.76	4.65	4.55	4.44	4.34	4.23
12	11.75	8.51	7.23	6.52	6.07	5.76	5.52	5.35	5.20	5.09	4.91	4.72	4.53	4.43	4.33	4.23	4.12	4.01	3.90
13	11.37	8.19	6.93	6.23	5.79	5.48	5.25	5.08	4.94	4.82	4.64	4.46	4.27	4.17	4.07	3.97	3.87	3.76	3.65
14	11.06	7.92	6.68	6.00	5.56	5.26	5.03	4.86	4.72	4.60	4.43	4.25	4.06	3.96	3.86	3.76	3.66	3.55	3.44

续表

n_2 \ n_1	1	2	3	4	5	6	7	8	9	10	12	15	20	24	30	40	60	120	∞
15	10.80	7.70	6.48	5.80	5.37	5.07	4.85	4.67	4.54	4.42	4.25	4.07	3.88	3.79	3.69	3.58	3.48	3.37	3.26
16	10.58	7.51	6.30	5.64	5.21	4.91	4.69	4.52	4.38	4.27	4.10	3.92	3.73	3.64	3.54	3.44	3.33	3.22	3.11
17	10.38	7.35	6.16	5.50	5.07	4.78	4.56	4.39	4.25	4.14	3.97	3.79	3.61	3.51	3.41	3.31	3.21	3.10	2.98
18	10.22	7.21	6.03	5.37	4.96	4.66	4.44	4.28	4.14	4.03	3.86	3.68	3.50	3.40	3.30	3.20	3.10	2.99	2.87
19	10.07	7.09	5.92	5.27	7.85	4.56	4.34	4.18	4.04	3.93	3.76	3.59	3.40	3.31	3.21	3.11	3.00	2.89	2.78
20	9.94	6.99	5.82	5.17	4.76	4.47	4.26	4.09	3.96	3.85	3.68	3.50	3.32	3.22	3.12	3.02	2.92	2.81	2.69
21	9.83	6.89	5.73	5.09	4.68	4.39	4.18	4.01	3.88	3.77	3.60	3.43	3.24	3.15	3.05	2.95	2.84	2.73	2.61
22	9.73	6.81	5.65	5.02	4.61	4.32	4.11	3.94	3.81	3.70	3.54	3.36	3.18	3.08	2.98	2.88	2.77	2.66	2.55
23	9.63	6.73	5.58	4.95	4.54	4.26	4.05	3.88	3.75	3.64	3.47	3.30	3.12	3.02	2.92	2.82	2.71	2.60	2.48
24	9.55	6.66	5.52	4.89	4.49	4.20	3.99	3.83	3.69	3.59	3.42	3.25	3.06	2.97	2.87	2.77	2.66	2.55	2.43
25	9.48	6.60	5.46	4.84	4.43	4.15	3.94	3.78	3.64	3.54	3.37	3.20	3.01	2.92	2.82	2.72	2.61	2.50	2.38
26	9.41	6.54	5.41	4.79	4.38	4.10	3.89	3.73	3.60	3.49	3.33	3.15	2.97	2.87	2.77	2.67	2.56	2.45	2.33
27	9.34	6.49	5.36	4.74	4.34	4.06	3.85	3.69	3.56	3.45	3.28	3.11	2.93	2.83	2.73	2.63	2.52	2.41	2.29
28	9.28	6.44	5.32	4.70	4.30	4.02	3.81	3.65	3.52	3.41	3.25	3.07	2.89	2.79	2.69	2.59	2.48	2.37	2.25
29	9.23	6.40	5.28	4.66	4.26	3.98	3.77	3.61	3.48	3.38	3.21	3.04	2.86	2.76	2.66	2.56	2.45	2.33	2.21
30	9.18	6.35	5.24	4.62	4.23	3.95	3.74	3.58	3.45	3.34	3.18	3.01	2.82	2.73	2.63	2.52	2.42	2.30	2.18
40	8.83	6.07	4.98	4.37	3.99	3.71	3.51	3.35	3.22	3.12	2.95	2.78	2.60	2.50	2.40	2.30	2.18	2.06	1.93
60	8.49	5.79	4.73	4.14	3.76	3.49	3.29	3.13	3.01	2.90	2.74	2.57	2.39	2.29	2.19	2.08	1.96	1.83	1.69
120	8.18	5.54	4.50	3.92	3.55	3.28	3.09	2.93	2.81	2.71	2.54	2.37	2.19	2.09	1.98	1.87	1.75	1.61	1.43
∞	7.88	5.30	4.28	3.72	3.35	3.09	2.90	2.74	2.62	2.52	2.36	2.19	2.00	1.90	1.79	1.67	1.53	1.36	1.00

续表

$\alpha = 0.001$

$n_2 \backslash n_1$	1	2	3	4	5	6	7	8	9	10	12	15	20	24	30	40	60	120	∞
1	4053+	5000+	5404+	5625+	5764+	5859+	5929+	5981+	6023+	6056+	6107+	6158+	6209+	6235+	6261+	6287+	6313+	6340+	6366+
2	998.5	999.0	999.2	999.2	999.3	999.3	999.4	999.4	999.4	999.4	999.4	999.4	999.4	999.5	999.5	999.5	999.5	999.5	999.5
3	167.0	148.5	141.1	137.1	134.6	132.8	131.6	130.6	129.9	129.2	128.3	127.4	126.4	125.9	125.4	125.0	124.5	124.0	123.5
4	74.14	61.25	56.18	53.44	51.71	50.53	49.66	49.00	48.47	48.05	47.41	46.76	46.10	45.77	45.43	45.09	44.75	44.40	44.05
5	47.18	37.12	33.20	31.09	29.75	28.84	28.16	27.64	27.24	26.92	26.42	25.91	25.39	25.14	24.87	24.60	24.33	24.06	23.79
6	35.51	27.00	23.70	21.92	20.81	20.03	19.46	19.03	18.69	18.41	17.99	17.56	17.12	16.89	16.67	16.44	16.21	15.99	15.75
7	29.25	21.69	18.77	17.19	16.21	15.52	15.02	14.63	14.33	14.08	13.71	13.32	12.93	12.73	12.53	12.33	12.12	11.91	11.70
8	25.42	18.49	15.83	14.39	13.49	12.86	12.40	12.04	11.77	11.54	11.19	10.84	10.48	10.30	10.11	9.92	9.73	9.53	9.33
9	22.86	16.39	13.90	12.56	11.71	11.13	10.70	10.37	10.11	9.89	9.57	9.24	8.90	8.72	8.55	8.37	8.19	8.00	7.80
10	21.04	14.91	12.55	11.28	10.48	9.92	9.52	9.20	8.96	8.75	8.45	8.13	7.80	7.64	7.47	7.30	7.12	6.94	6.76
11	19.69	13.81	11.56	10.35	9.58	9.05	8.66	8.35	8.12	7.92	7.63	7.32	7.01	6.85	6.68	6.52	6.35	6.17	6.00
12	18.64	12.97	10.80	9.63	8.89	8.38	8.00	7.71	7.48	7.29	7.00	6.71	6.40	6.25	6.09	5.93	5.76	5.59	5.42
13	17.81	12.31	10.21	9.07	8.35	7.86	7.49	7.21	6.98	6.80	6.52	6.23	5.93	5.78	5.63	5.47	5.30	5.14	4.97
14	17.14	11.78	9.73	8.62	7.92	7.43	7.08	6.80	6.58	6.40	6.13	5.85	5.56	5.41	5.25	5.10	4.94	4.77	4.60
15	16.59	11.34	9.34	8.25	7.57	7.09	6.74	6.47	6.26	6.08	5.81	5.54	5.25	5.10	4.95	4.80	4.64	4.47	4.31
16	16.12	10.97	9.00	7.94	7.27	6.81	6.46	6.19	5.98	5.81	5.55	5.27	4.99	4.85	4.70	4.54	4.39	4.23	4.06
17	15.72	10.66	8.73	7.68	7.02	6.56	6.22	5.96	5.75	5.58	5.32	5.05	4.78	4.63	4.48	4.33	4.18	4.02	3.85
18	15.38	10.39	8.49	7.46	6.81	6.35	6.02	5.76	5.56	5.39	5.13	4.87	4.59	4.45	4.30	4.15	4.00	3.84	3.67
19	15.08	10.16	8.28	7.26	6.62	6.18	5.85	5.59	5.39	5.22	4.97	4.70	4.43	4.29	4.14	3.99	3.84	3.68	3.51

续表

$\alpha = 0.001$

n_1 n_2	1	2	3	4	5	6	7	8	9	10	12	15	20	24	30	40	60	120	∞
20	14.82	9.95	8.10	7.10	6.46	6.02	5.69	5.44	5.24	5.08	4.82	4.56	4.29	4.15	4.00	3.86	3.70	3.54	3.38
21	14.59	9.77	7.94	6.95	6.32	5.88	5.56	5.31	5.11	4.95	4.70	4.44	4.17	4.03	3.88	3.74	3.58	3.42	3.26
22	14.38	9.61	7.80	6.81	6.19	5.76	5.44	5.19	4.98	4.83	4.58	4.33	4.06	3.92	3.78	3.63	3.48	3.32	3.15
23	14.19	9.47	7.67	6.69	6.08	5.65	5.33	5.09	4.89	4.73	4.48	4.23	3.96	3.82	3.68	3.53	3.38	3.22	3.05
24	14.03	9.34	7.55	6.59	5.98	5.55	5.23	4.99	4.80	4.64	4.39	4.14	3.87	3.74	3.59	3.45	3.29	3.14	2.97
25	13.88	9.22	7.45	6.49	5.88	5.46	5.15	4.91	4.71	4.56	4.31	4.06	3.79	3.66	3.52	3.37	3.22	3.06	2.89
26	13.74	9.12	7.36	6.41	5.80	5.38	5.07	4.83	4.64	4.48	4.24	3.99	3.72	3.59	3.44	3.30	3.15	2.99	2.82
27	13.61	9.02	7.27	6.33	5.73	5.31	5.00	4.76	4.57	4.41	4.17	3.92	3.66	3.52	3.38	3.23	3.08	2.92	2.75
28	13.50	8.93	7.19	6.25	5.66	5.24	4.93	4.69	4.50	4.35	4.11	3.86	3.60	3.46	3.32	3.18	3.02	2.86	2.69
29	13.39	8.85	7.12	6.19	5.59	5.18	4.87	4.64	4.45	4.29	4.05	3.80	3.54	3.41	3.27	3.12	2.97	2.81	2.64
30	13.29	8.77	7.05	6.12	5.53	5.12	4.82	4.58	4.39	4.24	4.00	3.75	3.49	3.36	3.22	3.07	2.92	2.76	2.59
40	12.61	8.25	6.60	5.70	5.13	4.73	4.44	4.21	4.02	3.87	3.64	3.40	3.15	3.01	2.87	2.73	2.57	2.41	2.23
60	11.97	7.76	6.17	5.31	4.76	4.37	4.09	3.87	3.69	3.54	3.31	3.08	2.83	2.69	2.55	2.41	2.25	2.08	1.89
120	11.38	7.32	5.79	4.95	4.42	4.04	3.77	3.55	3.38	3.24	3.02	2.78	2.53	2.40	2.26	2.11	1.95	1.76	1.54
∞	10.83	6.91	5.42	4.62	4.10	3.74	3.47	3.27	3.10	2.96	2.74	2.51	2.27	2.13	1.99	1.84	1.66	1.45	1.00

+：表示要将所列数乘以 100.